Krause/Krause

Klausurentraining Weiterbildung

Personalwirtschaft

W0172724

umweltfreundlich

... weil auf chlor- und säurefrei
gefertigtem Papier gedruckt

Klausurentraining Weiterbildung
für Betriebswirte, Fachwirte, Fachkaufleute und Meister

Personalwirtschaft

Klausurtypische Aufgaben und Lösungen

Von
Dipl.-Sozialwirt Günter Krause und
Dipl.-Soziologin Bärbel Krause

ISBN 978-3-470-**63461**-6

Satz: Da-TeX Gerd Blumenstein, Leipzig

Druck: medienHaus Plump GmbH, Rheinbreitbach

Klausurentraining Weiterbildung

für Betriebswirte, Fachwirte, Fachkaufleute und Meister

Unsere Reihe *Klausurentraining* ist aus der Überlegung entstanden, dass sich sehr viele Absolventen von IHK-Weiterbildungslehrgängen gezielt auf ein spezielles Prüfungsthema (Handlungsbereich) vorbereiten möchten, um dort ihre Fähigkeiten in der Wissensanwendung zu vervollständigen.

Betrachtet man die inhaltlichen Schwerpunkte der Klausuren in den IHK-Abschlussprüfungen, so ergibt sich eine große Schnittmenge der Anforderungen: Beispielsweise fehlt in fast keiner Abschlussklausur im Fachgebiet *Personalwirtschaft* die Anwendung von Verfahren der Personalbedarfsermittlung und -auswahl sowie Aufgaben zur Bruttolohnberechnung (Zeitlohn, Akkordlohn, Prämienlohn).

Daher enthält jeder Band dieser Reihe *Klausurtypische Aufgaben* zu dem betreffenden Fachgebiet, die dem Niveau der IHK-Prüfungen in Umfang und Schwierigkeitsgrad entsprechen. Dabei wurde die Aufgabensammlung fachspezifisch gegliedert und jede Aufgabe mit einer Überschrift gekennzeichnet. Dies soll das spätere *Erkennen des Aufgabentyps in der Klausur unter Echtbedingungen* erleichtern.

Der Lösungsteil ist ausführlich und verständlich gestaltet, sodass sich der Leser/die Leserin selbstständig in der *Umsetzung des erlernten Wissens trainieren* und kontrollieren kann. Eine Sammlung von Formeln und Begriffen am Schluss des Buches unterstützt die Bearbeitung der Aufgaben. Das umfangreiche Stichwortverzeichnis ermöglicht das gezielte Auffinden von Begriffen und Zusammenhängen.

Diese Fachbuchreihe richtet sich an:

- Teilnehmer von IHK-Weiterbildungslehrgängen (angehende Betriebswirte, Fachwirte, Fachkaufleute, Bilanzbuchhalter und Meister)
- Studierende an Fachschulen und Fachhochschulen.

Charakteristische Merkmale für jeden Band dieser Fachbuchreihe sind:

- Mehr als 100 Prüfungsaufgaben orientiert am Niveau der IHK-Weiterbildungslehrgänge
- fachspezifische Gliederung der Aufgaben
- Aufgabenstellung mit thematischen Überschriften
- ausführliche, verständliche Darstellung der Lösungen
- Zusammenstellung der Formeln und Begriffen
- umfangreiches Stichwortverzeichnis

Neustrelitz, im Juni 2011

Diplom-Sozialwirt Günter Krause
Diplom-Soziologin Bärbel Krause

Vorwort

Personalarbeit versteht sich heute als Personalentwicklungsarbeit, die von Dienstleistern im Sinne von Beratung, Betreuung, Begleitung und Coaching für alle Mitarbeiter und Führungskräfte mit hohem Engagement und ohne hierarchisches Denken geleistet wird. Verwaltungsfetischisten oder „reine Umsetzer" sind in der modernen Personalarbeit fehl am Platz.

Personalarbeit heute heißt:

- Betreuung aller Mitarbeiter,

- Sicherstellen der Wirtschaftlichkeit und der Wertschöpfung,

- Initiator sein für Prozesse der Personalentwicklung.

Das Personalwesen darf kein notwendiges Übel im Unternehmen sein, das lediglich Kosten verursacht, sondern es übernimmt die Rolle eines aktiven, kreativen und kostenminimierenden Bindegliedes in der Wertschöpfungskette mit dem Wissens- und Erfahrungsmix aus fachlicher und persönlicher Kompetenz.

Gegenstand dieses Fachbuches ist die situationsgebundene Bearbeitung der zentralen Prozesse der Personalwirtschaft zur Vorbereitung auf die IHK-Prüfung.

Wir wünschen unseren Lesern und Leserinnen den notwendigen Anwendungserfolg bei der Bearbeitung der Aufgaben sowie in der (späteren) IHK-Klausur.

Neustrelitz, im Juni 2011   *Diplom-Sozialwirt Günter Krause*
                                                     Diplom- Soziologin Bärbel Krause

Inhaltsverzeichnis

Aufgaben

Lösungen

4 Personalbeschaffung, -auswahl und Arbeitsvertrag 125

4.1 Beschaffungswege 125

4.2 Personalauswahl 133

Aufgaben

1 Aufgaben und Ziele der Personalwirtschaft

01. Personalwesen als Dienstleister

Welches Rollenverständnis kann heute von Mitarbeitern und Führungskräften des Personalwesens erwartet werden?

Erstellen Sie ein Thesenpapier mit drei Aspekten.

02. Personalstrategie

Nennen Sie vier Prozessstufen (in sachlogischer Reihenfolge) zur Entwicklung einer Strategie des Personalmanagements und geben Sie für jede Stufe ein anschauliches Beispiel.

03. Zielsetzungen

Als Assistent der Geschäftsleitung eines größeren Handelsbetriebes erhalten Sie den Entwurf „Personalpolitische Ziele für die Jahre 2012–2015". In diesem Papier lesen Sie u. a. folgende Zielsetzungen:

1. „… wird eine nachhaltige Senkung der Personalkosten angestrebt".
2. „… sollen Arbeitszeitmodelle entwickelt und eingesetzt werden, die sich an den Erfordernissen des Marktes ausrichten".
3. „… ist für einen optimalen Mitarbeitereinsatz zu sorgen, der sich an dem Können und der Neigung der Mitarbeiter orientiert".
4. „… muss für eine Senkung der Fluktuation durch geeignete Maßnahmen gesorgt werden".

a) Welche dieser Zielsetzungen haben kurzfristig mehr wirtschaftlichen und welche mehr sozialen Charakter? Begründen Sie Ihre Antwort.

b) Erläutern Sie am Beispiel der Zielsetzung „Senkung der Fluktuation", dass dieses Ziel langfristig sowohl wirtschaftlichen als auch sozialen Charakter haben kann.

c) Die vorstehend dargestellten Ziele haben einen Mangel: Sie sind nicht messbar. Formulieren Sie die Beschreibung „Senkung der Personalkosten" so um, dass daraus ein messbares (operationales) Ziel wird.

04. Hauptaufgaben des Personalwesens

a) Nennen Sie zehn Hauptaufgaben des Personalwesens.

b) Welcher Personalfunktion können die nachfolgenden Tätigkeiten zugeordnet werden:

- Prüfen und Weiterleiten der Bewerbungsunterlagen
- Ermittlung des Nettolohnes
- Umbau der bestehenden Kantine
- Gespräch mit dem Betriebsrat zur Vorbereitung einer Kündigung
- Erstellung der internen Fortbildungsbroschüre und Auswahl von Teilnehmern
- Erstellung der Urlaubsplanung

05. Funktionen der Personalarbeit

Die unterschiedlichen Hauptaufgaben des Personalwesens lassen sich hinsichtlich ihrer Funktion in drei Aufgabenbereiche unterscheiden: Aufgaben, die sich

- aus der Stabsfunktion,
- aus der Linienfunktion sowie
- aus der Beteiligung an überbetrieblichen Tätigkeiten

ergeben.

Erläutern Sie die unterschiedlichen Funktionsarten und geben Sie jeweils zwei Beispiele.

06. Bedeutung der Personalarbeit

Welche Bedeutung hat die betriebliche Personalarbeit heute? Welche Ursachen für den erkennbaren Bedeutungswandel lassen sich nennen? Es werden jeweils vier Aspekte erwartet.

07. Entwicklungsphasen der Personalarbeit

Betrachtet man den historischen Bedeutungswandel der Personalarbeit, so lassen sich im Wesentlichen vier Entwicklungsphasen unterscheiden. Charakterisieren Sie diese Phasen, indem Sie typische Hauptfunktionen aus der täglichen Personalpraxis, die jeweils vorherrschende Philosophie sowie ungefähre Jahreszeiträume nennen.

08. Ziele der Personalarbeit

Welche Zielkategorien verfolgt das Personalwesen? Nennen Sie zwei Zielkategorien mit jeweils vier Beispielen und beschreiben Sie beispielhaft einen Zielkonflikt.

09. Personalarbeit: Kunden, zentrale Personaldienstleistungen, Erwartungen der Kunden, Stärken-Schwächen-Analyse

„Qualität und Wirtschaftlichkeit der Leistungen des Personalsektors sind in den nächsten zwei Jahren nachhaltig zu verbessern", so lautet der Auftrag des Vorstands. Ihr

Chef (Leiter Personal- und Sozialwesen) und Ihre zwei Kollegen teilen sich die einzelnen Arbeitspakete dieses Projekts.

Sie erhalten dabei folgende Aufgaben:

a) Stellen Sie zusammen, wer Ihre wichtigsten Kunden sind.

b) Erarbeiten Sie eine Liste der zentralen Personaldienstleistungen.

c) Entwerfen Sie im Ansatz einen Fragebogen, um die Erwartungen Ihrer Kunden in Erfahrung zu bringen. Berücksichtigen Sie dabei beispielhaft drei Merkmale und drei Merkmalausprägungen.

d) Um das Leistungsprofil der Personalabteilung beurteilen zu können, zieht Ihr Chef eine Stärken-Schwächen-Analyse in Erwägung.

   1. Beschreiben Sie die einzelnen Arbeitsschritte bei der Erstellung dieser Analyse.

   2. Nennen Sie drei geeignete Verfahren, um Vergleichsmöglichkeiten zu gewinnen.

   3. Nennen Sie vier Risiken dieses Analyseinstruments.

10. Shareholder Value und Stakeholder Value

a) Erklären Sie vor dem Hintergrund der Konfliktsituation zwischen wirtschaftlichen und sozialen Zielen die Begriffe „Shareholder Value" und „Stakeholder Value".

b) Im März des laufenden Jahres stehen in einem großen Konzern der Automobilindustrie (AG) Verhandlungen über die neuen Lohntarife an (Haustarif). Die Ertragslage des Unternehmens ist vorzüglich. Der Anstieg der Lebenshaltungskosten im zurückliegenden Jahr betrug 2,5 %. Die innerbetriebliche Produktivität ist um 3 % verbessert worden (Inbetriebnahme einer neuen Fertigungsstraße). Die im Betrieb vertretene Gewerkschaft fordert mit Nachdruck eine Anhebung der Löhne und Gehälter um 6,5 %. Die Unternehmensleitung lehnt dies strikt ab und hält eine Anpassung der Löhne und Gehälter in Höhe von 2,8 % gerade noch für machbar.

Formulieren Sie jeweils vier Argumente, die von Vertretern des Shareholder Value-Ansatzes und des Stakeholder Value-Ansatzes vorgebracht werden könnten, um die bestehenden Forderungen zu untermauern.

11. Ableitung personeller Maßnahmen aus der Unternehmensstrategie

Sie sind zusammen mit zwei weiteren Personalreferenten in der TECHNIK-GmbH tätig. Diese fertigt mit ca. 400 Mitarbeitern Bauteile für die Automobilindustrie. Es existiert ein Betriebsrat. Im Frühjahr 2011 erfährt die Geschäftsleitung, dass ein Großkunde seine langfristigen Verträge mit Ihrem Unternehmen gekündigt hat.

a) Beschreiben Sie drei externe Marktfaktoren, die zu dieser Entwicklung geführt haben können.

b) Die Geschäftsleitung der TECHNIK-GmbH informiert den Kreis der Leitenden über folgende Strategie: Die Fertigungstiefe soll bei einigen Bauteilen verringert werden. Außerdem sollen zukünftig bestimmte Bauteile über den Zubehörhandel vertrieben werden. Zum Aufbau dieser Kontakte sollen zehn Planstellen für Reisende neu geschaffen werden. Insgesamt wird mit einer notwendigen Reduzierung des Personalbestandes von 15 % gerechnet.

Beschreiben Sie anhand von drei Beispielen, welche personalpolitischen Zielkonflikte mit der Umsetzung der oben formulierten Unternehmensstrategie verbunden sein können.

c) Weiterhin hat die Geschäftsleitung verkündet: „Die Wertschöpfung muss verbessert werden. Eine Maßnahme dazu ist die Steigerung der Mitarbeiterleistung. Alles kommt auf den Prüfstand."

Als Vorbereitung zur Ausweitung einer leistungsorientierten Entlohnung im Unternehmen sollen Sie eine Auflistung erstellen, *wie die Arbeitsleistung quantitativ erfasst werden kann* – in der Fertigung, in der Verwaltung, im Außendienst (Reisende) sowie für den Führungskräftebereich.

2 Organisation des Personalwesens

01. Einordnung und Gliederung des Personalwesens

Beschreiben Sie, welche organisatorische Einordnung und Gliederung des Personalwesens heute vorherrschend ist. Unterscheiden Sie dabei eine

- hierarchische Eingliederung in Kleinbetrieben sowie Mittel- und Großbetrieben.
- interne Gliederung des Personalwesens nach der Funktion (Verrichtung), dem Objekt, dem Referentenmodell.

02. Organisation der Personalwirtschaft

Innerhalb eines Job-Rotation-Programms arbeiten Sie in der Zentrale einer Handelskette. Sie haben die Aufgabe sich mit der Organisationsstruktur der Firma vertraut zu machen. Dazu lassen Sie sich zwei Organigramme der Handelskette zeigen.

Abb. 1 zeigt den Auszug des Organigramms aus dem Jahre 1995:

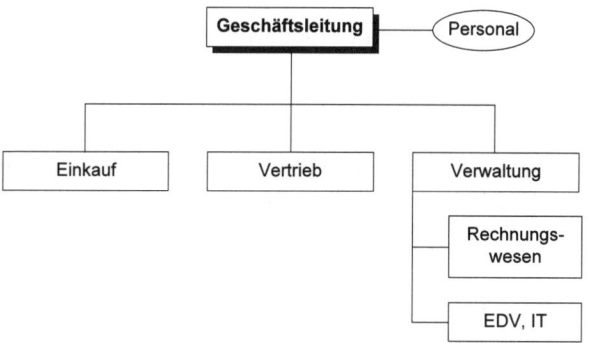

Abb. 2 stellt den Organigramm-Auszug Ihrer Handelskette im Jahre 2011 dar:

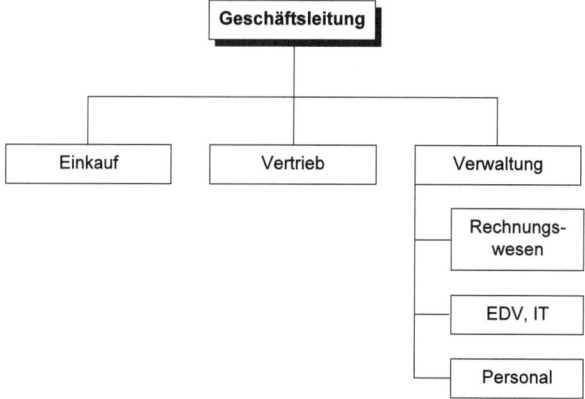

a) Vergleichen Sie beide Organigramme miteinander und erläutern Sie dabei die Eingliederung des Personalwesens.

b) Die nachfolgende Abbildung zeigt eine Erweiterung von Abbildung 2 und stellt im Detail die Gliederung des Personalwesens dar:

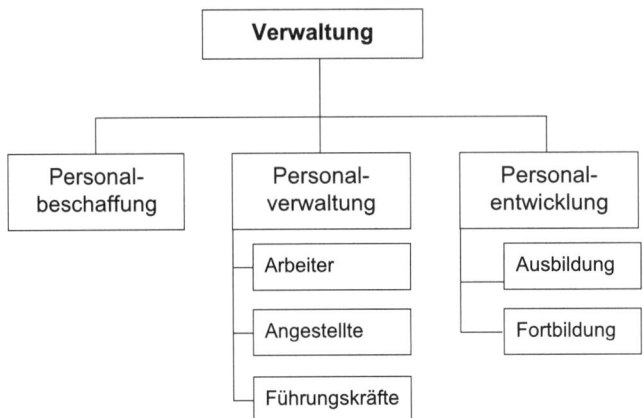

Nehmen Sie Stellung zur Gliederung des Personalwesens mithilfe der Kriterien:

- stark/schwach gegliedert,
- objekt-/funktionsorientiert gegliedert.

c) Nachfolgend sind eine Reihe von Teilfunktionen der Personalwirtschaft wiedergegeben. Entscheiden Sie, welche dieser Teilaufgaben zentral und welche dezentral wahrgenommen werden sollten. Begründen Sie Ihre Entscheidung am Beispiel der Teilfunktion „Altersversorgung".

- Personalbeschaffung Angestellte,
- Personalbeschaffung Führungskräfte,
- Personalabrechnung,
- Ausbildung,
- Fortbildung als Profitcenter,
- Altersversorgung,
- EDV-Koordination/Abrechnungssysteme,
- Personalgrundsatzfragen,
- Entgeltsysteme Tarifangestellte.

03. Outsourcing von Teilaufgaben der Personalarbeit

Im Zuge der Neustrukturierung wird in Ihrem Unternehmen auch über Outsourcing von Teilbereichen der Personalarbeit nachgedacht.

a) Nennen Sie acht Beispiele für Leistungen der Personalarbeit, die dafür besonders infrage kommen. Wer kann dabei der externe Dienstleister sein?

b) Nennen Sie Ihrer Geschäftsleitung jeweils sechs Vor- und Nachteile, die mit outgesourcten Personal-Dienstleistungen einhergehen können.

04. Personalbereichsprozess

Sie arbeiten als Personalreferent in einem Betrieb der Automobilzulieferindustrie. Der Betrieb hat ca. 400 Mitarbeiter, die Auftragslage ist gut. Vor einem Monat hat Ihr neuer Chef, Leiter des Personal- und Sozialwesens, seine Arbeit aufgenommen. Einer seiner strategischen Aufgaben ist die Optimierung aller Prozesse im Personalbereich.

a) Zur Vorbereitung eines Meetings werden Sie gebeten, die Prozesse im Personalbereich ansatzweise grafisch darzustellen. Stützen Sie sich bei Ihrem Konzept auf die bekannten Funktionen des Personalwesens.

b) Bei der Analyse des Personalbereichsprozesses stellen Sie eine Reihe von Schwachstellen fest, die in mehreren Teilprojekten angegangen werden sollen. Das Generalziel lautet: Mehr Prozessqualität bei geringeren Prozesskosten.

Mit welchen Widerständen müssen Sie bei der Prozessveränderung und -verbesserung rechnen? Nennen Sie jeweils drei Argumente, die sich beziehen auf

- die Mitarbeiterebene,
- die Organisationsebene.

05. Optimierung eines Geschäftsprozesses

Ihr Unternehmen wird in dem Zweigwerk in Dresden im kommenden Jahr 80 neue Mitarbeiter einstellen, da das neue Produkt „Cabrio 200ZX" hervorragend vom Markt angenommen wurde. Sie erhalten von der Geschäftsleitung den Auftrag, den Geschäftsprozess „Einarbeitung neuer Mitarbeiter" zu optimieren. Bearbeiten Sie dazu folgende Aufgaben:

a) Nennen Sie Prozessanfang und -ende.

b) Nennen Sie zwei Prozessziele.

c) Im Sinne einer ganzheitlichen Prozessorientierung ist die Anzahl der Schnittstellen möglichst gering zu halten.

1. Was versteht man in diesem Zusammenhang unter einer Schnittstelle?

2. Nennen Sie vier Schnittstellen bezogen auf den o. g. Sachverhalt.

3. Beschreiben Sie zwei Möglichkeiten, um die Anzahl der Schnittstellen zu reduzieren.

d) Nennen Sie fünf Teilprozesse des genannten Geschäftsprozesses in sachlogischer Reihenfolge.

06. Neue Aufbaustruktur

Ihr Unternehmen hat 400 Mitarbeiter. Es produziert und vertreibt zwei Produktgruppen (Waschmaschinen und Kühlschränke). Das Unternehmen ist derzeit als Linienorganisation strukturiert. Neben der Fertigung gibt es die betrieblichen Funktionen

- Materialwirtschaft,
- Vertrieb und
- Verwaltung.

Die Personalabteilung ist dem Leiter der Verwaltung unterstellt. Es existiert ein Betriebsrat. Im Zuge der Reorganisation ist geplant, die Produktspezialisierung zu verstärken und das Unternehmen als Matrixorganisation weiterzuführen. Jeder Produktlinie wird ein Personalreferent zur Durchführung der operativen Personalarbeit zugeordnet. Die zentrale Personalabteilung wird direkt der Geschäftsleitung unterstellt.

Zeichnen Sie (auszugsweise) ein Organigramm der neuen Aufbaustruktur, das die zukünftige „Einbindung der Personalarbeit" in die Organisation erkennen lässt.

07. Flussdiagramm, Prozess(re)organisation

Seit kurzem sind Sie in einem IT-Unternehmen tätig. Die Geschäftsentwicklung ist positiv. Das Unternehmen führt zurzeit zahlreiche Personalbeschaffungsaktionen durch. Im Zuge dieser Maßnahmen stellen Sie Schwachstellen fest: Die Dokumentation der eingehenden Bewerbungen ist lückenhaft; der Vorgang der Bewerbervorauswahl dauert zu lange; es kommt zu Anrufen von Bewerbern, die sich über ausbleibende Zwischenbescheide oder nicht erfolgte Rücksendung ihrer Unterlagen beschweren.

a) Nennen Sie vier Zielsetzungen einer effektiven Prozess(re)organisation.

b) Veranschaulichen Sie grafisch (z. B. als Flussdiagramm) den Prozess der Auswahl externer Bewerber (Soll-Situation).

3 Personalplanung

01. Zielsetzung, Aufgaben

Beschreiben Sie Zielsetzung und Aufgaben der Personalplanung.

02. Arten der Personalplanung

Beschreiben Sie sechs Arten der Personalplanung.

03. Integration der Personalplanung in die Unternehmensplanung

a) Beschreiben Sie, wie die Personalplanung in die Unternehmensplanung integriert ist.

b) Zeigen Sie den Zusammenhang zwischen der Personalbedarfsplanung und den anderen Teilplänen der Personalplanung (Skizze oder in Worten).

04. Bedeutung der Personalplanung

Nennen Sie jeweils drei Argumente zur Bedeutung der Personalplanung aus der Sicht der Arbeitgeber und der Arbeitnehmer.

05. Einflussfaktoren der Personalplanung

Nennen Sie jeweils sechs interne und externe Einflussgrößen der Personalplanung.

06. Instrumente der Personalplanung

Nennen Sie vier Instrumente der Personalplanung und beschreiben Sie in Stichworten deren Verwendung (Aussagekraft, Einsatzmöglichkeiten).

07. Potenzialanalyse

Entwerfen Sie das Muster einer Potenzialanalyse und beschreiben Sie, wie diese auszuwerten ist.

08. Informationsquellen der Personalbedarfsplanung

Entwerfen Sie eine Checkliste zur Personalbedarfsplanung, die nach

- internen Stellendaten,
- internen Mitarbeiterdaten sowie
- nach sonstigen internen und externen Rahmenbedingungen

strukturiert ist und nennen Sie dabei jeweils vier Faktoren (= Informationsquellen).

09. Stellenbeschreibung (Arbeitsplatzbeschreibung)

Zur Vorbereitung von Weiterbildungsmaßnahmen sind Sie gehalten, die Stellenbeschreibungen für Ihre Arbeitsgruppe anzufertigen.

a) Nennen Sie beispielhaft sechs Inhalte einer Stellenbeschreibung (auch: Arbeitsplatzbeschreibung).

b) Nennen Sie sechs Einsatzgebiete von Stellenbeschreibungen.

c) Beschreiben Sie den Unterschied der Stellenbeschreibung zur Funktionsbeschreibung.

10. Qualitative Personalbedarfsermittlung

In der Montageabteilung eines Unternehmens (Montagegruppe 1 bis 3) hat die quantitative Bedarfsermittlung zu einer Unterdeckung von 14 Stellen geführt (auf Vollzeitbasis). Im zweiten Schritt wurden die Anforderungen der betreffenden Stellen analysiert. Ermitteln Sie den qualitativen Personalbedarf nach eigenen Vorgaben.

11. Arten des Personalbedarfs

Welche Arten des Personalbedarfs hinsichtlich der Entstehungsursache sind zu unterscheiden? Beschreiben Sie fünf Beispiele.

12. Personalplanung (vermischte Aufgaben)

Beantworten Sie bitte folgende Fragen:

a) Was versteht man unter der Qualifikation eines Mitarbeiters?

b) Was sind Fähigkeiten?

c) Was versteht man unter Eignung?

d) Wie kann die Eignung eines Mitarbeiters ermittelt werden?

13. Personalplanung bei schwieriger Auftragslage

Die RENTaMAN AG ist ein Unternehmen mit mehreren hundert Mitarbeitern und Niederlassungen in fast allen deutschen Großstädten, das gewerbsmäßig Arbeitnehmerüberlassung betreibt. Das Unternehmen arbeitet eng mit den regionalen Agenturen für Arbeit zusammen. Die Beschäftigungslage ist von folgender Entwicklung geprägt:

Die Niederlassungen im Norden sowie im Osten des Bundesgebietes sind überwiegend nicht ausgelastet, während im Süden die Nachfrage nach Kunden – insbesondere im Bereich der Ingenieurfachkräfte und der IT-Spezialisten – nicht befriedigt werden kann. Außerdem schwankt die Nachfrage nach Leihpersonal sehr stark in Abhängigkeit von der konjunkturellen Entwicklung und den arbeitsmarktpolitischen Förderungsmaßnahmen der Bundesagentur für Arbeit. Weiterhin bleibt das Unternehmen nicht von einem generellen Problem der Branche der Zeitarbeitsfirmen verschont: Permanent werden gut ausgebildete Fach- und Führungskräfte von den Auftraggebern (Entleihfirmen) abgeworben.

Analysieren Sie die Ausgangssituation und leiten Sie daraus jeweils zwei operative und zwei strategische Ziele der Personalplanung und des Personalmarketings ab.

14. Personalkostenplanung

Bei der Planung der Personalkosten lassen sich zwei Planungsansätze unterscheiden:
- Planung auf Basis der Vorperiode (so genannte Fortschreibungsplanung)
- Planung aufgrund des spezifizierten, zukünftigen Bedarfs (so genannte Nullbasis-Planung).

Vergleichen Sie beide Planungsansätze anhand von zwei Aspekten und begründen Sie Ihre Auffassung.

15. Nettopersonalbedarf

Der Montagebereich hat derzeit 28 Planstellen; davon ist eine Stelle unbesetzt (Nachholbedarf). Für die kommende Planperiode erfolgt eine Umstrukturierung: Zwei Stellen werden neu eingerichtet, fünf Stellen werden abgebaut. Es ist bekannt, dass vier Mitarbeiter im kommenden Jahr zurückkehren (Bundeswehr, Mutterschaftsurlaub, Vollzeitweiterbildung). Zwei Mitarbeiter werden das Unternehmen verlassen (Kündigung, Erreichen des Rentenalters). Weiterhin wird als Schätzgröße ein Personalabgang von einem Mitarbeiter in der Planung berücksichtigt.

Ermitteln Sie den Nettopersonalbedarf und nennen Sie vier geeignete Maßnahmen um einen evtl. Personalabbau in der Montage umzusetzen.

16. Bruttopersonalbedarf (Kennzahl, globales Verfahren)

Das Maschinenbauunternehmen X-GmbH ermittelt in der Berichtsperiode die Relation:

$$\frac{\text{Umsatz € p. a.}}{\text{Anzahl der Mitarbeiter (auf Vollzeitbasis)}} = \frac{61,2 \text{ Mio. €}}{510 \text{ Mitarbeiter}} = 120.000 \text{ €/Mitarbeiter}$$

Die Analyse der Vergangenheitswerte in den zurückliegenden Jahren zeigt, dass diese Relation recht stabil um den Wert 120.000 €/Mitarbeiter schwankt. Der für die kommende Planungsperiode angestrebte Umsatz von 67,32 Mio. € (Umsatzanstieg = 10 %) wird als Zielgröße zur Ermittlung des Brutto-Personalbedarfs genommen.

Berechnen Sie den Bruttopersonalbedarf.

17. Bruttopersonalbedarf

Für einen Auftrag liegen folgende Angaben vor:

Rüstzeit des Auftrags:	t_r =	42 Stunden
Anzahl der Fertigungseinheiten:	m =	2.900 Stück
Ausführungszeit pro Einheit:	t_e =	1,31 Stunden
Leistungsgrad:	L_t =	115 %
monatliche Regelarbeitszeit:	Z =	167 Stunden

a) Ermitteln Sie den Personalbedarf für den Auftrag.

b) Ermitteln Sie den Bruttopersonalbedarf bei einer Fehlzeitenquote von 10 %.

c) Bestimmen Sie aus den nachfolgenden Daten den Kapazitätsbedarf an Arbeitspersonen pro Woche (5 Tage):

   - Arbeitszeit/Tag = 7,5 Std.
   - t_v = 10 %
   - m   = 1.000 Stück
   - Fehlzeit/Tag = 1,5 Std.
   - t_r = 200 min
   - t_g = 5 min
   - LG   = 125 %

18. Methoden der Personalbedarfsermittlung, Personalbeschaffung

Sie sind Abteilungsleiter in einem großen Warenhaus. Aufgrund Ihrer Personalführung und der effizienten Marketing-Aktionen konnten Sie den Umsatz Ihrer Abteilung deutlich steigern. Mit Ihrem derzeitigen Team ist das Arbeitsvolumen nicht zu schaffen. Sie beantragen bei der Geschäftsleitung die Einstellung eines Verkäufers/einer Verkäuferin auf Vollzeitbasis.

a) Beschreiben Sie drei Methoden der Bedarfsermittlung zur Begründung Ihres Antrags.

b) Nennen Sie jeweils drei interne und externe Suchwege der Personalbeschaffung, die effektiv sind und nur geringe Kosten verursachen.

c) Beschreiben Sie fünf Vor- und Nachteile der internen Personalbeschaffung.

19. Ermittlung des Bruttopersonalbedarfs

a) Der derzeitige Umsatz im Unternehmen beträgt 5,0 Mio. € bei 20 Mitarbeitern. Für das kommende Jahr rechnet man mit einem Umsatzanstieg von 20 %, da einer der Hauptkonkurrenten in Insolvenz gegangen ist. Im Übrigen geht man für das kommende Jahr von gleichen Planungseckdaten aus.

Wie viele Mitarbeiter werden für die Verkaufsregion im neuen Jahr zusätzlich benötigt?

b) In einer Niederlassung beträgt das Gesamtarbeitsvolumen 800 Stunden pro Monat. Die derzeitige Arbeitszeit ist von 8:00–16:30 Uhr. Die Mittagspause ist eine halbe Stunde. Die Regelarbeitszeit laut Tarif ist 35 Std./Woche.

1. Wie viele Arbeitskräfte müssen – bei Einhaltung der Regelarbeitszeit – eingesetzt werden? Gehen Sie bei der Berechnung von vier Wochen pro Monat aus.

2. Wie viele Mitarbeiter müssen eingesetzt werden, wenn jeder Mitarbeiter von 8:00–16:30 Uhr arbeitet?

c) Das Maschinenbauunternehmen X-GmbH ermittelt in der Berichtsperiode 2010 die Relation Umsatz p. a. : Anzahl der Mitarbeiter = 106 Mio. € : 530 = 200.000 €.

Die Analyse der Vergangenheitsdaten in den Jahren 2005 bis 2009 zeigt, dass diese Relation recht stabil um den Wert 200 T€/Mitarbeiter schwankt. Der für 2011 angestrebte Umsatz von 118,72 Mio. € wird als Zielgröße angenommen.

Wie hoch ist der Bruttopersonalbedarf?

20. Planung der Personalveränderung

Vor kurzem haben Sie als Personalreferent die Abteilung PA 3 übernommen, welche die Geschäftsbereiche Technik und Vertrieb betreut. Derzeit sind in Ihrer Abteilung sechs Sachbearbeiter/Lohn und Gehalt, zwei Mitarbeiter/Aus- und Fortbildung (A + F) sowie zwei Mitarbeiter/Sozialwesen und Statistik. Die Geschäftsentwicklung ist positiv. Für das kommende Jahr wurden Ihnen zwei neue Stellen genehmigt: eine Sachbearbeiterstelle/Lohn und Gehalt sowie eine neu einzurichtende Stelle/EDV-Koordination. In der Gruppe Sozialwesen/Statistik soll eine Stelle eingespart werden.

In der Gruppe Lohn und Gehalt scheiden zwei Mitarbeiter im Laufe des nächsten Jahres aus, ein Mitarbeiter wird nach Abschluss der Ausbildung übernommen. In der Gruppe A + F wird ein Mitarbeiter ausscheiden aufgrund einer Versetzung zur Tochtergesellschaft.

Erstellen Sie den Personalbeschaffungs- und -freisetzungsplan für das kommende Jahr und nennen Sie jeweils zwei Vorschläge zur Lösung der Personalüberdeckung bzw. Personalunterdeckung.

21. Abgangs-/Zugangstabelle

Entwerfen Sie ein Schema zur Ermittlung des fortgeschriebenen Personalbestandes als Grundlage für eine einjährige Personalplanung – differenziert nach Abteilung und Mitarbeitergruppe (so genannte Abgangs-Zugangstabelle). Führen Sie dabei mindestens acht verschiedene Ursachen für Personalveränderungen auf.

22. Laufbahnplanung

Die mittelfristige Personalplanung Ihres Maschinenbauunternehmens zeigt, dass in den nächsten Jahren ein erhöhter Bedarf an Ingenieuren im Konstruktionsbereich zu erwarten ist. Nach Auskünften staatlicher Stellen wird das Angebot an extern verfügbaren Ingenieuren zurückgehen.

a) Sie erhalten vom Ressortleiter Technik den Auftrag, einen Standard-Laufbahnplan für den Konstruktionsbereich zu entwerfen.

b) Außerdem sollen Sie jeweils zwei Chancen und Risiken dieses Instruments nennen.

c) Beschreiben Sie vier flankierende Maßnahmen, die zur Einführung der Standard-Laufbahnplanung erforderlich sind.

d) Als Referent arbeiten Sie derzeit im Personalwesen eines Industriebetriebes und beschäftigen sich mit Fragen der Mitarbeiterförderung. Entwerfen Sie einen Standard-Entwicklungsplan für Nachwuchskräfte im Personalwesen, der dann innerbetrieblich für individuelle Entwicklungspläne genutzt werden kann. Der Entwicklungsplan soll Hinweise zu folgenden Punkten enthalten:

Stand/Datum	...		Ebene/Stationen	...
Personal Nr.	...		Pos. Bezeichnung	...
Beruf	...		Dauer (in Jahren)	...
Eintritt am	...		Fördermaßnahmen	...
Geb. Datum	...		Beurteilung	...
Einstiegs-position	Sachbearbeiter, Lohn- und Gehaltsabrechnung		Legende der Kurz-bezeichnungen	...
Zielposition	Mittleres Management, Personalwesen			

e) Entwerfen Sie für ein Warenhaus mittlerer Größe ein einfaches Standardlaufbahn-Modell.

Einstiegsposition: Ausbildung
Zielposition: Geschäftsführer des Warenhauses

23. Nachfolgepläne, Musterbogen zur Nachfolgeplanung

Erläutern Sie die Zielsetzung von Nachfolgeplänen im Rahmen der Mitarbeiterförderung und entwerfen Sie ansatzweise einen Musterbogen zur Nachfolgeplanung.

24. Nachfolgeplanung

Ihr Betrieb hat mehr als 500 Mitarbeiter. Es existiert ein Betriebsrat. Vor Ihnen liegt ein Auszug des Organigramms von Herrn Morgan, Betriebsleiter.

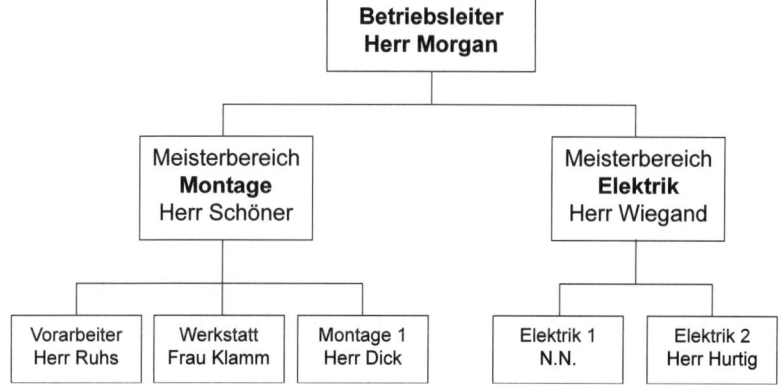

a) Für das kommende Planungsjahr ist eine positionsbezogene Nachfolgeplanung zu erstellen und in das nachfolgende Schema (Positionen/Monate) einzutragen:

Nachfolgeplan: BL/Morgan	Monate											
Positionen	01	02	03	04	05	06	07	08	09	10	11	12

Dazu liegen Ihnen folgende Angaben vor:

Herr Schöner, Meisterbereich Montage wird altersbedingt zum 30.06. ausscheiden und durch Herrn Ruhs ab dem 01.09. ersetzt; zur Vorbereitung auf die neue Position wird Herr Ruhs im Juli und August ein internes Trainingsprogramm durchlaufen. In diesen beiden Monaten wird Herr Morgan den Meisterbereich Montage kommissarisch leiten.

Der Vorarbeiter Herr Ruhs wird „nahtlos" durch Herrn Dick ersetzt. Die Stelle von Herrn Dick wird von Juli bis September von einem Leiharbeitnehmer und daran anschließend von Herrn Schnell besetzt, der zum 30.09. seine Lehre als Mechatroniker beendet.

Frau Klamm tritt zum 01.03. ihre Elternzeit an. Als Nachfolge ist eine befristete externe Neueinstellung geplant.

Die Stelle Elektrik 1 ist derzeit vakant; sie soll zum 01.04. mit Herrn Rohr besetzt werden, der dann von der Bundeswehr zurückkehrt.

b) Nennen Sie vier personelle Maßnahmen, die im Rahmen dieser Nachfolgeplanung durchzuführen sind sowie das jeweilige Beteiligungsrecht des Betriebsrates.

25. Personalmehrbedarf, Personaleinsatzplanung

Sie sind Referent in der Zentrale eines Handelskonzerns für Food-Artikel. Als Pilotprojekt sollen ab dem kommenden Monat die Öffnungszeiten in einer Filiale erneut den Verbrauchergewohnheiten angepasst werden und zwar:

montags–freitags   9:00-20:00 Uhr
samstags   9:00-14:00 Uhr

Derzeit arbeiten zehn Mitarbeiter in dieser Filiale mit folgenden individuellen Arbeitszeiten:

7 Mitarbeiter Vollzeit 5 Tage pro Woche   jeweils 8 Stunden pro Tag
4 Mitarbeiter Teilzeit 5 Tage pro Wo che jeweils 6 Stunden pro Tag
4 Mitarbeiter Teilzeit 3 Tage pro Woche   jeweils 4 Stunden pro Tag

Hinweis:
1 Vollzeitkraft entspricht 40 Stunden pro Woche. Die Filiale muss montags – freitags mit 8, am Samstag mit 11 Vollzeitkräften besetzt sein. Die durchschnittliche Fehlzeitenquote beträgt 12 %. Pausenzeiten sind nicht zu beachten.

a) Berechnen Sie den zukünftigen Mehrbedarf in Vollzeitkräften für diese Filiale. Ihre Rechnung soll Modellcharakter für die übrigen Niederlassungen haben.

b) Nennen Sie fünf Besonderheiten, die bei der Personaleinsatzplanung im Einzelhandel zu berücksichtigen sind.

26. Personalanpassungsplanung

Die Planung des Personalbedarfs hat in quantitativer und qualitativer Hinsicht zu erfolgen. Weichen im Planungsergebnis Personalbestand und -bedarf voneinander ab, so sind Anpassungsmaßnahmen erforderlich. Infrage kommen hier:
- Maßnahmen der Personalentwicklung (kurz: Entwicklung)
- Maßnahmen der Personalbeschaffung (kurz: Beschaffung)
- Maßnahmen des Personalabbaus (kurz: Abbau).

a) Ergänzen Sie in diesem Zusammenhang in der folgenden Matrix die durchzuführenden Personalanpassungsmaßnahmen.

Ergebnis der quantitativen Planung	Ergebnis der qualitativen Planung		
	Bestand < Bedarf	Bestand = Bedarf	Bestand > Bedarf
Bestand < Bedarf	Beschaffung, Entwicklung		
Bestand = Bedarf			
Bestand > Bedarf			

b) Nennen Sie vier Beispiele für betriebliche Teilpläne, mit denen die Personalplanung eines Industriebetriebes besonders eng verknüpft sind.

c) Die Personalplanung ist abhängig von der Entwicklung der externen Märkte.

Welche Märkte sind hier gemeint? Geben Sie vier Beispiele.

27. Personalbedarf für den Monat August

Für den Folgemonat August sind in der Werkstatt 1 folgende Aufträge gelistet:

Auftragsnummer	Rüstzeit t_r (in min)	Ausführungszeit t_e (in min)	Losgröße x (in Stück)
4711	20	12	200
4712	15	10	300
4713	25	5	150
4714	10	8	250
4715	30	20	100
Summe	100		1.000

Die Werkstatt arbeitet im 1-Schicht-Betrieb bei täglich 8 Stunden; der Monat wird mit 20 Arbeitstagen gerechnet. Bei der Berechnung der erforderlichen Personalressource ist ein Planungsfaktor von 0,85 vorgegeben (Urlaub: 5 %, Krankheit: 2 %, sonstige Ausfallzeiten: 8 %).

Zu ermitteln ist der Personalbedarf (in Vollzeitmitarbeitern) für den Monat August der Werkstatt 1.

28. Personalbedarfsplanung, Kennzahlenmethode

Sie erhalten die Aufgabe, die Personalbedarfsplanung für die gewerblichen Mitarbeiter in der Produktion für das Jahr 2012 aufgrund der Datenrelationen des Jahres 2011 zu erstellen. Ihre Recherchen ergeben folgende Eckdaten:

Eckdaten	2011
Produktionsmenge in Einheiten	850.000
ø Anzahl der gewerblichen Mitarbeiter in der Produktion	220
Anzahl der Arbeitswochen	45
Tarifliche Wochenarbeitszeit je Mitarbeiter in Stunden	37,5

Für 2011 existieren folgende Planungsvorgaben:

- geplante Steigerung der Produktionsmenge 10 %,
- geplante Produktivitätssteigerung 5 %,
- Verkürzung der wöchentlichen Regelarbeitszeit von 37,5 auf 35 Std.

4 Personalbeschaffung, -auswahl und Arbeitsvertrag

4.1 Beschaffungswege

01. Externe Beschaffungswege

Nennen Sie zehn Möglichkeiten der externen Personalbeschaffung.

02. Interne versus externe Personalbeschaffung

Nennen Sie acht Faktoren, die bestimmend sind für die Entscheidung, ob ein Betrieb seine Personalvakanzen intern oder extern abdeckt.

03. Personalanzeige (1)

Nach welchem inhaltlichen Grundschema werden Personalanzeigen gestaltet? Nennen Sie fünf Aspekte.

04. Personalanzeige (2)

Die GWF-Systemteile GmbH, Hagelstr. 99, 41999 Ebersbusch fertigt Präzisionsteile für die Automobilindustrie und sucht einen Software-Ingenieur als Projektleiter (Aufbau und Betreuung der Arbeitsgruppe „Steuerung von Fertigungsprozessen").

a) Entwerfen Sie den Text für die Personalanzeige im Stellenteil der regionalen Tageszeitung.

b) Nennen Sie zehn Gesichtspunkte, auf die Sie bei der Gestaltung der Anzeige achten werden.

05. Personalanzeige (3)

Sie arbeiten seit einiger Zeit in einem mittelständischen Unternehmen. Ihre Firma hatte in der regionalen Tageszeitung eine Personalanzeige geschaltet, die keine geeigneten Bewerber ergab:

Mittelständischer Metallgroßhändler mit ca. 150 Mitarbeitern
sucht kurzfristig einen

Versandleiter.

Zuschriften sind erbeten unter PA-KRA 5003211 an die RHEINLAND-PRESSE,
Postfach 15 54, 41855 Rheinland.

---

a) Nennen Sie fünf Argumente für den Misserfolg der Anzeigenaktion, die in der inhaltlichen Gestaltung der Anzeige begründet sein können.

b) Nennen Sie sechs Medien, in denen die Stellenausschreibung *außerdem* veröffentlicht werden könnte.

06. Innerbetriebliche Stellenausschreibung

a) Welche Beteiligungsrechte hat der Betriebsrat bei der innerbetrieblichen Stellenausschreibung?

b) Welche Einzelpunkte müssen in einer innerbetrieblichen Stellenausschreibung genannt werden?

c) Sie arbeiten in einem Chemieunternehmen. Ihre Firma muss die Stelle eines Chemielaboranten für das Tintenlabor neu besetzen. Die Aufgabe besteht in der Entwicklung und Qualitätssicherung von Tinten für verschiedene Anwendungen. Der Bewerber soll Chemielaborant sein, möglichst über Kenntnisse in der Farbstoffchemie verfügen und Englischkenntnisse besitzen. Entwerfen Sie eine interne Stellenausschreibung.

d) Was versteht man unter einer Versetzung im Sinne des Betriebsverfassungsgesetzes? Geben Sie in diesem Zusammenhang vier Beispiele für den Tatbestand der „erheblichen Änderung der Umstände".

07. Arbeitnehmerüberlassung/Personalleasing (1)

Was ist ein Leiharbeitsverhältnis (Arbeitnehmerleasing)?

08. Arbeitnehmerüberlassung/Personalleasing (2)

Während Ihrer Personalplanungsgespräche berichtet Ihnen der Fertigungsleiter, dass es an dem neuen Bearbeitungszentrum immer wieder zu Personalengpässen kommt, da nicht genügend Mitarbeiter an diesem Arbeitsplatz ausgebildet sind. Die befristete Einstellung zusätzlicher Arbeitskräfte wurde von der Geschäftsleitung nicht zugelassen. Aus diesen Gründen setzen Sie sich mit dem Zeitarbeitsunternehmen „RentaMan" in Verbindung und ersuchen um zwei geeignete Mitarbeiter für einen Monat. Die Kosten dafür wurden bewilligt.

a) Stellen Sie dar, welche Rechtsbeziehungen bestehen
  • zwischen Ihrer Firma und der Firma „RentaMan",
  • zwischen Ihrer Firma und den beiden Leiharbeitnehmern,
  • zwischen den Leiharbeitnehmern und der Firma „RentaMan".

Beschreiben Sie weiterhin, wer das Weisungsrecht gegenüber den beiden Leiharbeitnehmern hat.

b) Bevor der Fertigungsleiter noch dazu kommt, den Betriebsrat zu informieren, meldet
   sich dieser bei Ihnen und weist darauf hin, dass er auch bei der Beschäftigung von
   Leiharbeitern ein Mitbestimmungsrecht habe. Wie ist die Rechtslage?

c) Unter Umständen kann es erforderlich sein, den befristeten Einsatz der beiden Leiharbeitnehmer zu verlängern. Ist dies rechtlich möglich?

   Begründen Sie Ihre Antwort.

d) Der Fertigungsleiter hat bisher noch keine Erfahrung mit dem Einsatz von Leiharbeitnehmern.

   Erstellen Sie in einer knappen Übersicht die Vor- und Nachteile der Arbeitnehmerüberlassung. Nennen Sie jeweils drei Argumente.

09. Personalbeschaffung, Beteiligungsrechte des Betriebsrats

Bisher wurden in Ihrer Firma freiwerdende Stellen innerbetrieblich nicht generell
ausgeschrieben. Zu diesem Thema soll jetzt eine Betriebsvereinbarung geschlossen
werden. Im Zusammenhang damit sind eine Reihe von Fragen zu beantworten bzw.
Arbeitsschritte einzuleiten:

a) Zukünftig erwarten Sie von allen Führungskräften eine einheitliche und systematische
   Bearbeitung der eingehenden Bewerbungen auf innerbetriebliche Stellenausschreibungen. Beschreiben Sie dazu sechs Arbeitsschritte in sachlogischer Reihenfolge –
   vom Aushang der Stelle bis hin zur innerbetrieblichen Besetzung.

b) Im Herbst nächsten Jahres wird der Leiter Marketing ausscheiden. Es handelt sich
   um eine Hauptabteilungsleiterstelle, die direkt an die Geschäftsleitung berichtet. Der
   Stelleninhaber ist zur selbstständigen Einstellung und Entlassung von Mitarbeitern
   berechtigt.

   1. Kann der Betriebsrat die innerbetriebliche Ausschreibung dieser Stelle ver-
      langen?
   2. Hat der Betriebsrat bei der Neubesetzung dieser Stelle ein Beteiligungsrecht?

   Geben Sie in beiden Fällen eine begründete Antwort.

4.2 Personalauswahl

01. Handlungsschritte der Personalauswahl

Für Ihren Chef sollen Sie eine Personalvorauswahl treffen und dann geeignete Bewerber präsentieren. Für die zu besetzende Stelle „Substitut-Herrenoberbekleidung" existiert eine Stellenbeschreibung. Die Stelle wurde intern und extern ausgeschrieben. Es liegen zahlreiche Bewerbungen vor.

Nennen Sie alle wesentlichen Handlungsschritte der Personalauswahl – in sachlogischer Reihenfolge – und nennen Sie dabei jeweils zwei geeignete Auswahlverfahren.

02. Interpretation von Arbeitszeugnissen

a) Im Arbeitszeugnis eines Bewerbers lesen Sie u. a.: „Herr Kernig war tüchtig und wusste sich zu verkaufen … Seine Leistungen stellten uns voll zufrieden." Das Zeugnis wurde von der Personalabteilung eines großen Unternehmens verfasst und gegengezeichnet.

b) Das qualifizierte Arbeitszeugnis von Magnus Effenberger enthält u. a. folgende Formulierungen: „…Herr Effenberger hat die ihm übertragenen Aufgaben zu unserer Zufriedenheit erledigt. Sein Verhalten zu Vorgesetzten war ohne Beanstandung. Das Arbeitsverhältnis endet mit dem heutigen Tag."

Erläutern Sie jeweils, wie diese Aussagen zu werten sind.

03. Analyse von Bewerbungsschreiben und Arbeitszeugnissen

Im Rahmen einer Personalbeschaffungsaktion sichten Sie die eingegangenen Bewerbungen.

a) Beurteilen Sie die folgenden Formulierungen in den auszugsweise dargestellten Bewerbungsschreiben:

1	Sehr geehrte Damen und Herren,
	mit großem Interesse habe ich am Wochende Ihre Anzeige gelesen, die mich besonders interessiert. Da ich seit ca. drei Jahren im Verkauf tätig bin, glaube ich, dass ich mich für diese Aufgabe eigne.
	Lebenslauf und Arbeitszeuge sind beigefügt.
	Mit freundlichen Grüßen
	Hubertus Streblich
	Hubertus Streblich

2	Sehr geehrter Frau Zimmer-Adelmann,
	die ausgeschriebene Stelle Ihrer Firma interessiert mich sehr. Erlauben Sie mir, mich kurz vorzustellen:
	... Aus o.g. Gründen möchte ich mich wieder dem Bereich Verkauf zuwenden und mich möglichst bald ... Während meiner Tätigkeit legte ich immer besonders großen Wert auf ... Als Gehalt stelle ich mir einen Betrag von 2.600 € vor. Falls ich noch bis Ende nächste Woche von Ihnen hören sollte, könnte ich noch zum Monatsende kündigen und Ihnen ab Januar zur Verfügung stehen.
	Mit freundlichen Grüßen
	Gerd Grausam
	Gerd Grausam

b) Beurteilen Sie folgende Formulierungen in den auszugsweise dargestellten Arbeitszeugnissen:

1	**Zeugnis**
	Herr Hubertus Streblich, geb. am 18. Oktober 1980 in Kassel, war vom ... bei uns beschäftigt.
	Herr Streblich war hilfsbereit und höflich. Sein Verhalten zu Vorgesetzten und Mitarbeitern war einwandfrei. Die von ihm erbrachten Leistungen stellten uns zufrieden.
	Kapp Handels-GmbH
	Gernegroß *Meier*
	ppa. Gernegroß i. V. Meier

2	**Zeugnis**
	Herr Gerd Grausam war vom 1.4.2011 bis 4.5.2011 als Verkäufer bei uns tätig. ... Gerne bestätigen wir, dass Herr Grausam an den Einführungsveranstaltungen in unserem Hause regelmäßig und pünktlich teilgenommen hat. Herr Grausam schied am 4.5.2011 aus unserer Firma aus.
	Für seinen weiteren Berufsweg wünschen wir ihm alles Gute.
	Roland Kahne GmbH
	Kahne

c) Nennen Sie die einzelnen Stufen der Zeugniscodierung (Formulierungsskala).

d) Beschreiben Sie die Aussagekraft von Bewerberfotos. Welche Schlüsse lassen sich ziehen? Gehen Sie bei Ihrer Erläuterung auf Qualität und Format des Fotos ein.

e) Welche Aspekte sind generell bei der Analyse des Bewerbungsschreibens von Bedeutung?

04. Arbeitszeugnis (1)

Im Rahmen Ihrer Beschaffungsaktion lesen Sie bei der Analyse der Bewerbungsunterlagen in einem Arbeitszeugnis:

„Frau Mischberger konnte den an sie gestellten Aufgaben weitgehend gerecht werden, wenn diese nicht termingebunden und überschaubar waren. Zu ihren Kolleginnen hatte sie ein sehr freundschaftliches Verhältnis."

Das Zeugnis trägt zwei Unterschriften und wurde von einem bekannten, großen Handelsunternehmen ausgestellt.

a) Beurteilen Sie die Textpassage in dem Arbeitszeugnis.

b) Nennen Sie vier Grundsätze, nach denen ein Arbeitszeugnis lt. BAG-Rechtsprechung zu erstellen ist.

05. Analyse der Bewerbungsunterlagen, Fall „Hubertus Streblich"

Eine Sparte Ihres Handelshauses sucht einen neuen Personalreferenten. Der Stellenbeschreibung entnehmen Sie das Anforderungsprofil:

Anforderungsprofil, fachlich:
- abgeschlossene Berufsausbildung, möglichst im Handel
- fundierter theoretischer Hintergrund (z. B. FH-Studium mit Schwerpunkt Personalwesen; ggf. auch Bewerber mit ausreichender Praxis und einer Weiterbildung als Geprüfter Handelsfachwirt)
- mindestens drei Jahre Praxis im Personalwesen eines Handelsbetriebes – möglichst in unterschiedlichen Funktionen („Generalist")
- Kenntnisse in der Lohn- und Gehaltsabrechnung
- sichere Beherrschung des Arbeits- und Sozialrechts
- Erfahrung in der Zusammenarbeit mit der Arbeitnehmervertretung

Anforderungsprofil, persönlich:
- überzeugend und ausgewogen in der Persönlichkeit
- emotional stabil
- kontaktfähig und sicher im Auftreten
- vertrauenserweckend in der Gesprächsführung
- sichere Behandlung von Konfliktsituationen

Am 24.08.20.. schalten Sie eine entsprechende Personalanzeige in der Tagespresse im Großraum Düsseldorf (Samstagsausgabe). Am 28.08.20.. liegen Ihnen bereits die ersten Bewerbungen vor. Darunter auch die von Herrn Hubertus Streblich.

a) Analysieren Sie das Bewerbungsschreiben (Anlage 1).

b) Analysieren Sie den Lebenslauf (Anlage 2).

Nennen Sie dabei jeweils zehn Bewertungsaspekte konkret aufgrund des Sachverhalts.

Anlage 1: Bewerbungsschreiben von Herrn Hubertus Streblich

Hubertus Streblich   Düsseldorf, den 20.08.20..
Am Knötchenbogen 33
40001 Düsseldorf   0211/75 66 66

IKF-Präzisionsapparaturen
z. Hd. Herrn Rolf Grausam
Heerstraße 999
40008 Düsseldorf

Bewerbung

Sehr geehrte Damen und Herren,

wie in unserem gestrigen Telefonat vereinbart, überreiche ich Ihnen anliegend meine Bewerbungsunterlagen mit der Bitte um Prüfung. Meine Qualifikationen entnehmen Sie bitte dem beigefügten Lebenslauf.

Ich suche ein vielseitiges und interessantes Aufgabenfeld, in dem ich sowohl meine umfangreichen Erfahrungen auf dem Gebiet der Personalbeschaffung und -betreuung einsetzen kann als auch meine Spezialerfahrung und -kenntnis im Sektor „Eignungsdiagnostik" Eingang finden kann. Besonders hervorheben möchte ich, dass ich berufsbegleitend und auf eigene Kosten die Ausbildereignungsprüfung absolviert habe und diese auch in meiner jetzigen Position vorteilhaft einsetzen konnte. Neben dem Ausbildereignungsschein verfüge ich über en REFA-Schein Teil A und B. Selbstverständlich bin ich jederzeit gern bereit, über meine dienstliche Obliegenheiten mich fortwährend weiterzubilden und mich mit betrieblichen Neuerungen und Erkenntnissen zu beschäftigen.

Seit Beginn meiner Tätigkeit in meiner jetzigen Firma oblagen mir vielfältige, eigenverantwortliche Aufgaben. Dazu gehörten z. B. die Bearbeitung von Projekten im Personalwesen und die Umsetzung neuer, interner Reisekostenrichtlinien. In diesem Zusammenhang wurde mir die Aufgabe gestellt, ein innerbetriebliches Marketing der neuen Richtlinien zu verfassen, welches ich erfolgreich durchführen konnte. Außerdem bin ich mit der Ausarbeitung bzw. Überarbeitung von Arbeitsverträgen befasst.

Im Laufe meiner beruflichen Tätigkeit kristallisierte sich besonders die Arbeit mit Menschen heraus. Daher suche ich eine erfolgreiche Weiterführung meiner beruflichen Karriere in einem anderen Unternehmen.

Ich möchte dabei betonen, dass ich eine berufliche Veränderung aus rein persönlichen Gründen suche. Berufliche bundesweite Mobilität und Flexibilität können Sie dabei bei mir als selbstverständlich voraussetzen.

Ich würde mich freuen, Sie in einem persönlichen Gespräch von meiner Selbständigkeit, Teamfähigkeit und von meinem Engagement überzeugen zu können.

Sollten meine Bewerbung nicht von Interesse sein, bitte ich Sie, die Unterlagen an mich zurückzusenden. Meinen Arbeitsvertrag kann ich jederzeit mit der gesetzlichen Kündigungsfrist kündigen.

Da ich mich in einem ungekündigten Arbeitsverhältnis befinde, bitte ich Sie, meine Bewerbung mit der entsprechenden Vertraulichkeit zu handhaben.

Mit frdl. Grüßen

Hubertus Streblich

Anlagen
- Lebenslauf
- Zeugnis „G.W.F.-Zeitarbeit", Wattenscheid
- Zeugnis „Internationales Logistikunternehmen", Düsseldorf

Anlage 2: Lebenslauf von Herrn Hubertus Streblich

Lebenslauf

Angaben zur Person

Name:	Hubertus Streblich
Geburtsdatum u. -ort:	26.07.1974, Düsseldorf
Familienstand:	verheiratet seit 2007
Kinder:	keine
Anschrift:	Am Knötchenbogen 33
	40001 Düsseldorf
Telefon:	(02 11) 756 66 66

Schulbildung:

1981-1988	Katholische Volksschule Viersen
1988-1995	Städtisches Jungengymnasium Kaarst
20.06.1995	Ablegen der Reifeprüfung
1995-2000	Studium der Wirtschaftswissenschaften an der Gesamthochschule in Bochum mit dem Schwerpunkt Unternehmensführung und Personalwesen
26.06.2001	Diplomprüfung zum Diplom-Ökonom Diplomarbeit: Psychologische Testverfahren bei der Bewerberauswahl, Note: 3,5
20.08.2002	Ausbildereignungsprüfung vor der IHK Düsseldorf
08/02–11/02	Verschiedene Aushilfstätigkeiten

Berufsweg

01.02.2002 30.11.2002	G.W.F.-Zeitarbeit, Wattenscheid; bis Ende Juli als Personaldisponent; zuständig für Personalbeschaffung, -betreuung und Lohnbuchhaltung; seit August: Abteilungsleiter; Übernahme der Ressorts Arbeitsrecht und Allgemeine Verwaltung
01.12.2002 18.06.2003	arbeitslos
19.06.2003 30.08.2006	Sachbearbeiter im Personalwesen eines großen internationalen Logistikunternehmens mit den Schwerpunkten: Personalbeschaffung, -betreuung und allgemeine Verwaltung, Düsseldorf
seit 01.10.2006	Hauptsachbearbeiter, Personalwesen und Dienstreisen der International Insurance Company, Köln, Handlungsvollmacht in Aussicht gestellt

06. Zeugnisanalyse

Bei der Analyse eines Bewerberzeugnisses fällt Ihnen auf, dass im Text keine Aussagen über die Führungsqualifikation enthalten sind. Nach eigener Darstellung ist der Bewerber derzeit als Meister in einem kleinen Familienunternehmen tätig und hat eine Personalverantwortung für 25 gewerbliche Mitarbeiter.

Wie ist dieser Sachverhalt zu werten? Begründen Sie Ihre Antwort.

07. Personalauswahl für eine Arbeitsgruppe

Es ist jetzt 15:00 Uhr. Sie kommen gerade aus der Besprechung mit Ihrem Chef. Er hat Ihnen eröffnet, dass ein wichtiger Kunde Ihrer Firma personelle Unterstützung in der Fertigung braucht. Sie sollen dazu eine Arbeitsgruppe von fünf Mitarbeitern zusammenstellen. Der Betrieb des Kunden liegt in Holland und der Einsatz der Mitarbeiter ist für drei Wochen geplant. Sie wissen, dass die Aufgabe anstrengend sein wird.

Was werden Sie tun? Der Betriebsleiter erwartet morgen eine personelle Aufstellung. Gehen Sie bei Ihrer Antwort auf Kriterien für die Mitarbeiterauswahl ein.

08. Personalauswahl (vermischte Aufgaben)

Beantworten Sie bitte folgende Fragen:

a) Welche Funktion hat der innerbetriebliche Personalfragebogen bei der Personalauswahl?

b) Nach welchen Gesichtspunkten wird allgemein der Lebenslauf analysiert?

c) Auf welche Tatbestände kann man sich bei der Analyse von Arbeitszeugnissen stützen?

d) Welche Aussagekraft haben Schulzeugnisse?

e) Wodurch ist ein Assessmentcenter gekennzeichnet?

09. Prozess der Personalauswahl

Stellen Sie den Prozess der Personalauswahl dar.

10. Personalauswahl und Anforderungsprofile

Welche Bedeutung hat die Festlegung von Anforderungsprofilen im Rahmen der Personalauswahl?

Beschreiben Sie den Zusammenhang und nennen Sie vier Gruppen von Anforderungsmerkmalen mit jeweils zwei Beispielen.

11. Biografischer Fragebogen

Beschreiben Sie den „Biografischen Fragebogen" als Verfahren der Personalauswahl.

12. Personalauswahl, Gesamtbewertung aller Informationen

Beschreiben Sie, wie die Gesamtbewertung aller Informationen eines Personalauswahlprozesses erfolgen kann.

13. Anforderungsanalyse, Anforderungsprofil

Die nachfolgende Aufgabe ist bewusst einfach gestaltet, um den Vorgang der Erstellung eines Anforderungsprofils zu verdeutlichen: Im Lagerbereich von Herrn Kantig gibt es die Stelle des „Lagerhelfers".

1. Die *Aufgabenanalyse* ergibt folgende Tätigkeitsstruktur:
    → Packen
    → Transportieren
    → Botengänge

2. Die *Bedingungsanalyse* führt zu folgendem Ergebnis:
    → Der Umgang mit einem Hubwagen muss beherrscht werden.
    → Die Sicherheitsbestimmungen müssen eingehalten werden.
    → Der Stelleninhaber muss das Lagersystem kennen und einhalten.

3. Die *Rollenanalyse* zeigt folgende Einzelheiten:
    Der Stelleninhaber
    → muss die Anweisungen des Lagerleiters einhalten
    → muss mit den Lkw-Fahrern des Unternehmens und externen Speditionen Kontakt halten.

Aus den drei Teilanalysen ist das Anforderungsprofil abzuleiten; dabei soll auf vier Anforderungsarten in Anlehnung an das *Genfer Schema* zurückgegriffen werden.

14. Profilvergleichsanalyse (Eignungsprofil versus Anforderungsprofil)

Zeigen Sie in einer grafischen Gegenüberstellung einen Profilvergleich (Gegenüberstellung von Anforderungsprofil und Eignungsprofil). Die Merkmale und Merkmalsausprägungen sind von Ihnen zu wählen.

15. Ableitung eines Anforderungsprofiles aus der Stellenbeschreibung

a) Sie sind u.a. für ein Bearbeitungszentrum (12 Mitarbeiter) zuständig. Da Sie dringend Entlastung brauchen, planen Sie, einen Ihrer Mitarbeiter zum Vorarbeiter zu ernennen. Um einen zuverlässigen Maßstab für die Auswahl eines geeigneten Mitarbeiters zu haben, leiten Sie aus der Stellenbeschreibung das Anforderungsprofil der Stelle „Vorarbeiter Bearbeitungszentrum" ab.

Stellenbeschreibung	
Stellenbezeichnung:	Vorarbeiter Bearbeitungszentrum
Unterstellung:	Meisterbereich 2
Überstellung:	12 Mitarbeiter
Stellvertretung:	wird vertreten durch den Leiter/Meisterbereich 3
Ziel der Stelle:	Sicherstellen der Erfüllung der geforderten Aufträge im Bearbeitungszentrum unter Beachtung terminlicher, kostenmäßiger, qualitativer, quantitativer und personeller Vorgaben sowie der Arbeitsschutzbestimmungen
Hauptaufgaben:	- Vertretung Meisterbereich 3 - Bedienung der Universalfräsmaschine - Justierung der Maschinen im Bearbeitungszentrum usw. - Materialbestellung laut Vorgaben
Kompetenzen:	- personelle Maßnahmen durchführen usw.

b) Nennen Sie fünf Qualitätsansprüche, die bei der Erstellung von Anforderungsprofilen beachtet werden müssen.

c) Entwerfen Sie das Anforderungsprofil eines Anlern-Arbeitsplatzes in der Montage mechanischer Bauteile. Legen Sie dabei das Anforderungsschema nach REFA zu Grunde.

d) Entwerfen Sie das Anforderungsprofil für technische Führungskräfte der unteren Ebene.

16. Außerfachliche Qualifikationen

Erläutern Sie, welche Bedeutung außerfachliche Qualifikationen für das Anforderungsprofil haben. Gehen Sie dabei auf die Begriffe „Qualifikation", „Kompetenz" und „Kompetenzarten" ein und bilden Sie zur Bedeutung der „außerfachlichen Qualifikation" ein Beispiel.

17. Controlling der Auswahlverfahren

Nach Abschluss einer größeren Personalbeschaffungsmaßnahme sollen Sie die Wirksamkeit der Auswahlverfahren überprüfen.

Nennen Sie dazu drei geeignete Instrumente/Verfahren.

4.3 Arbeitsvertrag

01. Begründung des Arbeitsverhältnisses

Bei der Begründung des Arbeitsverhältnisses sind eine Reihe von Rechtsvorschriften zu beachten. Beantworten Sie in diesem Zusammenhang folgende Fälle bzw. Fragen:

a) Die Schwangere Luise Herrlich verschweigt auf Befragen des Arbeitgebers ihre Schwangerschaft im Rahmen des Einstellungsgesprächs. Man schließt einen Arbeitsvertrag. Als der Arbeitgeber nach einem Monat von der Schwangerschaft erfährt, ficht er den Arbeitsvertrag an und beruft sich auf § 23 BGB. Zu Recht?

b) Nennen Sie sechs Rechtsgrundlagen, die grundsätzlich bei der Gestaltung von Arbeitsverträgen zu berücksichtigen sind.

c) Mit welchen rechtlichen Mängeln kann ein vereinbarter Arbeitsvertrag ggf. behaftet sein und welche Rechtsfolgen ergeben sich daraus? Geben Sie drei Beispiele.

02. Ausbildungsvertrag und Formvorschriften

Annette Tronto, 19 Jahre, hat sich bei der Chemikalien-Handels AG in Leipzig für eine Ausbildung als Chemielaborantin beworben. Am 22.05. ist sie dort zu einem Bewerbungsgespräch eingeladen. Das Gespräch verläuft für beide Seiten positiv und man wird sich einig, dass Annette die Ausbildung am 01.08. des Jahres beginnen wird. Am 29.05. erhält Annette den Ausbildungsvertrag, den sie unterzeichnet. Der Vertrag geht der Chemikalien AG am 02.06. zu.

Wann ist der Ausbildungsvertrag zu Stande gekommen? Geben Sie eine Erläuterung.

03. Rechtsgrundlagen und Arten des Arbeitsvertrages

Unterscheiden Sie die Arten des Arbeitsvertrages hinsichtlich der Dauer und der Tarifbindung und geben Sie jeweils zwei Beispiele.

04. Arbeitsvertrag und Formvorschriften

Beantworten Sie bitte folgende Fragen:

a) Ist die Wirksamkeit eines Arbeitsvertrages an eine bestimmte Form gebunden? Nennen Sie die generelle Regelung und vier Ausnahmen.

b) Welche Tatbestände muss ein Arbeitsvertrag inhaltlich festlegen?

c) Welche Rechte und Pflichten ergeben sich aus § 611 BGB?

d) Erläutern Sie,

- wie sich die Art der zu leistenden Arbeit bestimmt.

- wie sich der Umfang der zu leistenden Arbeit bestimmt.

- wie sich der Ort der zu leistenden Arbeit bestimmt.

e) Erläutern Sie, wie die Verpflichtung zur Entgeltzahlung vom Arbeitgeber erfüllt werden muss.

f) Erläutern Sie, in welcher Form der Arbeitgeber seiner Unterrichtungspflicht nachzukommen hat.

g) Erläutern Sie, was die Wettbewerbsklausel besagt.

h) Stellen Sie sechs Freistellungssachverhalte mit Fortzahlung der Vergütung dar.

i) Nennen Sie sechs Fälle von Lohnersatzleistungen.

j) Welche Rechtsfolgen können sich aus einer Verletzung der Pflichten aus dem Arbeitsverhältnis ergeben?

k) Wann haftet der Arbeitnehmer für Schäden aus betrieblich veranlasster Tätigkeit?

l) Was ist eine Abmahnung?

m) Was ist eine Betriebsbuße? Gehen Sie bei Ihrer Erläuterung auf die Begriffe Verwarnung, Verweis und Geldbuße ein.

05. Anfechtung des Arbeitsvertrages, Elternzeit

a) Heinrich muss vier Wochen nach Arbeitsantritt eine längere Haftstrafe antreten, von der er bei der Einstellung wusste, aber nicht danach gefragt wurde. Was kann die Firma tun?

b) Sein Kollege Huber, der zum gleichen Zeitpunkt begonnen hat, beantragt Elternzeit wegen der Geburt seines Kindes. Kann die Firma kündigen?

5 Personaleinsatz

01. Versetzung und Mitbestimmung

Als zuständiger Referent betreuen Sie die beiden Tochtergesellschaften in Krefeld und Erkelenz. Beide Tochtergesellschaften sind rechtlich selbstständig und haben 80 bzw. 120 Mitarbeiter. In beiden Gesellschaften existiert ein Betriebsrat. Sie haben die Aufgabe, die Versetzung von zwei Lagerarbeitern von Krefeld nach Erkelenz durchzuführen.

Welche kollektivrechtlichen Schritte müssen Sie einleiten?

02. Einarbeitung neuer Mitarbeiter

Der Regelkreis der Führungsarbeit umfasst die Phasen:

- Ziele setzen,
- Planen,
- Organisieren,
- Durchführen,
- Kontrollieren.

Sie führen eine Gruppe von 12 Mitarbeitern; darunter sind u. a. ein Gruppenleiter sowie drei „Altgediente, Erfahrene". Ab Montag der nächsten Woche werden zwei neue Mitarbeiter die Arbeit in Ihrer Gruppe aufnehmen. Erstellen Sie ein Einarbeitungsprogramm für die „Neuen" (konkret und situationsbezogen). Sagen Sie, was Sie tun werden und ordnen Sie die einzelnen Maßnahmen der jeweiligen „Phase des Regelkreises" zu

03. Personaleinsatzplanung

Auf der nächsten Abteilungsleitersitzung, zu der die Geschäftsführung geladen hat, sollen Sie die Notwendigkeit einer systematischen Personaleinsatzplanung präsentieren. Gehen Sie dabei auf folgende Fragestellungen ein:

a) Formulieren Sie die grundsätzliche Zielsetzung der Personaleinsatzplanung.

b) Nennen Sie ergänzend fünf Unterziele, die mit einer systematischen Personaleinsatzplanung realisiert werden sollen.

c) Welche Maßnahmen/Instrumente stehen Ihnen innerbetrieblich bei der Personaleinsatzplanung zur Verfügung? Nennen Sie vier Beispiele.

d) Die Personaleinsatzplanung muss sich an Rahmenbedingungen wie z. B. „außerbetrieblichen Eckdaten" orientieren. Nennen Sie vier konkrete Beispiele für „Rahmenbedingungen" der Personaleinsatzplanung.

04. Ziele der Arbeitsplatzgestaltung

Die Arbeitsplatzgestaltung versucht z. B. folgende Ziele zu realisieren:

1. Bewegungsvereinfachung
2. Bewegungsverdichtung
3. Mechanisierung/Teilmechanisierung
4. Aufgabenerweiterung
5. Verbesserung
   5.1 der Ergonomie
   5.2 des Wirkungsgrades menschlicher Arbeit
   5.3 der Sicherheit am Arbeitsplatz
   5.4 der Motivation
6. Vermeidung von Erkrankungen/Berufskrankheiten
7. Reduzierung des Absentismus

Bilden Sie dazu jeweils zwei Beispiele für geeignete Maßnahmen zur Zielerreichung.

05. Arbeitszeit, Arbeitszeitflexibilisierung

a) Nennen Sie drei Grundmodelle der flexiblen Arbeitszeitgestaltung und geben Sie jeweils zwei Beispiele. Beschreiben Sie dabei vier Formen des Flexibilisierungsausgleichs.

b) Die Rahmenbedingungen zur flexiblen Gestaltung der Arbeitszeit haben sich verändert. Nennen Sie jeweils zwei Veränderungstendenzen

   - im betrieblichen Sektor,
   - aus der Sicht der Mitarbeiter,
   - aus dem Bereich der gesetzgeberischen Aktivitäten.

c) Wie hoch ist die Jahresarbeitszeit in Deutschland im Ländervergleich der europäischen Staaten?

   1. Beschreiben Sie, was man unter Schichtarbeit versteht.

   2. Nennen Sie drei Formen der Schichtarbeit.

   3. Nennen Sie vier Rahmenbedingungen, die bei der Gestaltung der Schichtarbeit zu beachten sind.

06. Einarbeitungsplan

Innerhalb eines Job-Rotation-Programms – zur Vorbereitung auf die Übernahme einer Referentenposition – arbeiten Sie zurzeit bei Meister Ernst in der Montage. Am kommenden Montag beginnt bei Meister Ernst ein neuer Mitarbeiter, Herr Hubert Klein (Facharbeiter in der Montage).

Entwerfen Sie für Herrn Hubert Klein einen Einarbeitungsplan für die ersten zwei Tage.

07. Gleitende Arbeitszeit

Ihr Betrieb plant die gleitende Arbeitszeit einzuführen.

a) Beschreiben Sie kurz den Sachverhalt bei der gleitenden Arbeitszeit (GLAZ; Skizze oder in Worten).

b) Nennen Sie jeweils drei mögliche Vorteile der GLAZ aus der Sicht der Arbeitnehmer/ aus der Sicht der Arbeitgeber.

c) Nennen Sie vier arbeitsrechtliche Quellen, die ggf. bei der Gestaltung der GLAZ zu berücksichtigen sind.

08. Verfügbare Arbeitszeit, Taktzeit, Anzahl der Arbeitsplätze

Aus der Arbeitsvorbereitung liegen Ihnen folgende Planungsdaten vor:

Verfügbare Arbeitszeit: 12 Monate pro Jahr
  20 Arbeitstage pro Monat ·
  8 Stunden pro Tag

Kundenbedarf ... pro Jahr: 60.000 Stück

a) Ermitteln Sie im Rahmen der Grobplanung die verfügbare Arbeitszeit und die erforderliche Taktzeit (Kundentakt) für die zukünftige Montageanlage (Verdichter) bei einer Montagezeit von 9,6 Minuten/Stück.

b) Ermitteln Sie die Mindestanzahl der erforderlichen Montageplätze.

09. Konzept zur ergonomischen Gestaltung der Montagearbeitsplätze

Im Zusammenhang mit der Planung der neuen Montageanlage erwartet die Geschäftsleitung von Ihnen ein Konzept zur ergonomischen Gestaltung der Montagearbeitsplätze. Dabei sollen Sie u. a. folgende Fragestellungen beantworten:

a) Welche Zielsetzungen können mit einem angemessenen Konzept zur ergonomischen Gestaltung der Montagearbeitsplätze erreicht werden? Nennen Sie drei Argumente.

b) Nennen Sie sechs Aspekte, die bei der Gestaltung des Arbeitsplatzes zu beachten sind.

c) Bei der Gestaltung eines Montagearbeitsplatzes ist die Berücksichtigung der Greifräume von spezieller Bedeutung. Geben Sie für einen Sitzarbeitsplatz vier konkrete Empfehlungen, die arbeitswissenschaftlich abgesichert sind.

d) Aufgrund der Arbeitsteilung wird die Tätigkeit an Montagearbeitsplätzen von den Mitarbeitern als monoton empfunden. Welche Folgen sind damit verbunden? Geben Sie vier Beispiele für vorbeugende Maßnahmen.

e) Nennen Sie sechs Rechtsgrundlagen bzw. Regelwerke, die bei der ergonomischen Gestaltung der Montage zu berücksichtigen sind.

6 Personalentlohnung, Personalkosten

01. Zeitlohn

Ein Lagerarbeiter erhält eine Vergütung auf Zeitlohnbasis. Die tarifliche Arbeitszeit beträgt 167 Stunden pro Monat. Der Überstunden-Zuschlag ist 50 %, der Grundlohn beträgt 12,00 € pro Stunde. Ermitteln Sie den Monatslohn bei 205 Arbeitsstunden für den Monat September.

02. Zeitakkord

Ein Facharbeiter hat derzeit einen Tariflohn von 10,00 €/Std. Die tarifliche Arbeitszeit beträgt 35 Std. pro Woche. Bei der Umstellung auf Akkordentlohnung wird der Akkordrichtsatz auf 12,00 €/Std. und die Normalleistung auf 15 Stk./Std. festgelegt.

a) Berechnen Sie den Minutenfaktor.

b) Berechnen Sie den tatsächlichen Stundenlohn des Facharbeiters bei einer Ist-Leistung pro Std. von 17 Stück.

c) In der 39. und 40. Woche betrug der Bruttoverdienst des Facharbeiters zusammen 1.008,00 € (ohne Überstunden). Um wie viel Prozent lag seine Ist-Leistung über der Normalleistung?

d) Welche Ist-Leistung pro Stunde muss der Facharbeiter erbringen, um einen Bruttostundenlohn von 15,20 € zu erreichen?

03. Entgeltdifferenzierung

Im Rahmen der Entgeltbemessung („Lohnfindung") kann sich der Arbeitgeber u. a. an den nachfolgenden zwei Prinzipien orientieren:

• Anforderungsgerechtigkeit
• Leistungsgerechtigkeit

Erklären Sie den Unterschied, indem Sie die nachfolgende Tabelle vervollständigen:

	Bemessungsprinzipien	
	Anforderungs- gerechtigkeit	**Leistungsgerechtigkeit**
Bemessungskriterien, z. B.		
Bemessungsobjekte		

	Bemessungsprinzipien	
	Anforderungs- gerechtigkeit	**Leistungsgerechtigkeit**
Bemessungsverfahren		
Entgeltform, z. B.		

04. Prämienlohn

Beschreiben Sie fünf Merkmale, an denen sich die Gestaltung eines Prämienlohns orientieren kann.

05. Akkordlohn, Lohnstückkosten

Sie bereiten die nächste Unterweisung für Ihre vier Auszubildenden vor. Auf dem Themenplan steht der Akkordlohn. Zur Veranschaulichung wählen Sie eine Akkordentlohnung aus der Fertigung mit folgenden Eckdaten:

tariflicher Mindestlohn: 10,00 €/Std.
Akkordzuschlag: 20 %
Normalleistung: 100 Einheiten (E)/Std.
Akkordart: Proportionalakkord

a) Beschreiben Sie drei Voraussetzungen für die Anwendung des Akkordlohns.

b) Zeigen Sie grafisch die Entwicklung der Lohnkosten in Abhängigkeit von der Leistung und berücksichtigen Sie dabei die o. g. Eckdaten.

Tragen Sie außerdem in Ihre Grafik ein:
• die Normalleistung
• den tariflichen Mindestlohn
• den Akkordrichtsatz bzw. den Akkordzuschlag

c) Stellen Sie in einer zweiten Grafik die Entwicklung der Lohnstückkosten beim Proportionalakkord dar. Berücksichtigen Sie auch hier die o. g. Eckdaten.

d) Es sind 30 Teile zu fräsen. Dafür liegen folgende Angaben vor:

- Zeit je Einheit 15 min
- Rüstzeit 40 min
- Tariflohn 17,25 €/Std.

1. Wie hoch ist der Akkordbruttoverdienst für die Bearbeitung dieses Auftrags?

2. Wie hoch ist der Akkordbruttoverdienst je Stunde bei einer tatsächlichen Arbeitszeit von 400 min und wie hoch ist dann der Zeitgrad?

06. Vorgabezeit für den Auftrag, Akkordlohn, Zeitgrad

a) An einem Anlassergehäuse sind 40 Bohrungen durchzuführen. Die Vorgabezeit je Leistungseinheit ist vier Minuten; die Rüstzeit beträgt 20 Minuten. Der Tariflohn liegt bei 10,00 € pro Stunde und der Akkordzuschlag bei 25 %. Zu berechnen sind:
- die gesamte Vorgabezeit für den Auftrag,
- der Akkordbruttolohn für den Auftrag,
- der Akkordbruttolohn pro Stunde sowie
- der Zeitgrad bei einer tatsächlichen Arbeitszeit für den Auftrag von 160 Minuten.

b) Es liegen folgende Angaben vor:

Zeitlohn   =   12,00 €/Stunde
Akkordzuschlag =   20 %
Vorgabezeit   =   7,5 Min./Stück
Ist-Leistung   =   9 Stück/Std.

Zu berechnen sind:

1. der Akkordbruttolohn pro Stunde
   • auf Zeitakkordbasis
   • auf Stückakkordbasis

2. der Leistungsgrad

c) Für die Erstellung von 1.000 Drehteilen bekommt ein Dreher eine Vorgabezeit von 1.200 Minuten bei einem Grundentgelt von 23,00 € pro Stunde und einem Akkordzuschlag von 10%. Er erledigt seine Arbeit in 16 Stunden.

Ermitteln Sie die Lohnkosten pro Stück.

07. Entgeltpolitik und Arbeitsbewertung (1)

a) Erläutern Sie ausführlich, welche Bedeutung die betriebliche Entgeltpolitik für den Arbeitgeber und den Arbeitnehmer hat. Erwartet werden jeweils drei Argumente.

b) Erläutern Sie den Begriff der betrieblichen Wertschöpfung.

c) Erläutern Sie vier Zielsetzungen, die bei der Entgeltgestaltung angestrebt werden.

d) Beschreiben Sie, welche zwei grundsätzlichen Gestaltungsmöglichkeiten der Betrieb hat, um die Ziele der Entgeltpolitik zu realisieren.

e) Nennen Sie jeweils vier interne und externe Bestimmungsgrößen der Entgeltgestaltung.

f) Welche Kriterien (auch: Zielsetzungen) entscheiden über die Wahl der Entgeltform? Beschreiben Sie vier Aspekte.

g) Stellen Sie dar, welche Entlohnungsformen sich generell unterscheiden lassen. Nennen Sie dabei drei Varianten der Erfolgsbeteiligung.

h) Erläutern Sie, welche Ziele und Aufgaben die Arbeitsbewertung hat.

i) Beschreiben Sie, welche Verfahren der Arbeitsbewertung üblich sind. Gehen Sie dabei auf zwei grundsätzliche Verfahren der Arbeitsbewertung und deren Varianten ein.

j) Erläutern Sie, wie das Rangfolgeverfahren durchgeführt wird und bilden Sie ein Beispiel.

k) Erläutern Sie, wie das Katalogverfahren durchgeführt wird und bilden Sie ein Beispiel.

l) Erläutern Sie, wie die Arbeitsbewertung nach dem Rangreihenverfahren erfolgt und bilden Sie ein Beispiel.

m) Wie wird das Stufenwertzahlverfahren durchgeführt?

n) Zeigen Sie in einer Gegenüberstellung die Verfahren der summarischen und analytischen Arbeitsbewertung – unter Berücksichtigung der Prinzipien der Reihung und der Stufung.

o) Beschreiben Sie vier Kriterien, die bei der Entgeltbemessung herangezogen werden können und nennen Sie jeweils zwei Verfahren/Methoden, die zur Umsetzung dieser Kriterien eingesetzt werden.

08. Entgeltpolitik und Arbeitsbewertung (2)

a) Stellen Sie dar, in welchen Schritten die Bruttolohnrechnung erfolgt.

b) Erklären Sie,
   - was man als Zahlungsrechnung bezeichnet.
   - welche Aufgaben die Auswertungsrechnung erfüllt.
   - wie die Nettorechnung erfolgt.

c) Beschreiben Sie, aus welchen Rechengrößen sich die Personalkosten zusammen setzen.

d) Erläutern Sie, welche Möglichkeiten die Arbeitgeberseite hat, (ungeplanten) Entgelterhöhungen entgegenzuwirken?

09. Wertschöpfungsrechnung im Unternehmen

Ihr Unternehmen hat vor zwei Jahren eine Niederlassung in Chemnitz eröffnet. Als Mitarbeiter der Konzernzentrale betreuen Sie diese Niederlassung. Ihr Chef möchte wissen, wie sich die Wertschöpfung in der Niederlassung entwickelt hat. Das Rechnungswesen stellt Ihnen dazu folgende Zahlen zur Verfügung:

	2009	2010 (hochgerechnet)
Umsatzerlöse	200.000 €	240.000 €
Bestandsveränderungen	15.000 €	10.000 €
Eigenleistungen	5.000 €	5.000 €
sonstige Erträge	13.000 €	10.000 €
Materialaufwand	90.000 €	130.000 €
Personalaufwand	60.000 €	70.000 €
Kapitalaufwand	20.000 €	20.000 €
Raumkosten	10.000 €	12.000 €
Kfz-Kosten	10.000 €	15.000 €
sonstige Kosten	5.000 €	3.000 €

Stellen Sie die Wertschöpfung der beiden Jahre gegenüber und erläutern Sie die Ursachen der Entwicklung.

10. Pensumlohn

Im Fertigungsbereich II werden im nächsten Jahr die CNC-Maschinen durch eine vollautomatische Fertigungsstraße ersetzt. Dadurch verringern sich die vom Mitarbeiter noch zu beeinflussenden Produktionszeiten erheblich. Der Vorstand möchte die Einführung eines Pensumlohns prüfen. In dem von Ihnen zu erarbeitenden Konzept erwartet er Antwort auf die folgenden Fragen:

a) Beschreiben Sie diese Lohnart.

b) Welche Vorteile und Risiken können mit der Einführung verbunden sein – aus der Sicht der Belegschaft und des Unternehmens? Nennen Sie jeweils zwei Argumente.

c) Skizzieren Sie in einem Ablaufdiagramm die Vereinbarung des Pensumlohns zwischen dem Vorgesetzten und dem Mitarbeiter (Prozess der Leistungsvereinbarung).

11. Lohnzuschläge

a) Nennen Sie sechs Beispiele für Lohnzuschläge.

b) Welche Besonderheiten gelten für die Gewährung von Mehrarbeitszuschlägen? Geben Sie vier Beispiele.

12. Prämienlohnberechnung

Es liegen folgende Daten vor:

Stundenlohn = 12,50 €   Ist-Zeit   = 5 Std.

Vorgabezeit = 7 Std.   eingesparte Zeit = 2 Std.

Prämie   = 50 %

Zu berechnen ist der Ist-Stundenlohn.

13. Zeitlohn, Leistungsgrad, Personalzusatzkosten, Vergleich von Zeit- und Stückakkord

Bisher wurde in der Fertigung auf Zeitlohnbasis gearbeitet. Der Mitarbeiter Hurtig (besonderer Fachspezialist) verdiente zum Beispiel im zurückliegenden Monat 2.700 € brutto. Dieser Verdienst ergab sich aufgrund einer Regelarbeitszeit von 165 Std. und 10 Std. Mehrarbeit mit 50 % Zuschlag. Es wurde festgestellt, dass Hurtig und seine Kollegen im Durchschnitt fünf Leistungseinheiten pro Stunde fertigen. Die Geschäftsleitung möchte die Entlohnung leistungsorientierter gestalten. Dazu soll in einer Pilotphase von einigen Monaten der Akkordlohn bei einer bestimmten Fertigungsgruppe eingeführt werden.

Der Akkordrichtsatz wird 12 % über dem Zeitlohn sein. Bevor Ihr REFA-Fachmann die notwendigen Vorbereitungen ergreift, möchte die Geschäftsleitung folgende Fragen beantwortet haben:

a) Wie hoch ist der Zeitlohn eines Mitarbeiters pro Stunde, wenn man den Verdienst des Mitarbeiters Hurtig als „typisch" betrachtet?

b) Welcher Leistungsgrad müsste im Modellfall mindestens zu Grunde liegen, damit sich die Lohnstückkosten bei der Akkordentlohnung im Vergleich zur Zeitentlohnung nicht erhöhen? Die „Durchschnittsleistung der Gruppe Hurtig" ist als Bezugsleistung zu nehmen.

c) Erläutern Sie den Unterschied zwischen dem Zeit- und dem Stückakkord.

14. Vor- und Nachteile beim Zeitlohn, Akkordlohn, Prämienlohn und Gruppenlohn

Nennen Sie jeweils drei Vor- und Nachteile beim

a) Zeitlohn,

b) Akkordlohn,

c) Prämienlohn und

d) Gruppenlohn.

7 Betriebliche Sozialpolitik

01. Betriebliche Sozialpolitik (vermischte Aufgaben 1)

a) Stellen Sie dar, an welchen Grundsätzen sich die Gestaltung betrieblicher Sozialpolitik orientieren sollte. Erwartet werden fünf Aspekte.

b) Erläutern Sie vier Merkmale, nach denen sich die betriebliche Sozialpolitik systematisieren lässt und geben Sie pro Merkmal drei Beispiele.

c) Beschreiben Sie, wie Sozialleistungen und Sozialeinrichtungen unterschieden werden und nennen Sie jeweils vier Beispiele.

d) Was sind Gründe für freiwillige soziale Leistungen? Nennen Sie vier Beispiele.

e) Erläutern Sie den Zweck der betrieblichen Altersversorgung.

f) Beschreiben Sie fünf Gestaltungsformen der betrieblichen Altersversorgung. Unterscheiden Sie die genannten Formen der betrieblichen Altersversorgung nach den Merkmalen

- Rechtsanspruch? (ja/nein)
- unterliegt der Versicherungsaufsicht? (ja/nein)
- Insolvenzsicherung? (ja/nein)
- Träger (wer?)

g) Nennen Sie vier zentrale Bestimmungen des Betriebsrentengesetz (BetrAVG)?

h) Welche Maßnahmen der betrieblichen Sozialpolitik können gewährt werden? Nennen Sie sechs Gruppen von Maßnahmen und je zwei Beispiele pro Gruppe.

i) Erläutern Sie, welche Ansprüche ggf. aus der langjährigen Zahlung von Sozialleistungen abgeleitet werden können.

j) Erläutern Sie den Zweck der Belegschaftsverpflegung (auch: Werksverpflegung) und nennen Sie vier Organisationsformen.

02. Betriebliche Sozialpolitik (vermischte Aufgaben 2)

a) Welche Maßnahmen der betrieblichen Gesundheitsvorsorge lassen sich nennen? Nennen Sie vier Aufgaben des werksärztlichen Dienstes.

b) Unterscheiden Sie Deputate und Mitarbeiterrabatte.

c) Unterscheiden Sie Arbeitgeberkreditgewährung sowie Arbeitgeberbürgschaften.

d) 1. Erläutern Sie, was man unter sozialer Betreuung versteht.

   2. Wann ist eine besondere soziale Betreuung notwendig?

   3. Wie kann eine sinnvolle soziale Betreuung erfolgen?

   4. Welche Wirkung kann die soziale Betreuung entfalten?

e) Welche Aufgaben hat der betriebspsychologische Dienst?

f) Welche Formen der Eigentumsbildung in Arbeitnehmerhand (Beteiligungsmodelle) sind vorherrschend und welche Wirkungen können sie für den Arbeitgeber und den Arbeitnehmer entfalten?

g) Erläutern Sie, welche Inhalte und Möglichkeiten Cafeteria-Systeme bieten. Entwerfen Sie ein Beispiel mit einem „Kernangebot" und „Zusatzangeboten".

h) Welche Möglichkeiten der Information über die betriebliche Sozialpolitik gibt es nach innen und nach außen? Erwartet werden jeweils fünf Beispiele.

i) Beschreiben Sie, was man unter einer Sozialbilanz versteht.
   Welche Leistungen werden in einer Sozialbilanz erfasst?

j) Nennen Sie drei Maßstäbe, die bei der Überprüfung und Anpassung der betrieblichen Sozialpolitik anzulegen sind.

k) Erläutern Sie, welche Problematik für den Arbeitgeber bei der Anpassung von Maßnahmen der betrieblichen Sozialpolitik besteht. Beschreiben Sie vier Maßnahmen zur Reduzierung von Leistungen der betrieblichen Sozialpolitik.

l) Welche Mitbestimmungsrechte hat der Betriebsrat in Fragen der betrieblichen Sozialpolitik? Unterscheiden Sie dabei die freiwillige und die obligatorische Mitbestimmung bei sozialen Einrichtungen.

8 Personalverwaltung unter Beachtung arbeitsrechtlicher Bestimmungen

01. Abmahnung

Ihre Mitarbeiterin, Frau Ortrud Spät, Abt. VKM, Personalnummer 34008, hat eine Regelarbeitszeit von 08:00 – 16:30 Uhr täglich. Im Oktober diesen Jahres kam sie an mehreren Tagen zu spät und wurde deshalb von Ihnen am 28.10. mündlich ermahnt. Trotzdem kommt Frau Ortrud Spät auch im November unpünktlich zur Arbeit. Die elektronische Zeiterfassung weist folgende Zeiten des Arbeitsbeginns aus:

08:07 Uhr   am 02.11.   08:18 Uhr   am 09.11.
08:22 Uhr   am 11.11.   08:13 Uhr   am 13.11.
08:09 Uhr   am 16.11.

Sie führen am 17.11. erneut ein Gespräch mit Frau Spät. Sie entgegnet, dass sie an den genannten Tagen leider verschlafen hätte. Sie erklären ihr daraufhin, dass sie gezwungen sind, eine Abmahnung zu verfassen.

a) Erstellen Sie den Text der Abmahnung für Frau Spät aufgrund des Sachverhalts.

b) Man unterscheidet bei der Abmahnung zwischen der Disziplinarfunktion und der kündigungsrechtlichen Warnfunktion. Nennen Sie konkret vier Bestandteile, die Ihre Abmahnung enthalten muss, um die Warnfunktion zu erfüllen.

c) Müssen Sie bei diesem Vorgang den Betriebsrat beteiligen?

02. Arbeitsordnung, AU-Bescheinigung

a) Nennen Sie sechs typische Inhalte einer Arbeitsordnung.

b) Die Geschäftsleitung ist verärgert, da ihr der Krankenstand zu hoch erscheint. In einem Rundschreiben teilt sie mit, dass ab sofort jeder Mitarbeiter seine AU-Bescheinigung (Arbeitsunfähigkeitsbescheinigung) bereits am ersten Tage der Erkrankung nachzuweisen habe. Zu Recht?

03. Kündigung und Beteiligungsrechte des Betriebsrats

a) Nennen Sie fünf Voraussetzungen, nach denen der Betriebsrat einer ordentlichen Kündigung widersprechen kann.

b) Welche Verpflichtung hat der Arbeitgeber, wenn der Betriebsrat einer Kündigung widersprochen hat?

c) Welche nachvertraglichen Rechte und Pflichten existieren bei Beendigung des Arbeitsverhältnisses? Nennen Sie fünf Beispiele.

d) Wann hat ein Arbeitnehmer Anspruch auf bezahlte Freizeit zur Stellensuche?

e) Wie ist der restliche Jahresurlaub bei Kündigung des Arbeitsverhältnisses zu gewähren?

f) Welche Pflicht hat der Arbeitgeber bei der Herausgabe der Arbeitspapiere?

g) Besteht nach Beendigung des Arbeitsverhältnisses ein Wettbewerbsverbot?

04. Arbeitszeugnis (2)

a) Wann besteht ein Anspruch auf Ausstellung eines Zeugnisses?

b) Welchen Inhalt hat das Arbeitszeugnis? Gehen Sie dabei auf die zwei Zeugnisarten ein.

c) Beschreiben Sie acht Aspekte, die bei der Anfertigung eines (qualifizierten) Arbeitszeugnisses zu beachten sind.

d) Welche Grundsätze sind bei der Zeugniserstellung zu beachten? Gehen Sie bei Ihrer Antwort auf folgende Aspekte ein:
   • arbeitsrechtliche Bestimmungen,
   • Zeugnisumfang,
   • Zeugnissprache.

e) Darf ein Zeugnis negative Aussagen enthalten?

f) Was kann ein Arbeitnehmer tun, der mit seinem Zeugnis nicht einverstanden ist?

05. Aufgaben der Personalverwaltung

Die Personalverwaltung hat u. a. administrative, informative sowie rechtliche Aufgaben zu erfüllen. Geben Sie eine Erläuterung und nennen Sie jeweils drei Beispiele.

06. Personalakte

a) Der Mitarbeiter Mutig kommt zu Ihnen und verlangt Einblick in seine Personalakte. Es kommt darüber zum Streit. M. holt deshalb das Betriebsratsmitglied Kühn dazu und verlangt außerdem, dass eine Gegendarstellung zu der kürzlich erteilten Abmahnung in die Personalakte aufgenommen wird. Wie ist die Rechtslage? Hat das Betriebsratsmitglied K. ein Einsichtsrecht in die Personalakte?

b) Nennen Sie fünf Grundsätze für die Führung von Personalakten. Ist der Arbeitgeber zur Führung von Personalakten verpflichtet?

c) Skizzieren Sie die „innere Gliederung" einer Personalakte und geben Sie jeweils drei Inhalte der von Ihnen gebildeten Rubriken wieder.

d) Der Verkäufer K. nimmt Einsicht in seine Personalakte und möchte sich „in aller Ruhe" Kopien von zwei Schriftstücken machen. Zulässig? Außerdem meint er, dass hier „Unterlagen fehlen".

07. Datenschutz

Personenbezogene Daten müssen besonders geschützt werden.

a) Nennen Sie vier Risiken, die mit der elektronischen Verarbeitung personenbezogener Daten verbunden sein können.

b) Geben Sie beispielhaft vier organisatorische und vier technische Maßnahmen an, die geeignet sind, derartige Risiken zu vermeiden.

9 Personalabbau

01. Beendigung des Arbeitsverhältnisses

Nennen Sie fünf Gründe, aus denen das Arbeitsverhältnis endet.

02. Aufhebungsvertrag

a) Entwerfen Sie ein Muster für einen Aufhebungsvertrag.

b) Nennen Sie zwei Vorteile eines Aufhebungsvertrages aus der Sicht des Arbeitgebers.

03. Maßnahmen des indirekten Personalabbaus

Was versteht man unter Maßnahmen des indirekten Personalabbaus? Nennen Sie zehn Beispiele.

04. Maßnahmen des direkten Personalabbaus

Was versteht man unter direkten Maßnahmen des Personalabbaus? Nennen Sie fünf Beispiele.

05. Personalabbaumaßnahmen in der Metallbau GmbH

Die Metallbau GmbH fertigt Maschinen für die Bauindustrie. Das Stammwerk mit 120 Mitarbeitern ist in Neubrandenburg. Zweigwerke gibt es in Bayreuth und Szczecin (Polen).

In Bayreuth sind 45 Mitarbeiter (davon vier befristet) in der Fertigung beschäftigt (1-Schicht-Betrieb; 35-Stunden-Woche). Die Personalplanung rechnet mit durchschnittlich 250 Arbeitstagen und einem Reservebedarf von 20 Prozent. Der Ausstoß pro Arbeitstag beträgt in Bayreuth 150 Einheiten (E). Im Stammwerk und in Bayreuth existiert ein Betriebsrat. Die Metallbau GmbH ist nicht tarifgebunden.

Das Stammwerk ist zertifiziert nach ISO 9000:2005. Es verfügt im Gegensatz zu den Zweigwerken über eine sehr moderne IT-Landschaft. Die IT-Situation in den Zweigwerken ist unbefriedigend; zum Teil sind die verwendeten Systeme veraltet und die Datenformate nicht kompatibel.

Sie sind in der Metallbau GmbH „Leiter Controlling-Zweigwerke" und den Werksleitern fachlich weisungsberechtigt. Unterstützt werden Sie in Ihrer Arbeit von einem jungen Fachhochschulabsolventen, Herrn Hans Kerner.

Das Zweigwerk in Bayreuth steht in diesem Herbst im Mittelpunkt der Personalplanung für das Folgejahr, da die Ertragslage u. a. aufgrund unzureichender Produktivitätskennzahlen unbefriedigend ist. Die Geschäftsleitung entsendet Sie vor Ort, um folgende Aufgabe und Analysen durchzuführen:

a) Ermitteln Sie den Personalabbaubedarf (auf Vollzeitbasis), der erforderlich ist, um bei gleicher Ausbringung pro Jahr folgende Vorgaben der Geschäftsleitung zu realisieren:

- Die tägliche Arbeitszeit der Mitarbeiter in der Fertigung soll ganzjährig um eine Stunde erhöht werden.
- Die derzeitige Arbeitsproduktivität ist durch Schulung der Mitarbeiter und Rationalisierung der Arbeitsabläufe um 10 % zu verbessern.
  (Hinweis: Berechnung der Kennzahl Arbeitsproduktivität: kaufmännische Rundung, zwei Stellen nach dem Komma).

b) Erläutern Sie jeweils zwei individual- und kollektivrechtliche Aspekte bei der Umsetzung der Arbeitszeitverlängerung.

c) Der Personalabbau soll sozialverträglich gestaltet werden – so die Sprachregelung der Geschäftsleitung. Außerdem soll er spätestens bis Ende März des Folgejahres abgeschlossen und angesichts der schwachen Ertragslage der Niederlassung nur mit geringen Kosten verbunden sein.

Nennen Sie unter diesen Voraussetzungen zwei geeignete Abbaumaßnahmen und die damit verbundenen Risiken für Arbeitgeber/Arbeitnehmer. Gehen Sie ebenfalls auf den Kostenaspekt ein und beurteilen Sie die Durchsetzbarkeit der Maßnahme (Hinweis: Die Maßnahmen „Abbau von Mehrarbeit und Leiharbeit" lt. Sachverhalt sind ausgeschlossen).

06. Arbeitszeugnis (3)

Sie arbeiten bei der Maschinenfabrik G. K. Wagner & Co. als Personalreferent für den Personalbereich 3. Nach Rückkehr aus einer Besprechung liegt auf Ihrem Schreibtisch eine Notiz von Herrn Bracker, Führungskraft im Bereich Außenmontagen.

a) Herr Bracker bittet Sie um Formulierung eines qualifizierten Zeugnisses für Herrn Kantig nach folgenden Angaben (leider im Telegrammstil):

- Kantig, Roland, geb. 04.01.67
- interne Lehre als Maschinenschlosser
- seit 07.88 als Monteur, weltweit
- Stationen: - 3-wöchige Grundausbildung, Drahtbiegemaschine AUTOMIRA XXL09
  - Modernisierung von Kundenanlagen (angeleitet), Deutschland und Italien
  - Neuanlagen, eigenständig und Unterweisungen beim Kunden
- Verhalten: o.k.; Leistung: befriedigend
- will wechseln wegen seiner Frau (ständiger Außendienst); keine Besonderheiten

b) Außerdem müssen Sie noch schnell das einfache Zeugnis für Lieselotte Herb (09.09.57) diktieren, die vom 01. – 28.02.2011 bei Ihnen ausgeholfen hat (Ablage, Personalakten- und Zeitkontenpflege) und nun ohne jeden Grund keine Lust mehr hat.

07. Vorüberlegungen zum Personalabbau

Welche Fragen stehen im Mittelpunkt von Personalabbauüberlegungen? Nennen Sie fünf Aspekte.

08. Personalabbau und Mitbestimmung

Welche Beteiligungsrechte hat der Betriebsrat bei der Durchführung von Personalabbaumaßnahmen? Erwartet werden drei Aspekte.

09. Planung des Personalabbaus

Ihr Betrieb hat 415 Mitarbeiter. Im August 2010 erhalten Sie von der Geschäftsleitung die vertrauliche Mitteilung, dass der Personalstand im Laufe des Jahres 2010/2011 auf 382 Mitarbeiter reduziert werden muss. Aus der vor zwei Tagen durchgeführten Krisensitzung zwischen der Geschäftsleitung und den Ressortleitern liegen verbindliche Eckdaten zur Struktur des Personalabbaus (nach Mitarbeitergruppen und Ressorts getrennt) vor:

		Personal- bestand per 31.12.2010	Brutto- personalbedarf 2011	Personal- abbaubedarf 2011
Leitende Angestellte				
davon	Einkauf	5	4	1
	Produktion	7	5	2
	Vertrieb	4	4	
	Verwaltung	4	3	1
Tarifangestellte				
davon	Einkauf	25	21	4
	Produktion	35	33	2
	Vertrieb	20	18	2
	Verwaltung	30	24	6
Arbeiter				
davon	Einkauf	18	16	2
	Produktion	240	230	10
	Vertrieb	22	21	1
	Verwaltung	5	3	2
Summe		415	382	33

In zwei Tagen sollen Sie ein Planungspapier zur Durchführung des Personalabbaus vorlegen, das folgende Kriterien berücksichtigt:

• Personalabbaubedarf nach Ressorts und Mitarbeitergruppen

• Strukturierung nach indirekten und direkten Abbaumaßnahmen

• Verteilung der Abbaumaßnahmen auf die Quartale 2011; dabei soll aus dem Papier erkennbar sein, dass ca. 65 % der Abbaumaßnahmen auf das I. und II. Quartal 2011 entfallen

• Vorlage einer Kostenschätzung – getrennt nach direkten/indirekten Abbaumaß-nahmen.

10 Personalcontrolling

01. Controlling der Fortbildungskosten

Die Geschäftsleitung ist der Auffassung, dass die Höhe der Fortbildungskosten im zurückliegenden Jahr „aus dem Ruder gelaufen sind". Sie erhalten daher die Aufgabe, das Controlling der Fortbildungskosten zu verbessern. Als ersten Schritt dazu erwartet die Geschäftsleitung von Ihnen eine detaillierte Aufstellung aller möglichen Fortbildungskosten – gestaffelt nach Kostenarten. Liefern Sie ansatzweise diese Aufstellung.

02. Controlling der Personalbedarfsplanung

Wie lässt sich das Ergebnis der Personalbedarfsermittlung überprüfen? Liefern Sie dazu vier Controllingansätze.

03. Wirtschaftlichkeit der Personalentwicklung

Kann man die Wirtschaftlichkeit einer Personalentwicklungsmaßnahme erfassen? Erläutern Sie einen geeigneten Ansatz mithilfe eines Beispiels.

04. Personalcontrolling

a) Erläutern Sie Zielsetzung und Bedeutung des Personalcontrolling.

b) Beschreiben Sie Aufgaben des Personalcontrolling?

c) Nennen Sie die drei Schlüsselfragen des Controlling?

d) Erläutern Sie, was ein Personalinformationssystem (PIS) ist und wie es im Rahmen des Personalcontrolling genutzt werden kann.

e) Welche Untersuchungsobjekte betrachtet das Personalcontrolling? Erwartet werden drei Beispiele.

05. Personalstatistik

Welche Kennzahlen der Statistik können für Zwecke des Personalcontrolling genutzt werden? Erwartet werden fünf Beispiele.

06. Maßnahmen zur Kostensenkung durch den Einsatz von IT-Systemen

Aufgrund des verschärften Wettbewerbs ist Ihr Unternehmen gezwungen, in allen Funktionsbereichen Kostensenkungsprogramme zu entwickeln und umzusetzen. Ein

Teilprojekt zur Senkung der Kosten im Personalbereich wird der verstärkte Einsatz von IT-Systemen sein.

Nennen Sie vier personalwirtschaftliche Kernprozesse und beschreiben Sie jeweils drei Beispiele, wie durch den Einsatz geeigneter IT-Systeme Personal- und Sachkosten reduziert werden können.

07. Kostenarten im Rahmen der Personalkostenplanung

Im Rahmen der Personalkostenplanung sind u.a. die Personalkosten nach Kostenarten zusammenzufassen. Nennen Sie sechs Hauptkostenarten und jeweils fünf Unterkostenarten.

08. Personalkostenplanung und EDV

Erläutern Sie, in welcher Form die EDV zur Durchführung der Personalkostenplanung eingesetzt werden kann.

09. Personalbudget

Sie haben vor kurzem in einem Industriebetrieb mit ca. 180 Mitarbeitern als Personalreferent begonnen. Erstellen Sie einen Vorschlag für das Personalbudget (Kostenbudget) des Personal- und Sozialwesens (insgesamt 3,5 Mitarbeiter). Das Papier soll nach Kostenarten gegliedert sein (nennen Sie mindestens zehn Kostenarten) und jeweils pro Monat

• die Ist-Kosten,
• die Soll-Kosten (lt. Personalplanung) und
• die Abweichung Soll-Ist (in € und in % vom Soll)

bezogen auf den Monat sowie die entsprechend aufgelaufenen Werte. Tragen Sie beispielhaft plausible Daten für drei Kostenarten in das von Ihnen entworfene Berichtsformular ein.

10. Bildungsbudget

Erläutern Sie drei Ansätze, die zur Planung der Höhe des Bildungsbudgets herangezogen werden können.

11. Kennzahlen (1)

In Ihrem Betrieb liegen folgende Daten vor:

Angaben	Jahr 1	Jahr 2	Jahr 3 (hochgerechnet)
Gesamtbelegschaft	520	470	420
davon: Angestellte	140	130	96
davon: Arbeiter	360	330	320
davon: Auszubildende	20	10	4
Umsatz in 1.000 €	105.000	96.000	100.000
Absatz in Leistungseinheiten (LE)	35.000	32.000	34.000
Sollarbeitszeit in Std.	825.000	759.000	686.400
Fehlzeiten gesamt; in Std.	80.730	60.200	40.800
Unfälle gesamt	45	51	55

Berechnen Sie folgende Kennzahlen für den dargestellten Zeitraum (auf eine Stelle nach dem Komma) und interpretieren Sie die Ergebnisse insgesamt:

a) Anteil der Arbeiter in Prozent

b) Änderung der Gesamtbelegschaft in Prozent

c) Ausbildungsquote in Prozent

d) Arbeitsproduktivität

e) durchschnittliche Fehlzeit

f) durchschnittliche Unfallquote

12. Kennzahlen (2)

Ihr Betrieb weist für das zurückliegende Geschäftsjahr die nachfolgenden Zahlenwerte aus:

Umsatz	50 Mio. €
Gewinn	6 Mio. €
Personalaufwand	8,2 Mio. €
Anzahl der Personalabgänge	30 Mitarbeiter
Ø Personalstand	200 Mitarbeiter

a) Ermitteln Sie aus diesen Angaben folgende personalpolitische Kennzahlen:
   • Produktivität des Faktors Arbeit
   • Rentabilität des Faktors Arbeit

- durchschnittlicher Personalaufwand
- Fluktuationsquote.

b) Die Fluktuationsquote ist überproportional hoch – im Verhältnis zu den zurücklie-
   genden Jahren. Die Geschäftsleitung bittet Sie, Vorschläge zur Reduzierung der
   Fluktuationsquote zu unterbreiten. Beschreiben Sie kurz, welche personalpolitischen
   Sachverhalte („Themenfelder") Sie untersuchen werden, um daraus ggf. geeignete
   Maßnahmen abzuleiten. Gehen Sie auf sechs Beispiele ein.

13. Verbesserung der Wertschöpfung

Die Ertragslage Ihres Unternehmens hat sich in den letzten zwei Jahren drastisch verschlechtert. Nennen Sie vier mengen- bzw. wertbezogene Ansätze zur Verbesserung
der Wertschöpfung des Faktors Arbeit.

Lösungen

1 Aufgaben und Ziele der Personalwirtschaft

01. Personalwesen als Dienstleister

- Viele Personalabteilungen verstehen sich (leider) nach wie vor als Buchhalter für Lohn- und Gehaltsabrechnung, Hüter der Personalakten und geheimnistragende Jongleure der zu verwaltenden Daten. Die mögliche und *erforderliche Dynamik*, d. h. *sinnvolle Impulsgebung* aus der täglich praktischen und *initiativen Personalarbeit* mit dem Ziel *individueller Personalbetreuung und Wirtschaftlichkeit* einschließlich sich entwickelnder evolutionärer *Unternehmenskultur* bleibt oft auf der Strecke.

- Das Personalwesen darf kein geduldeter Körperteil eines Unternehmens sein, das sich als Kostenverursacher zu verstehen hat. Statt dessen soll es die Rolle eines *aktiven, kreativen und kostenminimierenden Bindegliedes in der Wertschöpfungskette* mit dem Wissens- und Erfahrungsmix aus vertieft fachlicher und persönlicher Kompetenz übernehmen.

- *Personalarbeit heute ist „Personalentwicklungsarbeit"*, die von Dienstleistern (keinen Personalgewaltigen) *im Sinne von Beratung, Betreuung, Wegbereitung und Coaching* für alle Führungskräfte und Mitarbeiter ohne Eitelkeit und hierarchisches Denken, dafür aber mit hohem Engagement, Situationsgefühl und menschlichem Empfindungsvermögen vorangebracht wird. Verwaltungsfetischisten oder „bloße Umsetzer" sind heute fehl am Platz.

Personalarbeit heute heißt:

- Betreuung aller Mitarbeiter,

- Sicherstellen der Wirtschaftlichkeit und der Wertschöpfung,

- Initiator sein für Prozesse der Personalentwicklung.

02. Personalstrategie

Die vier Prozessstufen zur Entwicklung einer Strategie des Personalmanagements sind:

1. *Entwicklung von Visionen und strategischer Stoßrichtung des Unternehmens:*
   Z. B.: Einstieg des Unternehmens in den USA-Markt/Raum Ostasien; Verlagerung von Produktionsstätten.

2. *Ermittlung der strategischen Geschäftseinheiten (SGE) und der strategischen Geschäftsfelder (SGF):*
   Z. B.: SGE → F + E, Produktion, Marketing;
   SGF → Entwicklung von Automobilen für den Freizeitbereich (z. B. Offroader + passender Anhänger)

3. *Formulierung der Unternehmensstrategie:*
   Z. B. Positionierung am Weltmarkt als Automobilhersteller mit Produkten, der „hohe Technik + Qualität" miteinander verbindet und als kompetenter Produzent von Automobilen für den Freizeitsektor am Markt akzeptiert wird; Ausweitung des Umsatzes und Verbesserung der Rentabilität innerhalb der nächsten fünf Jahre um x Prozent.

4. *Ableitung der Strategie des Personalmanagements aus der Unternehmensstrategie:*
   Z. B.: Von der Funktionsorientierung zur Prozessorganisation; Outsourcing von Personaldienstleistungen; Verflachung der Hierarchie im Personalmanagement; Umsetzung der Kundenorientierung; Aufbau eines Qualitätsmanagements im Personalwesen; Förderung von Schlüsselqualifikationen für den Auslandseinsatz; Einrichtung von Kreativitätsinseln zur Verbesserung der F + E-Leistungen.

03. Zielsetzungen

a) Kurzfristig haben folgende Ziele *mehr wirtschaftlichen Charakter:*

- Senkung der Personalkosten: Im Mittelpunkt steht die Ergebnisverbesserung durch Kostensenkung.

- Arbeitszeitmodelle: Zentrales Anliegen ist die Ausrichtung an den Erfordernissen des Marktes.

- Fluktuation: Bei diesem Ziel fehlt die Ausrichtung/Präzisierung. Vermutlich ist eine wirtschaftliche Zielsetzung gemeint mit der Absicht der Kostensenkung. Erschwerend kommt hinzu, dass der Begriff Fluktuation in der Fachliteratur uneinheitlich definiert wird.

Kurzfristig *mehr sozialen Charakter* hat das Ziel „optimaler Mitarbeitereinsatz", da die Orientierung auch an „dem Können und der Neigung" der Mitarbeiter erfolgen soll.

b) Definiert man „Fluktuation = Summe der Personalabgänge", so lassen sich über die Senkung der Fluktuation und den damit verbundenen Maßnahmen (direkt und indirekt)

wirtschaftliche Ziele wie z. B.
- Senkung der Personalbeschaffungskosten,
- Verbesserung des Firmenimages (intern und extern) u. Ä.

sowie

soziale Ziele wie z. B.
- Erhöhung der Mitarbeiterzufriedenheit durch Stabilität bestehender Arbeits- und Sozialstrukturen
- Verbesserung der Zusammenarbeit durch Kontinuität in der Mitarbeiterzusammensetzung u. Ä.

erreichen.

c) Ziele sind dann messbar, wenn sie präzisiert sind hinsichtlich:

	Beispiel:	**Kommentar:**
Inhalt	Senkung der Personalkosten	im Sachverhalt o. k.
Ausmaß	um 25 %	fehlt im Sachverhalt
Zeitraum	im Jahr 2012	

Eine messbare Zielformulierung wäre z. B.: „Die Personalkosten sollen bis Ende 2012 um 25 % gesenkt werden".

04. Hauptaufgaben des Personalwesens

a) Die Hauptaufgaben des Personalwesens sind:

- Personalpolitik,
- Personalbeschaffung,
- Personalentwicklung,
- Personalbetreuung,
- Personalverwaltung,
- Personalcontrolling.

- Personalplanung,
- Personaleinsatz,
- Personalfreisetzung (-abbau),
- Personalführung,
- Personalorganisation,

Der Grad der Aufgliederung sowie das „Gewicht" der einzelnen Funktionen ist im Unternehmen abhängig von

- der Größe des Betriebes,
- der Branche,
- dem „Entwicklungsstand" und
- der Aufbaustruktur/Organisationsform.

b) Zuordnung von Tätigkeiten und Personalfunktionen:

- Prüfen und Weiterleiten der Bewerbungsunterlagen
→ Beschaffungsfunktion

- Ermittlung des Nettolohnes
→ Entlohnungsfunktion

- Umbau der bestehenden Kantine
→ Betreuungsfunktion

- Gespräch mit dem Betriebsrat zur Vorbereitung einer Kündigung
→ Freistellungsfunktion

- Erstellung der internen Fortbildungs- broschüre und Auswahl von Teil- nehmern
→ Entwicklungsfunktion

- Erstellung der Urlaubsplanung
→ Einsatzfunktion

05. Funktionen der Personalarbeit

• *Stabsfunktion:*
Von der Stabsfunktion der betrieblichen Personalarbeit spricht man dann, wenn das Personalwesen eine *beratende Aufgabenstellung* hat; die Entscheidungskompetenz liegt hier allein bei den Fachabteilungen. Die Personalabteilung wird sich hier als Berater anbieten. Inwieweit sie dabei in der Praxis Erfolg hat, hängt wesentlich von Faktoren wie Fachkompetenz, Überzeugungsfähigkeit, Informationspolitik und nicht zuletzt von der „Chemie" zwischen Personal- und Fachabteilung ab. Gute Personalarbeit der Personalleiter und Referenten kann sich hier nur im Wege langfristig angelegter, solider Arbeit – auch im Detail – ihren Stellenwert im Betrieb erobern.

Typische Themenfelder der Stabsfunktion sind z. B.:
- Vorauswahl interner Nachfolgekandidaten,
- Beratung bei speziellen Entlohnungsfragen vor Ort,
- Einzelfragen der Personal- und Organisationsentwicklung.

• *Linienfunktion:*
Bei den Linienaufgaben liegt die *alleinige Entscheidungskompetenz* beim Aufgabenträger – in diesem Fall also beim Personalwesen. Die Linienfunktion der Personalabteilung wird deutlich in den Themenfeldern wie z. B.:
- grundsätzliche Entlohnungskonzepte,
- Lohn- und Gehaltsabrechnung,
- Berichtswesen der Personalarbeit,
- Sozialverwaltung.

• *Beteiligung an überbetrieblichen Tätigkeiten:*
In diesem Sektor der Personalarbeit *repräsentiert das Personalwesen den Betrieb in überbetrieblichen Gremien, Ausschüssen* u. Ä. Typische Beispiele sind:
- Teilnahme an überbetrieblichen Erfahrungsaustausch-Treffen (vgl. z. B. die Erfa-Treffen der Deutschen Gesellschaft für Personalführung, Düsseldorf),
- Teilnahme an personalpolitischen Gremien auf Konzern- und/oder Verbandsebene,
- Tätigkeiten von Mitarbeitern des Personalwesens als Mitglieder von Prüfungsausschüssen der Kammern oder als Laienrichter beim Arbeitsgericht u. Ä.

06. Bedeutung der Personalarbeit

Aus der früheren, rein verwaltenden Funktion der Personalarbeit entwickelt sich heute die Tendenz und Notwendigkeit zum gestaltenden, unternehmerisch agierenden Personalmanagement mit zunehmend hoher Einbindung in die Entscheidungen der Unternehmensleitung. Die Ursachen für den Wandel, den die Personalarbeit in ihrer Bedeutung erfahren hat, sind vor allem folgende:

• Bedeutung und Entwicklung des Arbeitsrechts (Fachwissen ist unbestritten notwendig),
• wachsende Veränderungen in den Technologien und damit wachsende Erfordernisse der Personalschulung und -entwicklung (Anpassungsleistung),

- Wertewandel der Mitarbeiter (z. B.: das Anspruchsniveau an Führung und Zusammenarbeit steigt),
- Veränderungen am Arbeitsmarkt (sinkende Mobilität, Spezialisten fehlen z. T. trotz Arbeitslosigkeit usw.),
- der Personalkostenblock entscheidet wesentlich (mit) über die wirtschaftliche Lage des Unternehmens,
- starre Formen der Arbeitsorganisation (Linienorganisation) weichen zu Gunsten flexibler Formen (Projektorganisation, Einrichtung von „Netzwerken" mit Verzicht auf starre Kompetenzen),
- Unternehmen werden heute u. a. auch daran gemessen, welchen Stellenwert bei ihnen der Faktor Arbeit hat (Ausrichtung der Personalpolitik).

Die wachsende und veränderte Bedeutung der Personalarbeit in den deutschen Unternehmen zeigt sich auch deutlich in den gestiegenen und interdisziplinären Anforderungen an Personalleiter (früher: i. d. R. Jurist; heute: Moderator, Initiator von Veränderungsprozessen, Kundenorientierung, Aufbau von Qualitätsstandards, Change Manager).

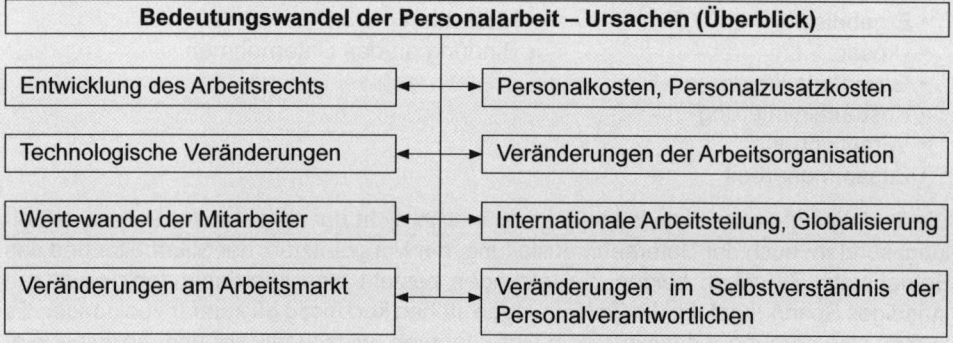

Bedeutungswandel der Personalarbeit – Ursachen (Überblick)

Entwicklung des Arbeitsrechts	Personalkosten, Personalzusatzkosten
Technologische Veränderungen	Veränderungen der Arbeitsorganisation
Wertewandel der Mitarbeiter	Internationale Arbeitsteilung, Globalisierung
Veränderungen am Arbeitsmarkt	Veränderungen im Selbstverständnis der Personalverantwortlichen

07. Entwicklungsphasen der Personalarbeit

Obwohl die Praxis meist Mischformen aufweist, werden von den Fachleuten i. d. R. vier idealtypische Entwicklungsphasen der Personalarbeit beschrieben:

Entwicklungs-phasen	Zeitraum	Philosophie	Hauptfunktionen, z. B.:
Administration	bis Ende der 60er-Jahre	Aufbau und Pflege der Personalverwaltung	Verwaltung der Personalakten, meist arbeitsrechtliche Konfliktlösung; z. T. als Nebenfunktion wahrgenommen
Humanisierung	ab 1970	Ausrichtung auf die Mitarbeiter	Humanisierung von Arbeitszeiten, Arbeitsplätzen; Ergonomie; Tendenz zur Personalbetreuung; Aufbau von Personalentwicklungskonzepten
Öko-nomisierung	ab 1980	Ausrichtung nach Wirtschaftlichkeitsgesichtspunkten	Flexibilisierung, Rationalisierung; Überprüfung von Sozialleistungen; idealtypische Effizienzsteigerung des Faktors Arbeit

Entwicklungs-phasen	Zeitraum	Philosophie	Hauptfunktionen, z. B.:
Unternehme-rische Funktion	ab 1990	Personalabteilung und Mitarbeiter sind „Mitunternehmer"	Zentralisierung der strategischen Personalarbeit; Dezentralisierung der operativen Personalarbeit; Stärkung der Mitarbeiterrolle als „Mitdenker", „Mitunternehmer" (KVP, Lean Management)

08. Ziele der Personalarbeit

Die Ziele des Personalwesens lassen sich einteilen in die Kategorien „wirtschaftliche Ziele" und „soziale Ziele".

Wirtschaftliche Ziele, z. B.:
- Leistung
- Produktivität
- Ergebnis
- Umsatz
- Gewinnmaximierung
- Kostenminimierung
- Verantwortung
- Zusammenarbeit

Soziale Ziele, z. B.:
- Integration
- Zufriedenheit
- Motivation
- Bindung an das Unternehmen

Die Verfolgung dieser Ziele ist selbstverständlich nicht nur Aufgabe der Personalabteilung, sondern auch der Unternehmensleitung, der Vorgesetzten, der Mitarbeiter und des Betriebsrats. Zwischen beiden Zielsetzungen besteht eine Interdependenz sowie ein ständiges Spannungsfeld; die Zielsetzungen stehen kurzfristig oft konträr zueinander. Es kommt also darauf an, dass in einem Unternehmen „wirtschaftliche" und „soziale Ziele" in angemessener Form ausgewogen sind und in Einklang stehen – in Abhängigkeit von

- der Konjunkturlage,
- der Wirtschaftslage des Unternehmens,
- dem Beschäftigungsgrad am Arbeitsmarkt,
- dem Wertegefüge der Mitarbeiter usw.

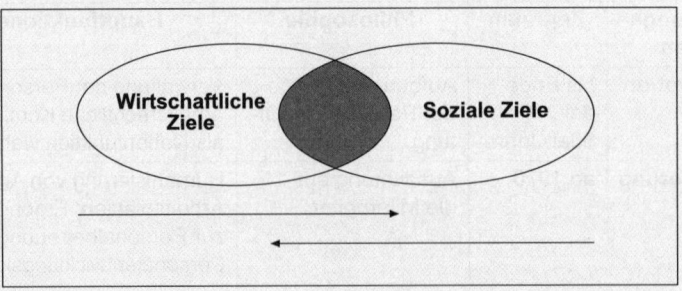

Die Schnittmenge bedeutet die Übereinstimmung der Ziele. Je größer die Schnittmenge, desto mehr stehen beide Ziele in Einklang zueinander.

Insgesamt darf jedoch nicht vergessen werden, dass ein Unternehmen kein „Sozialverein" ist, sondern eine *„wirtschaftliche Organisation"* mit dem Ziel der Gewinnmaximierung. Der Zielkonflikt zwischen wirtschaftlichen und sozialen Zielen ist nicht generell zu lösen. Die relative Ausgewogenheit ist ein ständiger Prozess. Neben der Personalabteilung haben auch die Führungskräfte die Verpflichtung dazu beizutragen, dass sich wirtschaftliche und soziale Ziele ergänzen bzw. Synergiewirkungen entstehen können – und zwar überall dort, wo es sachlich möglich ist. Schematisch dargestellt heißt dies, die „Schnittmenge beider Ziele" im Tagesgeschäft zu maximieren.

09. Personalarbeit: Kunden, zentrale Personaldienstleistungen, Erwartungen der Kunden, Stärken-Schwächen-Analyse

a) Ihre *wichtigsten Kunden* sind u. a.:

* alle Mitarbeiter und Führungskräfte des Unternehmens,
* Ihre Kollegen im eigenen Fachbereich,
* die Mitglieder der Geschäftsleitung/des Vorstandes,
* alle Mitglieder des Betriebsrates bzw. der Ausschüsse/Organe nach dem BetrVG,
* externe Stellen.

b) *Liste der zentralen Personaldienstleistungen,* u. a:

Bildungswesen,	Fördermaßnahmen,
Personalabrechnung,	Entgeltpolitik,
Personalinformation,	Personalbetreuung, Administration,
Personalführung.	

c) *Fragebogen* (Ansatz/Entwurf) zur Erwartungsabfrage der Mitarbeiter (= „Kunden"):

Hinweis: In der Praxis kann eine Mitarbeiterbefragung nur von Spezialisten erarbeitet und durchgeführt werden. Gute Erfahrungen und Know-how haben auf diesem Gebiet die Deutsche Gesellschaft für Personalführung, DGFP, Düsseldorf sowie eine Reihe von Universitäten.

Fragebogen	Erwartungsabfrage der Mitarbeiter		
Gewichtung:			
1. Für wie wichtig halten Sie folgende Personaldienstleistungen?			
	sehr wichtig 5	*weniger wichtig* 3	*unwichtig* 1
Bildungswesen			
Fördermaßnahmen			
Entgeltpolitik			
...			

Fragebogen	Erwartungsabfrage der Mitarbeiter		
2. Wie bewerten Sie diese Personaldienstleistungen?			
	gut	*befriedigend*	*schlecht*
Bildungswesen			
Fördermaßnahmen			
Entgeltpolitik			
…			

3. Welche Personaldienstleistungen sollten zusätzlich erbracht werden?
Freie Antwort:
Was ist gut und sollte beibehalten werden?
Freie Antwort:
Was ist nicht wirksam und sollte verbessert werden?
Freie Antwort:
…

d) 1. Stärken-Schwächen-Analyse, Arbeitsschritte:

- Festlegen der relevanten Merkmale
- ggf. Gewichtung der Merkmale
- Festlegen der Skalierung („Punkterahmen")
- Datenerhebung (extern, intern)
- Bewertung der Merkmale („Zuordnung der Punkte")
- ggf. Kommentar zur Bewertung der Merkmale
- Erstellen des Stärken-Schwächen-Profils
- ggf. Vergleich mit einem relevanten Wettbewerber (Benchmarking)
- Bewertung und Interpretation des Ergebnisses
- Ableitung von Maßnahmen

2. Geeignete Verfahren, um Vergleichsmöglichkeiten zu gewinnen:

- Benchmarking („sich an dem Besten orientieren")
- Vergleich mit einem Wettbewerber
- Vergleich mit den Erhebungsergebnissen der Deutschen Gesellschaft für Personalführung (DGFP), Düsseldorf

3. Risiken der Stärken-Schwächen-Analyse, z. B.:

- Auswahl der Merkmale ist subjektiv,
- Gefahr, dass relevante Merkmale nicht erfasst werden,
- Bewertung der Merkmale ist subjektiv,
- erfasst nur die Istsituation, zukünftige Entwicklungen werden nicht berücksichtigt.

10. Shareholder Value und Stakeholder Value

a) *Shareholder Value:*
Wert des Unternehmens für die Anteilseigner, Aktionäre. Betonung der Realisierung wirtschaftlicher Ziele wie Gewinnmaximierung, Marktanteilserhöhung, Aktienkurs.
Stakeholder Value:
Wert eines Betriebes unter Einbeziehung der Interessen der Belegschaft. Betonung der sozialen Ziele wie Lohnniveau, Sozialleistungen, Firmenkultur.

Kurzfristig ist der Zielkonflikt nicht überwindbar. Langfristig besteht die Möglichkeit, dass beide Ziele sich ergänzen.

b) *Argumente aus der Sicht der Gewerkschaft:*
- Die Arbeitnehmer tragen zur guten Ertragslage des Unternehmens bei und sollten deswegen auch daran teilhaben.
- Die Arbeitnehmer benötigen einen Ausgleich für den Anstieg der Lebenshaltungskosten.
- Die Produktivitätsverbesserung ist auch dem Faktor Arbeit zuzurechnen.
- Eine angemessene Lohnanhebung dient als Leistungsanreiz/Motivation.

Argumente aus der Sicht der Unternehmer:
- Die Lohnsteigerungen führen „automatisch" zu Kostensteigerungen; dies mindert den Gewinn und damit auch die Finanzkraft des Unternehmens (Finanzierung zukünftiger Investitionen aus Überschussanteilen).
- Der Absatzmarkt lässt eine Überwälzung steigender Lohnkosten auf die Preise nicht zu.
- Lohnsteigerungen haben eine negative Wirkung auf den Aktienkurs.
- Die Produktivitätssteigerung ist allein dem Faktor Kapital (Neuinvestition: neue Fertigungsstraße) zuzurechnen.

11. Ableitung personeller Maßnahmen aus der Unternehmensstrategie

a) *Externe Marktfaktoren* (Beispiele):
- Aufgrund der Erhöhung der Preise reagiert der Kunde mit Kaufzurückhaltung.
- Die vorangegangenen Jahre waren für den Arbeitnehmersektor durch Reallohnverluste gekennzeichnet.
- Gerade die Automobilindustrie beherrscht das Instrumentarium des weltweiten Einkaufs von Waren und Leistungen (Global Sourcing). Anbieter aus Indien und China liegen im Preisniveau unter dem deutscher Hersteller.

  Hinweis: Die Lösung zu dieser Aufgabe kann nur beispielhaften Charakter haben und ist auf eine aktuelle Situation bezogen.

b) Mögliche personalpolitische Zielkonflikte bei der Umsetzung der Unternehmensstrategie:

Personal-politisches Ziel	Strategische Planung der Geschäftsleitung:	Konkurrierende(s) Ziel(e):
Reduzierung der Personal-kosten	Die Verringerung der Fertigungstiefe führt zu einem Anstieg der Zukaufteile und zu einer Personalreduktion in der Fertigung.	**Know-how-Verlust** in der Fertigung; Abhängigkeit von Lieferanten
		Der Personalabbau führt zu **ungeplanten Kosten**: Sozialplan, Abfindungen, Aufhebungsverträge u. Ä.
	Die Schaffung von zehn Planstellen für Reisende hat zur Folge: Personalbeschaffung, Einarbeitung/Personalentwicklung	**ungeplante Kosten für Beschaffung**, **neue Planstellen** und PE-Maßnahmen
Kurzfristige **Anpassung der Personalplanung**	Der Personalabbau von 15 % der Belegschaft führt zur Verunsicherung. Leistungsträger werden überlegen, ob sie das Unternehmen verlassen sollten.	**Motivation** der Mitarbeiter
		Vertrauen in die Kontinuität der Personalplanung

c) Instrumente zur Messung der Personalleistung in unterschiedlichen Un ternehmensbereichen (Beispiele):

Fertigung	Mengengrößen und/oder Qualitätsgrößen; Leistungsgradermittlung, Vergleich mit Systemen vorbestimmter Zeiten (SvZ), REFA-Zeitermittlung; teilautonome Gruppen mit Gruppenleistungslohn
Verwaltung	Mengengrößen (z. B. Anzahl der Lohnabrechnungen, Anzahl der Buchungen pro Zeiteinheit u. Ä.)
	Indirekte Messung: Einhaltung vorgegebener Kostengrößen und/oder Zeitgrößen
Außen-dienst	Anzahl der Besuche pro Zeiteinheit, Anzahl der Vertragsabschlüsse pro Kundenbesuch pro Monat, Zielvorgaben: Verkaufsumsatz pro Monat u. Ä.
Führungs-kräfte	Zielvereinbarung: - Arbeitsziele - Entwicklungsziele
	Bildung von Profitcentern: Ergebnis/Gewinn pro Profitcenter pro Quartal/Jahr

2 Organisation des Personalwesens

01. Einordnung und Gliederung des Personalwesens

1. *Die hierarchische Einordnung* des Personalwesens sowie die *Gliederung* erfolgt sinnvollerweise nach Zweckmäßigkeitsüberlegungen. In der Praxis lassen sich hinsichtlich der hierarchischen Einordnung des Personalwesens zwei grundsätzliche Fälle unterscheiden:

   - *In Kleinbetrieben* behält sich i. d. R. der Firmeninhaber bzw. die Geschäftsleitung die Wahrnehmung der Personalentscheidungen selbst vor:

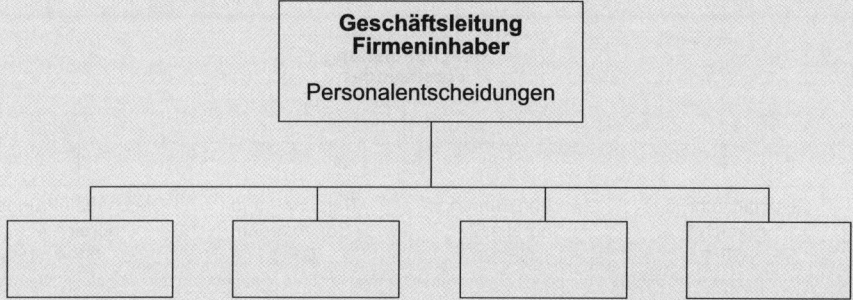

   - *In Mittel- und Großbetrieben* sind in der Praxis unterschiedliche organisatorische Einbindungen der Personalfunktion anzutreffen. Als Grundprinzip gilt: Je höher die hierarchische Einbindung, desto höher ist i. d. R. der Stellenwert der Personalarbeit in diesem Unternehmen anzusehen. Nachfolgend werden drei mögliche Fälle abgebildet:

   Fall 1: Unterstellung der Personalfunktion unter einen Ressortleiter:

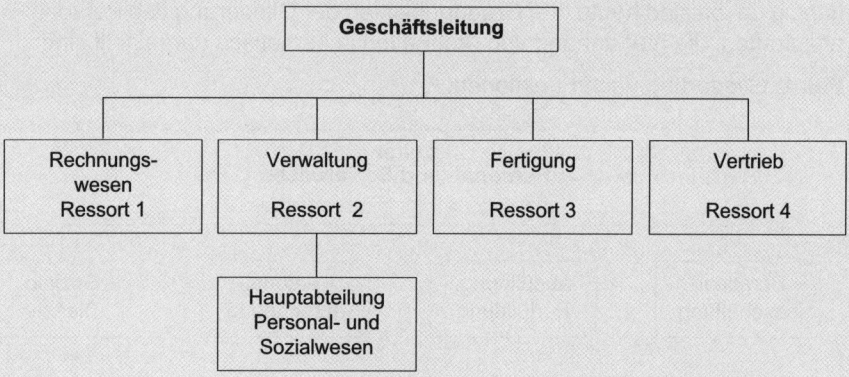

Fall 2: Unterstellung der Personalfunktion unter die Geschäftsleitung (Vorstand):

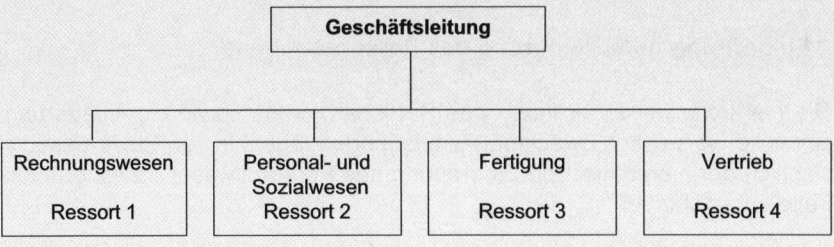

Fall 3: Personalleiter als Mitglied der Geschäftsleitung (Vorstand):

Daneben ist zu beachten, dass für Kapitalgesellschaften ab 2.000 Mitarbeitern sowie für Unternehmen der Montanindustrie die Personalfunktion als Mitglied der Unternehmensleitung zwingend vorgeschrieben ist (Stichwort: Arbeitsdirektor).

2. *Die interne Gliederung des Personalwesens* ist vorwiegend abhängig von der Größe des Unternehmens. Vom Prinzip her gilt: Je größer das Unternehmen, desto stärker ist die Personalfunktion gegliedert. Bei Konzernen spielen außerdem Überlegungen der Zentralisierung bzw. Dezentralisierung eine wichtige Rolle. Unabhängig davon sind heute drei Grundprinzipien der Gliederung des Personalwesens anzutreffen, die hier anhand von drei Fällen schematisch dargestellt sind:

Fall 1: Gliederung nach Funktionen:

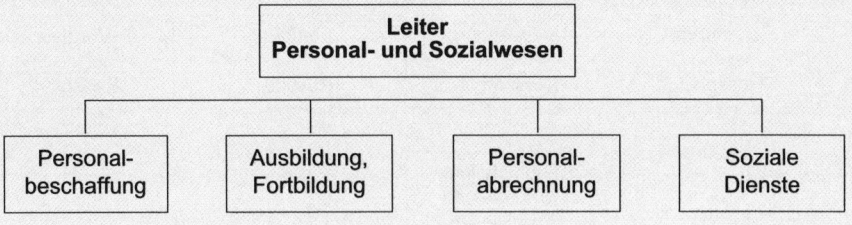

Fall 2: Gliederung nach Objekten sowie nach Funktionen:

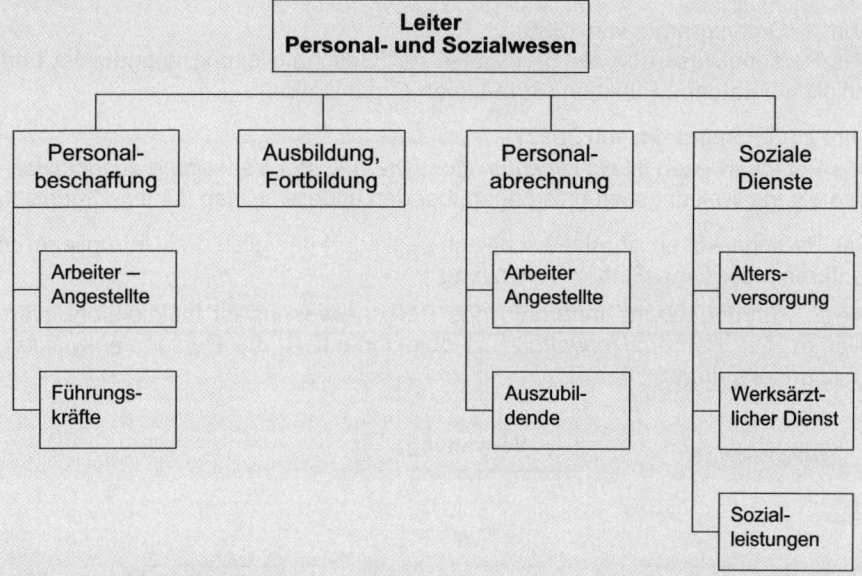

Fall 3: Referentenmodell:

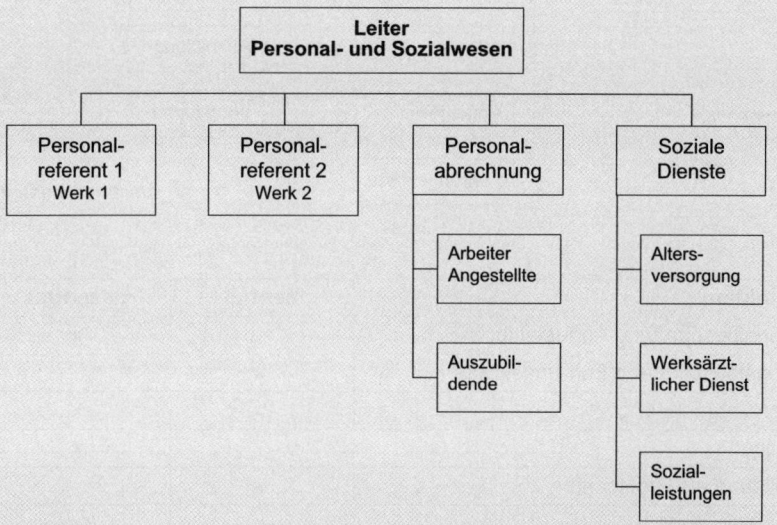

Die Gliederung nach Funktionen sowie nach Objekten kann als klassische Aufteilung der Personalarbeit bezeichnet werden. In der Praxis sind Mischformen vorherrschend. Das Referentenmodell ist eine neuere Form der Strukturierung: Der „Personalleiter im Kleinen" betreut eigenständig einen bestimmten Mitarbeiterbereich (z. B. alle Mitarbeiter des Geschäftsbereichs Fertigung) in allen Fragen der Personalarbeit. Er wird dabei meist von Spezialisten unterstützt (Altersversorgung, Abrechnung). Der Leiter Personal- und Sozialwesen trifft die grundsätzlichen Entscheidungen und „bildet die Klammer" der gemeinsamen Arbeit.

02. Organisation der Personalwirtschaft

a) Abb. 1 (Organigramm von 1995):
Das Personalwesen ist als Stabsstelle der Geschäftsleitung ausgebildet und hat lediglich beratende Funktion (Stab-Linien-Organisation).

Abb. 2 (Organigramm von 2011):
Das Personalwesen *ist als Linienfunktion innerhalb der Verwaltung ausgebildet* – hat also eigene Weisungsbefugnis gegenüber den anderen Linien (Linien-Organisation).

b) Das Personalwesen ist relativ schwach gegliedert (lediglich drei Untergliederungen „unterhalb der Orga-Einheit Verwaltung").

Die 2. Führungsebene innerhalb des Personalwesens ist funktionsorientiert gegliedert. Die *Personalverwaltung* ist objektorientiert; die *Personalentwicklung* ist funktionsorientiert.

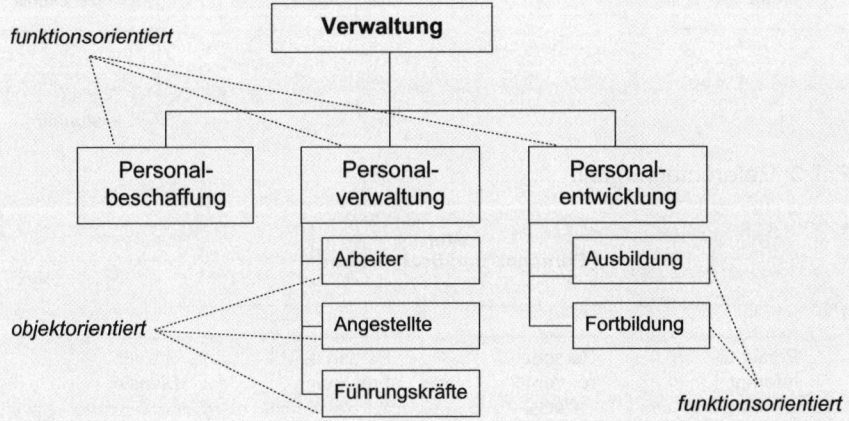

c)

Teilfunktion	zentral	dezentral
Personalbeschaffung Angestellte		x
Personalbeschaffung Führungskräfte	x	
Personalabrechnung[1]	(x)	x
Ausbildung		x
Fortbildung als Profitcenter	x	
Altersversorgung[2]	x	(x)
EDV-Koordination/Abrechnungssysteme	x	
Personalgrundsatzfragen	x	
Entgeltsysteme Tarifangestellte		x

---

[1] Das Abrechnungssystem wird einheitlich zentral gesteuert; die Personalabrechnung erfolgt vor Ort.
[2] Das System der Altersversorgung wird zentral gestaltet; die erforderlichen Rückstellungen erfolgen in der Niederlassung.

03. Outsourcing von Teilaufgaben der Personalarbeit

a) • Personalauswahl und -beschaffung → Personalberater
   • Gestaltung und Schalten
     von Personalanzeigen → Anzeigenagenturen
   • Entgeltabrechnung → Abrechnungszentren
   • Werksärztlicher Dienst → Ärztezentrum
   • Kantine → Pächter oder Caterer
   • Altersversorgung → Pensionskasse
   • Personalfreisetzung → Outplacementberater
   • Fortbildung → Ausgliederung als Profitcenter

b) *Mögliche Vorteile:*

   • Einsparpotenziale (Personal-, Raum-, Kommunikationskosten),
   • termingebundene Realisierung von Aufgaben,
   • klare Qualitätsstandards,
   • Übernahme der Haftung für Qualitätsstandards,
   • Vermeidung von Leerlauf/mangelnder Auslastung,
   • aktualisiertes Know-how,
   • Vorteile der Spezialisierung.

   Mögliche Nachteile:

   • Verlust von Know-how,
   • Verlust zusammenhängender Funktionsabläufe,
   • Abhängigkeit von externen Dienstleistern,
   • nicht unbeträchtliche Risiken bei fehlenden Kontrollinstrumenten,
   • Koordinationsaufwand,
   • Demotivation der Mitarbeiter.

04. Personalbereichsprozess

a)

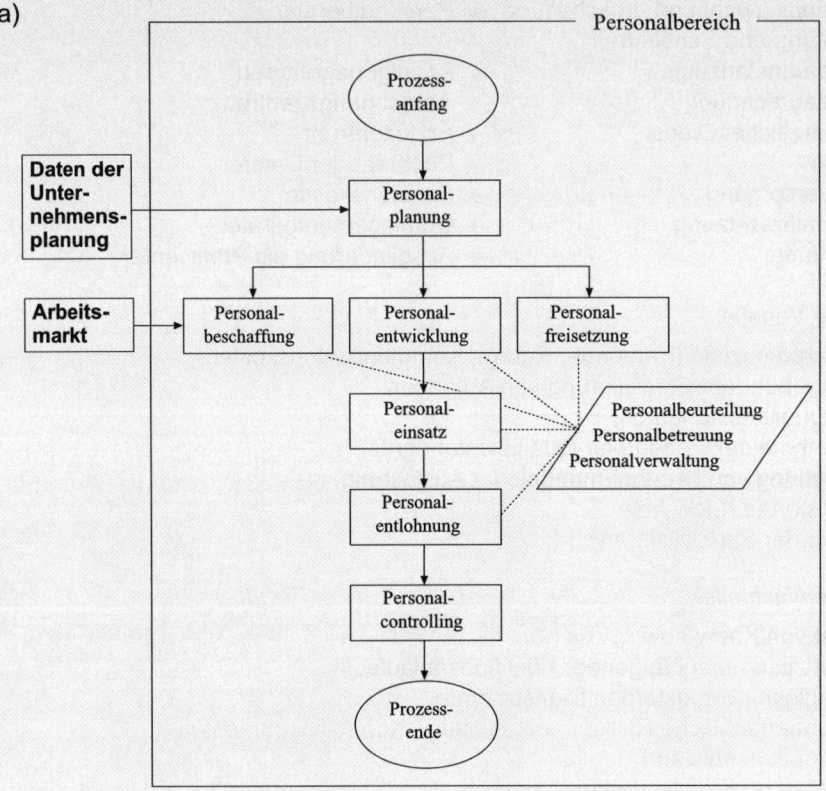

b) Widerstände auf der Mitarbeiterebene, z. B.:

- Gewohnheit (Bekanntes, Vertrautes wird bevorzugt)
- Vorurteile, selektive Wahrnehmung
- innere Werthaltungen
- Zweifel, Ängste

Widerstände auf der Organisationsebene, z. B.:

- Normen der Organisation bzw. vwon Gruppen sowie Tabus
  („Haben wir immer so gemacht!")
- Abhängigkeit der Änderungen (Änderungen im Personalbereich führen zu Ände-
  rungen in anderen Fachbereichen)
- Privilegien, Besitzstände

05. Optimierung eines Geschäftsprozesses

a) *Prozessanfang*   Rechtsverbindlicher Abschluss des Arbeitsvertrages und Zu-
(„Auslöser"):   stimmung durch den Betriebsrat

    Prozessende: 1. Stufe (fester Termin):
                        Abschluss der geplanten Einarbeitungsmaßnahmen und Beur-
                        teilung des Mitarbeiters rechtzeitig vor Ende der Probezeit.

                        2. Stufe (offener Termin):
                        Die Einarbeitung ist dann abgeschlossen, wenn der Mitarbeiter
                        die geforderte Leistung fehlerfrei erbringt und sich in das Arbeits-
                        team integriert hat.

b) Prozessziele:

- Reduzierung der Einarbeitungskosten;
- Reduzierung der Einarbeitungszeit, d. h. der neue Mitarbeiter erbringt schneller die geforderte Leistung.
- Reduzierung der Zeit, die der Mitarbeiter zur Integration in das Team braucht.

c) 1. Schnittstellen im Rahmen der ganzheitlichen Prozessorientierung sind Übergän-
     ge von einem Funktionsbereich zu einem anderen – verbunden mit: Übergabe
     der Aufgabe, der Information, der Abstimmung und Rückkopplung.

    2. Schnittstellen im Geschäftsprozess „Einarbeitung ...", z. B.:

       Personalreferent   →   Fachabteilung
       Fachabteilung   →   Personalreferent
       Personalreferent   →   Betriebsrat
       Fachabteilung   →   Aus- und Fortbildung
       Fachabteilung   →   Lohn-/Gehaltsabrechnung

    3. Möglichkeiten zur Reduzierung der Anzahl der Schnittstellen, z. B.:

- Verantwortlichkeiten für die Einarbeitung werden gebündelt, z. B. ein Verantwortlicher im Personalsektor, ein Verantwortlicher in der Fachabteilung.
- Einzelvorgänge werden zu Teilprozessen zusammengefasst, z. B.: Übergabe aller Arbeitspapiere + Erläuterung der Abrechnung + Betriebsbegehung/Kantine/
Werkzeugausgabe u. Ä.

d) Aufgaben des Geschäftsprozesses „Einarbeitung ..." in sachlogischer Reihenfolge,
    z. B.:

- Start
- Festlegung der Zeiten/Termine + Verantwortlichkeiten + Informationsmittel (z. B.
Funktionsbeschreibung, Organigramm, Betriebsvereinbarung, Broschüren usw.)
- Erarbeitung der Maßnahmen (Wer? Was? Wann? Wie?)
- rechtzeitige Information aller Beteiligten
- Durchführung der Maßnahmen
- Evaluierung/Kontrolle der Maßnahmen und Optimierung des Prozesses
- Ende

06. Neue Aufbaustruktur

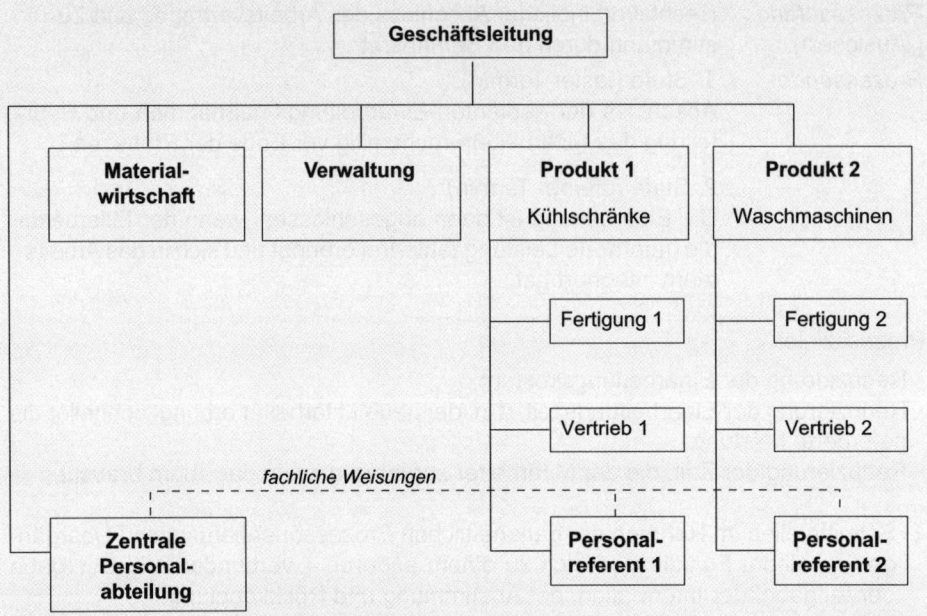

07. Flussdiagramm, Prozess(re)organisation

a) Ziele der Prozessorganisation:

- Verkürzung der Prozesszeiten
- Verbesserung der Prozessqualität
- Reduzierung der Prozesskosten
- Verbesserung der Innovationsfähigkeit

b) Prozess der Auswahl externer Bewerber (möglicher Lösungsansatz mithilfe des Flussdiagramms):

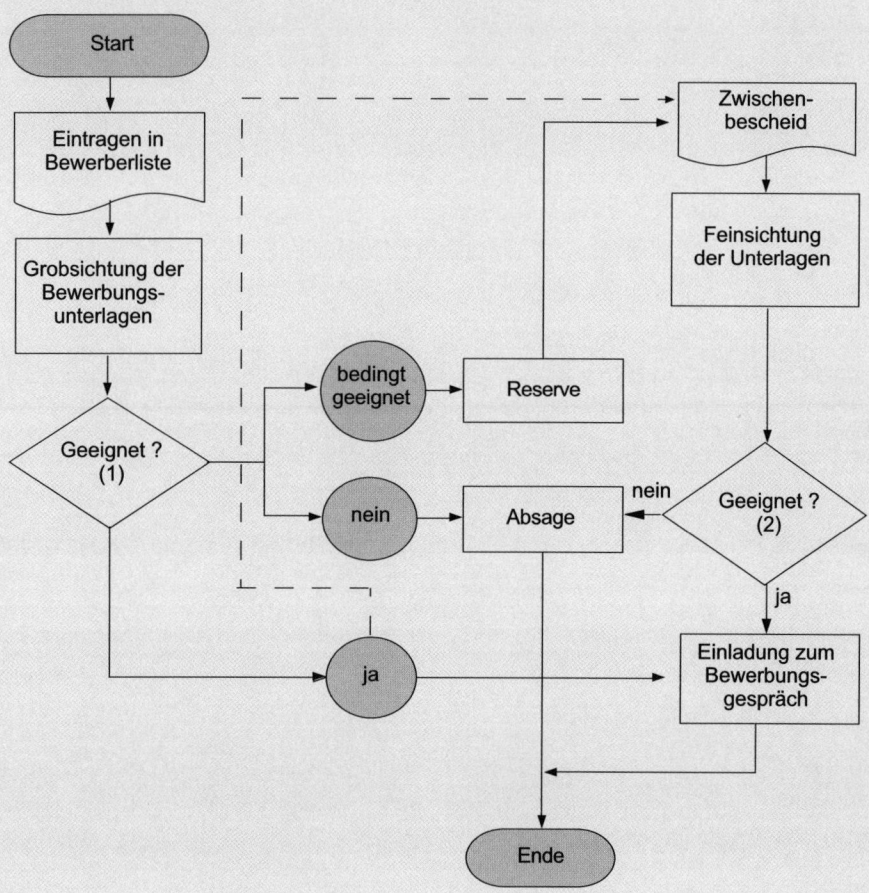

3 Personalplanung

Die *Personalplanung* ist der Teil der Personalarbeit, in dem

- systematisch,
- vorausschauend, zukunftsorientiert,
- alle wesentlichen, „den Faktor Arbeit betreffenden" Entscheidungen vorbereitet

werden.

Die *zentrale Fragestellung der Personalplanung* ist:

Welche zukünftigen Erfordernisse ergeben sich – abgeleitet aus den Unternehmenszielen – für den Personalsektor?

Personalplanung hilft, notwendige Maßnahmen frühzeitig vorzubereiten und damit deren Qualität zu verbessern und Konfliktpotenziale zu mildern.

Aus dem Charakter der Personalplanung ergibt sich deren *Zielsetzung*:

Dem Unternehmen ist vorausschauend das Personal

- in der erforderlichen Anzahl *(Quantität),*
- mit den erforderlichen Qualifikationen *(Qualifikation),*
- zum richtigen *Zeitpunkt,*
- am richtigen *Ort*

zur Verfügung zu stellen.

Zu den wichtigsten Aufgaben der Personalplanung gehören:

- die Planung des Personal*bedarfs* (quantitativ und qualitativ),
- die Planung der Personal*beschaffung* (intern und extern),
- die Planung der Personal*anpassung* (z. B. Freisetzung und/oder Beschaffung und/oder Personalentwicklung),
- die Planung des Personal*einsatzes* sowie
- die Planung der Personal*kosten.*

Dabei werden die Personalbedarfsplanung und die Personalkostenplanung als Hauptsäulen der Personalplanung angesehen.

Personal-bedarfs-planung	Die Personalbedarfsplanung ist das „Herzstück" der Personalplanung. Sie stellt die Verbindung zwischen der Umsatz-, Ergebnis- und Produktionsplanung einerseits und der Anpassungs- und Kostenplanung andererseits her. Der geplante Personalbedarf hat Zielcharakter für die anderen Felder der Personalplanung.

	Quantitative Planung: - Bruttopersonalbedarf - Nettopersonalbedarf - Verfahren	Die quantitative Personalplanung ermittelt das zahlenmäßige Mengengerüst der Planung (Anzahl der Stellen/Mitarbeiter je Bereich, Vollzeit-/Teilzeit-„Köpfe" usw.).
	Qualitative Planung (Anforderungs-/Eignungsprofile)	Bei der qualitativen Personalplanung geht es um die Qualifikationserfordernisse des festgestellten Mitarbeiterbedarfs.
Personal-anpassungs-planung	Die Personalanpassungsplanung ist der Oberbegriff für Maßnahmen, die aufgrund der Ergebnisse der Personalbedarfsplanung eingeleitet werden müssen: - bei Personalunterdeckung: Beschaffung - bei Personalüberdeckung: Abbau (mit/ohne Reduzierung der Belegschaft) - bei Qualifikationsdefiziten: Entwicklung, Förderung. Daneben kann man die Einarbeitungs- und Einsatzplanung zu den Anpassungsmaßnahmen zählen.	
	Personalbeschaffungsplanung: - Beschaffungswege (intern/extern) - Methoden der Personalauswahl	Die Planung der Personalbeschaffung gibt Antwort auf die Fragen: - Wann entsteht der Bedarf? - In welcher Höhe? - Mit welcher Qualifikation? - Wann müssen welche Beschaffungsmaßnahmen eingeleitet werden? - Wie kann das interne und externe Beschaffungspotenzial effektiv genutzt werden?
	Aufgabe der **Personaleinsatzplanung** ist die Zuordnung von Stellen und Arbeitskräften unter Berücksichtigung ökonomischer Ziele und Bedingungen sowie mitarbeiterbezogener Ziele und Erwartungen.	
	Personaleinarbeitungsplanung:	- Einarbeitungspläne (individuell, standardisiert) - angemessene Dauer der Einarbeitung
	Personalentwicklungsplanung:	- Entwicklungspläne (Standardpläne, individuelle Pläne) - Nachfolgepläne
	Personalabbauplanung: Ergibt sich aus der Personalbedarfsplanung die Feststellung, dass für die kommende Periode ein Personalüberhang zu erwarten ist, so ist im Wege der Personalabbauplanung der Personalbestand den zukünftigen Erfordernissen anzupassen.	

Personal-kosten-planung	Die Personalkostenplanung ist neben der Personalbedarfsplanung der wichtigste Eckpfeiler der Planungen im Personalbereich. Basis für eine sachgerechte Planung der Personalkosten ist die systematische Erfassung aller Personalkosten. Die Analyse der Personalkosten muss folgende Fragen beantworten: - Entstehung der Kosten (Welche? Wo? Wann? In welchem Ausmaß?) - Wie werden sich diese Kosten entwickeln? - Wie sind sie zu beeinflussen? - Durch welche Controllinginstrumente können die Kosten innerhalb der geplanten Grenzen gehalten werden? - Über welche systematischen Schritte erfolgt die Planung der Personal-kosten – von der Detailplanung pro Unternehmenseinheit bis hin zur Einbindung in die Unternehmensplanung?
Individual-planung	Hier steht der einzelne, namentlich genannte Mitarbeiter im Mittelpunkt. Für eine wirksame Gestaltung muss sich die Individualplanung nicht nur an den Unternehmenszielen orientieren, sondern maßgeblich auch die Wünsche, Erwartungen und Ziele der Mitarbeiter berücksichtigen.
Kollektiv-planung	Hier geht es um die Planungsfragen der Gesamtbelegschaft oder einer bestimmten Teilgesamtheit.
Laufbahn-planung	Laufbahnpläne (synonym: Karrierepläne) enthalten Positionsstrukturen – unternehmens- oder bereichsbezogen – und beantworten die Frage: „Welche Positionen kann ein Mitarbeiter „normalerweise" schrittweise im Unternehmen erreichen, wenn er bestimmte Qualifikationsmerkmale (Fachwissen, Führungswissen, Praxiskenntnisse usw.) erfüllt. Man kann diesen Begriff auch grob mit „vorstrukturierte Karriereleiter im Unternehmen" umreißen. Man kann derartige Laufbahnpläne - rein positionsbezogen gestalten (standardisierte Laufbahnpläne; in dieser Form sind sie streng genommen ein Teilgebiet der Kollektivplanung) oder - auf einzelne Mitarbeiter „zuschneiden" (individueller, nicht standardisierter Entwicklungsplan).
Nachfolge-pläne	sind gedanklich vorweggenommene Überlegungen zur zukünftigen Besetzung von Positionen – bezogen auf feste Termine. Die Fragestellungen lauten: - Welcher Kandidat kommt für die Nachfolge der Position X, in welcher Zeit, ggf. bei welcher Zusatzqualifizierung infrage? - Welche Kandidaten kommen alternativ oder gleichrangig für eine bestimmte Position infrage?
Stellen-besetzungs-planung	Eine Variante des Nachfolgeplans ist der Stellenbesetzungsplan. Er enthält alle Stellen des Unternehmens, ggf. gegliedert nach Mitarbeitern, Leitungsfunktionen, Ebenen, Projektstellen i.V.m. Überlegungen zur Nachfolge oder zeitlicher Vertretung. Im Idealfall kann der Organisationsplan eines Unternehmens – bei laufender Aktualisierung – für die Stellenbesetzungsplanung benutzt werden.

03. Integration der Personalplanung in die Unternehmensplanung

Unternehmensgesamtplanung

Finanzplanung	Leistungsplanung	Erfolgsplanung
Einnahmenplan	Absatzplan	Kostenplan
Finanzplan	Marketingplan	Ergebnisplan
Ausgabenplan	Beschaffungsplan	Ertragsplan

Personalplan

Investitionsplan

Produktionsplan

- Die Personalplanung ist überwiegend in Form einer *derivativen (abgeleiteten) Planung* in die Unternehmensgesamtplanung eingebunden. Als Folgeplanung der anderen Teilplanungen (Produktionsplanung, Vertriebsplanung usw.) setzt sie die dort fixierten Eckdaten in konkrete Personalplangrößen um.

  Die Erfolgs- und *Finanzierungsplanung* werden dabei als originäre Größen gesehen. Daneben ist zu beachten, dass der Personalsektor zum Engpass für die Pläne der anderen Unternehmensbereiche werden kann (z.B. bei nicht ausreichender Qualifikation der Personalressource). Insofern bedürfen die anderen Teilplanungen einer Bestätigung (ggf. Korrektur) durch die Personalplanung.

- Daneben gibt es Ansätze von *originärer Personalplanung*, d.h. es werden eigenständige Zielsetzungen und Maßnahmen formuliert, die – zumeist mittel- oder langfristig – die Gesamtplanung des Unternehmens gleichberechtigt bestimmen (z.B. „ausgewogene" Altersstruktur, Reduktion des Sozialaufwands, Outsourcing der Weiterbildung u.Ä.).

04. Bedeutung der Personalplanung

Für die Arbeitgeberseite ist die Personalplanung geeignet, folgende Interessensgebiete abzudecken:

- Notwendigkeiten der Personalentwicklung werden erkennbar;
- eingeleitete Maßnahmen der Personalentwicklung können als Motivationsinstrument genutzt werden;
- frühzeitig werden Notwendigkeiten des Personalabbaus oder der Personalbeschaffung aufgezeigt;
- Personalbeschaffung aus den eigenen Reihen kann systematisch und rechtzeitig eingeleitet werden und hilft die Beschaffungskosten einzugrenzen;
- Veränderungen im Personaleinsatz sowie damit verbundene Qualifizierungsmaßnahmen werden deutlich;
- Da das Arbeitsrecht durch zahlreiche Beschränkungen einen schnellen Personalabbau erschwert, können bei systematischer Personalplanung Abbaumaßnahmen rechtzeitiger und damit i. d. R. auch kosten- und sozialverträglicher eingeleitet werden.

Aus der Sicht der Arbeitnehmer ist die Personalplanung aus folgenden Gründen bedeutsam:

- Minderung sozialer Härten bei Personalabbau, Umstrukturierung und Rationalisierung;
- verbesserte Chancen der Personalentwicklung und des internen Aufstiegs; damit mehr Sicherheit und Planbarkeit der eigenen Karriere;
- mehr Transparenz und Vertrauen in personalpolitische Entscheidungen.

05. Einflussfaktoren der Personalplanung

Man unterscheidet interne und externe Determinanten der Personalplanung. Zu den wichtigsten gehören:

Determinanten der Personalplanung	
Externe Faktoren	**Interne Faktoren**
• Marktentwicklung • Technologie • Arbeitsmarkt • Sozialgesetze • Tarifentwicklung • Personalzusatzkosten • Alterspyramide … usw.	• Unternehmensziele • Investitionen • Fluktuation • interne Altersstruktur • Fehlzeiten • Fertigungspläne • Rationalisierungen • Personal-Ist-Bestand • Arbeitszeitsysteme • Personalkostenstruktur … usw.

06. Instrumente der Personalplanung

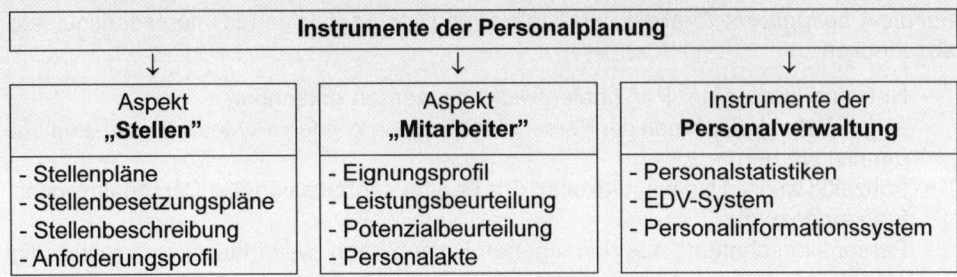

- *Der Stellenplan* zeigt alle (genehmigten) Stellen eines Unternehmens bezogen auf einen bestimmten Zeitpunkt. Er hat Soll-Charakter.

- *Der Stellenbesetzungsplan* basiert auf dem Stellenplan und zeigt, ob und von wem die betreffende Stelle besetzt ist. Die bereits vorliegenden Stellenangaben werden um wichtige Angaben über den Stelleninhaber ergänzt (z. B. Name, Alter, Eintrittsdatum, Vollmachten).

- *Die Stellenbeschreibung* enthält die wichtigsten Zuständigkeiten einer Stelle (meist inkl. des Anforderungsprofils).

- *Das Eignungsprofil* zeigt die fachliche und persönliche Eignung eines Mitarbeiters bzw. eines Stellenbewerbers und bildet das Gegenstück zum Anforderungsprofil.

- Die *Leistungsbeurteilung* ist eine vergangenheitsorientierte Personalbeurteilung. Anhand festgelegter Merkmale (z. B. Arbeitsmenge, Arbeitsqualität) wird ein tatsächlich beobachtbares und beschreibbares Ist-Leistungsergebnis mit dem Soll-Leistungsergebnis verglichen.

- Die *Potenzialbeurteilung* ist zukunftsorientiert und stellt den Versuch dar, in systematischer Form Aussagen über das in der Zukunft vermutlich zu erwartende Leistungsverhalten eines Mitarbeiters zu erheben. Die Bewertung kann sich dabei auf

- die nächste hierarchische Position beziehen (= sequenzielle Potenzialanalyse) oder
- generell und langfristig erfolgen (= absolute Potenzialanalyse).

Zielführende Fragestellungen im Rahmen der Potenzialanalyse sind:

→ Entwicklungsrichtung: „Wohin kann der Mitarbeiter sich entwickeln?"
→ Entwicklungshorizont: „Wie weit kann der Mitarbeiter sich entwickeln?"
→ Kompetenzfelder: „Welches Kompetenzfeld kann/muss sich entwickeln?" (Fach-, Methoden-, Sozialkompetenz)
→ Prognose: „Welche Veränderungsprognose kann abgegeben werden?"
→ Einsatzfelder: „Welche Einsatzmöglichkeiten im Unternehmen sind zukünftig denkbar?"
→ Entwicklungsmaßnahmen: „Welche Fördermaßnahmen sind erforderlich?" (generell oder positionsbezogen)

Vgl. ergänzend:

- Personalakte, vgl. S. 213

- Personalstatistiken, vgl. S. 228

- EDV-System, vgl. S. 231

- Personalinformationssystem, vgl. S. 227

07. Potenzialanalyse

Erkenntnisse aus der Potenzialanalyse müssen mit dem Mitarbeiter besprochen und (handschriftlich) dokumentiert werden. Die Integration derartiger Informationen in eine Datenbank unterliegt dem Datenschutz und ist i. d. R. mitbestimmungspflichtig.

Wesentlich bei der Auswertung der Potenzialanalyse ist, dass der Vorgesetzte mit dem Mitarbeiter bespricht, welche Konsequenzen und Maßnahmen daraus ggf. abgeleitet werden können oder müssen. Hier ist Offenheit und Klarheit gefragt. Denkbar sind z. B. folgende Situationen (Anforderungsprofil im Vergleich zum Eignungsprofil):

1. Der Mitarbeiter ist in seiner derzeitigen Position richtig eingesetzt.
   → Anpassungsförderung.

2. Der Mitarbeiter hat auf Dauer nicht das entsprechende Potenzial für die derzeitige Aufgabe.
   → Suche nach geeigneter Versetzung.

3. Der Mitarbeiter zeigt deutlich mehr Potenzial als die derzeitige Stelle erfordert.
   → Suche nach geeigneter Förderung/Beförderung, horizontal oder vertikal.

Führen Potenzialergebnisse nicht zu nachvollziehbaren Handlungen und Aktionen (Versetzung, Förderung, Beförderung u. Ä.), erzeugt das Unternehmen eine „Heerschar von Frustrierten". Das Instrument „Potenzialanalyse" kehrt sich in seiner Wirkung um. Weiterhin sollten alle Vorgesetzten die Philosophie praktizieren: „Potenzialunterdrückung ist Pflichtverletzung gegenüber dem Unternehmen und den Mitarbeitern."

Potenzialanalyse (Praxisbeispiel)

Potenzialbeurteilung		Stärken-Schwächen-Analyse	
Führungskraft [ ]		*Führungsnachwuchskraft [ ]*	
Name, Vorname:	....	*Stelle/Funktion:*	....
Geburtsdatum	....	*seit:*	....
Familienstand:	....	*Bisherige betriebliche Aufgaben:*	
Stärken/Neigungen		Schwächen/Abneigungen	
....		....	

Potenziale			
Fachpotenzial:	Methodenpotenzial:	Führungspotenzial:	Sozialpotenzial:
....	....	....	....

Fördermaßnahmen
....

Veränderungsprognose/Einsatzalternativen	
Folgende Aufgaben/Positionen/Entwicklungsschritte sind denkbar:	
Aufgabe/Position:	Zeitpunkt
1	....
2	....
3	....

Kommentar, Bemerkungen			
....			
Erstellt am:	....	*Besprochen am:*	....
Unterschriften:	ppa. *Krause*	i. V. *Hurtig*	i. A. *Kantig*

08. Informationsquellen der Personalbedarfsplanung

Checkliste: Informationsquellen zur Personalbedarfsplanung		
I. **Stellendaten**	*ja/nein*	*Kommentar*
• Organigramme • Stellenpläne • Stellenbeschreibungen • Anforderungsprofile		
II. **Mitarbeiterdaten**		

• Eignungsprofile
• Leistungsbeurteilungen
• Potenzialbeurteilungen
• Stellenbesetzungspläne
• Personalakten
• Personalstatistiken
  - Belegschaftsstruktur (Alter, Geschlecht, Qualifikation ...)
  - Fehlzeiten, Fluktuation usw.		

Checkliste: Informationsquellen zur Personalbedarfsplanung		
III. Sonstige Rahmenbedingungen (intern, extern)	*ja/nein*	*Kommentar*

• EDV-/Informationssysteme
• Eckdaten der Unternehmensplanung
  - Strategische Pläne
  - Operative Pläne usw.
• Marktprognosen
  - Beschaffungsmarkt
  - Absatzmarkt
  - Arbeitsmarkt
  - Bildungsmarkt
• Gesetzliche Eckdaten
• Altersentwicklung der Gesellschaft
• Regionale Tendenzen
• Arbeitszeitsysteme		

09. Stellenbeschreibung (Arbeitsplatzbeschreibung)

a) Die Stellenbeschreibung enthält die *Hauptaufgaben der Stelle*, die Eingliederung in das Unternehmen und i. d. R. die Befugnisse der Stelle. In der Praxis hat sich keine eindeutige Festlegung der inhaltlichen Punkte einer Stellenbeschreibung herausgebildet.

• Meist wird in der Praxis zusätzlich zur Beschreibung der Stelle das *Anforderungsprofil* des Stelleninhabers mit aufgenommen. Die nachfolgende Tabelle zeigt den (typischen) Inhalt einer Stellenbeschreibung inklusive des Anforderungsprofils:

Stellenbeschreibung
I. Beschreibung der Aufgaben:

1. Stellenbezeichnung
2. Unterstellung
   An wen berichtet der Stelleninhaber?
3. Überstellung
   Welche Personalverantwortung hat der Stelleninhaber?
4. Stellvertretung
   - Wer vertritt den Stelleninhaber? (passive Stellvertretung)
   - Wen muss der Stelleninhaber vertreten? (aktive Stellvertretung)
5. Ziel der Stelle
6. Hauptaufgaben und Kompetenzen
7. Einzelaufträge
8. Besondere Befugnisse

Stellenbeschreibung	
II.	**Anforderungsprofil:**
	Fachliche Anforderungen: - Ausbildung - Berufspraxis - Weiterbildung - Besondere Kenntnisse … **Persönliche Anforderungen:** - Kommunikationsfähigkeit - Führungsfähigkeit - Analysefähigkeit …

Wichtig ist, dass die Stellenbeschreibung *sachbezogen, also vom Stelleninhaber unabhängig ist,* und darauf geachtet wird, dass sie wirklich nur die „wichtigsten Zuständigkeiten" nennt (Problem: Pflegeaufwand, Aktualisierung).

b) Stellenbeschreibungen werden als Instrument der Organisation sowie als personalpolitisches Instrument für vielfältige Zwecke eingesetzt, z. B.:

- Kompetenzabgrenzung,
- Personalauswahl,
- Personalentwicklung,
- Organisationsentwicklung,
- Stellenbewertung,
- Lohnpolitik/Gehaltsfindung,
- Mitarbeiterbeurteilung,
- Feststellung des Leitenden-Status,
- interne und externe Stellenausschreibung.

c) Unterschied zur Funktionsbeschreibung:
Bei einer Funktionsbeschreibung werden nicht alle (einzelnen) Arbeitsplätze eines Verantwortungsbereichs erfasst sondern nur die vorhandenen Funktionen/Tätigkeiten als Ganzes.

Beispiele: Montagefacharbeiter, Prüfer, Mechaniker, Elektriker, Lagerarbeiter usw.

10. Qualitative Personalbedarfsermittlung

Aus der Anforderungsanalyse ergibt sich z. B. folgender *qualitativer Personalbedarf:* Man nennt eine derartige Auflistung auch *„Qualifikationsmatrix":*

Ermittlung des qualitativen Personalbedarfs					
	Lehrberuf aus dem Bereich …				
Montagegruppe	angelernt	Elektrotechnik	Mechanik	Hydraulik	Summe
Montage 1	2	2	–	1	**5**
Montage 2	1	–	2	–	**3**
Montage 3	–	3	–	3	**6**
Summe	**3**	**5**	**2**	**4**	**14**

Das Beispiel zeigt eine einfache, pragmatische Ermittlung des qualitativen Personalbedarfs: Es wird (lediglich) differenziert in gelernte und angelernte Tätigkeiten; die gelernten Tätigkeiten werden grob nach Ausbildungsberufen differenziert, indem man auf den Kern eines Berufsbildes abstellt. Selbstverständlich hätte man auch nach „anerkannten Ausbildungsberufen" differenzieren können (z. B. Mechatroniker usw.).

11. Arten des Personalbedarfs

Hinsichtlich der Entstehungsursache unterscheidet man folgende Personalbedarfsarten:

- *Ersatzbedarf*   = Bedarf aufgrund ausscheidender Mitarbeiter

- *Neubedarf*   = Bedarf aufgrund neu geplanter/genehmigter Stellen (→ Kapazitätserweiterung)

- *Mehrbedarf*   = Bedarf aufgrund gesetzlicher Veränderungen bei gleicher Kapazität (→ Verkürzung der Arbeitszeit; Fachkraft für Umweltschutz)

- *Reservebedarf* = Bedarf aufgrund von Ausfällen und Abwesenheiten (Urlaub, Erkrankung usw.)

- *Nachholbedarf* = Bedarf aufgrund noch offener Planstellen der zurückliegenden Planungsperiode

12. Personalplanung (vermischte Aufgaben)

a) *Qualifikation* ist das *individuelle Arbeitsvermögen* eines Mitarbeiters zu einem bestimmten Zeitpunkt; es wird i. d. R. durch folgende Merkmale erfasst:

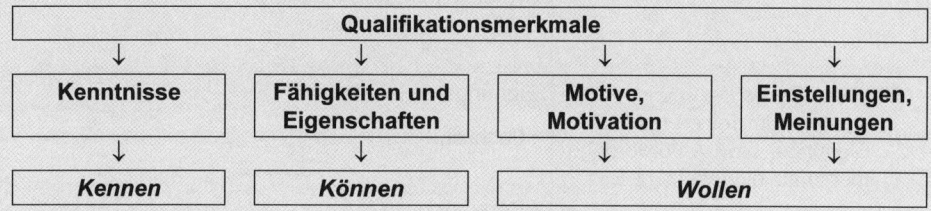

b) *Fähigkeiten*
sind eine Teilmenge der Mitarbeiterqualifikation. Man unterscheidet z. B. geistige und körperliche Fähigkeiten.

c) *Eignung*
ist die Summe *derjenigen* Qualifikationsmerkmale, die einen Mitarbeiter dazu befähigen, eine bestimmte Tätigkeit erfolgreich ausüben zu können. Der Begriff Eignung ist also immer in Relation zu den Anforderungen eines Arbeitsplatzes (→ Arbeitsplatzbewertung) zu sehen. *Der Begriff der Eignung ist also mit dem der Qualifikation nicht gleich zu setzen.*

Ein Mitarbeiter ist in dem Maße geeignet, wie seine für den Arbeitsplatz relevanten Qualifikationsmerkmale mit den Anforderungsmerkmalen (→ Arbeits(platz)bewertung) übereinstimmen. Die Eignung eines Mitarbeiters ist nicht statisch, sondern verändert sich:
- Verbesserung durch Übung, Erfahrung, Weiterbildung;
- Verschlechterung aufgrund mangelnder Praxis;
- nachlassende Eignung aufgrund gesundheitlicher Veränderungen.

d) Weder in der Literatur noch in der Praxis gibt es einen Konsens darüber, mithilfe welcher Merkmale Eignungs- bzw. Anforderungsprofile zu erfassen sind:

Einen Ansatzpunkt bieten die *Anforderungsarten der Arbeitsbewertung*; daneben gibt es einfache Merkmalsstrukturen, die in der betrieblichen Praxis eingesetzt werden:

Anforderungsarten		
↓	↓	↓
nach **Genfer Schema**	nach **REFA**	in der **Praxis**

1. Anforderungsarten nach dem *Genfer Schema*:

1. Geistige Anforderungen	→ 1. Können
	→ 2. Belastung
2. Körperliche Anforderungen	→ 3. Können
	→ 4. Belastung
3. Verantwortung	→ 5. Belastung
4. Arbeitsbedingungen	→ 6. Belastung

2. Anforderungsarten nach *REFA:*

1. Kenntnisse
2. Geschicklichkeit
3. Verantwortung
4. geistige Belastung
5. muskelmäßige Belastung
6. Umgebungseinflüsse

3. In der *Praxis* werden zum Teil (vereinfachte) Eignungs- bzw. Anforderungsmerkmale eingesetzt, z. B.:

Eignungsmerkmale:

• Fachlich: _____
                     _____

• Persönlich: _____
                     _____

oder

Eignungsmerkmale:

• Geistige: _____
                     _____

• Körperliche: _____
                     _____

• Persönliche: _____
                     _____

Mitunter wird in der Praxis bei den Anforderungsmerkmalen noch zwischen *Muss-und Kann-Merkmalen* (notwendig/wünschenswert) unterschieden; dies zeigt z. B. der folgende Ausschnitt aus einem Anforderungsprofil:

Fachliche Merkmale	notwendig	wünschenswert
• Branchenkenntnisse		x
• Englischkenntnisse	x	
• AEVO-Prüfung	x	
• Schweißerpass	x	
usw.	x	

13. Personalplanung bei schwieriger Auftragslage (Personalmarketing)

Hinweis: Es gibt zu dieser Aufgabe keine eindeutige Lösung. Der Teilnehmer soll zeigen, dass er die Kernprobleme der Ausgangslage erkennt, angemessene Ziele der Personalplanung und des Personalmarketings formulieren kann und dabei zwischen operativer und strategischer Zielsetzung richtig differenziert.

Lösungsvorschlag:

Kernprobleme der Ausgangslage:	Operative Ziele:	Strategische Ziele:
Unterschiedliche Beschäftigungslage Nord/Osten und Süd	**Verbesserung der Mobilität der Mitarbeiter:** → Ausbau des internen Arbeitsmarktes zwischen Osten/Norden und Süden; Anreize für zeitlich befristeten, überregionalen Einsatz der Mitarbeiter	**Langfristiges Personalentwicklungskonzept:** → Gewinnung, Förderung und Bindung von Spezialisten; Förderung der Weiterbildung unter Berücksichtigung der Mitarbeiterbelange/-interessen; ggf. Aufbau einer eigenen Weiterbildungsorganisation
Konjunkturbedingte Schwankungen der Auftragslage	**Ausbau und Transparenz des internen Arbeitsmarktes:** → Intranet, offene Stellen, Konditionen, Zusatzleistungen; Datenaustausch zwischen den Niederlassungen	**Bindungswirksamer Vertrags-Mix:** → insbesondere für Spezialistenfunktionen (Gehalt, Zusatzleistungen, Perspektiven)
Fehlendes Fachpersonal (Ingenieure/IT-Spezialisten)	**Verbesserung der Attraktivität des Unternehmens am externen Arbeitsmarkt:** → Erscheinungsbild, Image, Vertragsbedingungen, Bewerber- und Kontaktpflege, Rekrutierung bei Bildungseinrichtungen, Internetauftritt	**Verbesserung der Bindungswirkung:** → Imageverbesserung, Corporate Identity, Vertrags-Mix (vgl. oben), kooperativer Führungsstil (Freiräume), Unternehmenskultur
Abwerbung/Fluktuation bei Spezialistenpositionen	**Intensivierung der Kontakte mit der Bundesagentur für Arbeit sowie Einrichtungen der EU:** → Trends, Fördermittel (Empfänger, Höhe, Zeitpunkt), gesetzliche Vorhaben im Euroraum	**Forschungs- und Planungs-Mix:** → Analyse der Auftragsentwicklung der Vergangenheit und Entwicklung von Indikatoren zur Absicherung der Personalplanung; Flexibilisierung der Planung (Ersatzplanung, Notfallplanung)

Hinweis: Operative und strategische Ziele müssen innerhalb der Planung vernetzt werden. Die Gegensteuerung auf die vorliegenden Kernprobleme der Ausgangslage muss als integrierte Gesamtlösung entwickelt werden (keine isolierten Einzelaktivitäten).

14. Personalkostenplanung

• Aspekt „Planungsaufwand": Die Planung auf Fortschreibungsbasis ist i. d. R. mit weniger Aufwand verbunden, da im Wesentlichen nur die personellen Veränderungen quantifiziert werden müssen.

• Aspekt „Planungsgenauigkeit": Die Planung auf Fortschreibungsbasis ist analytisch ungenauer als beim Nullbasis-Ansatz; es bestehen Risiken der Fortschreibung von Planungsfehlern.

15. Nettopersonalbedarf

Man verwendet folgendes Berechnungsschema:

Ermittlung des Nettopersonalbedarfs			
Lfd. Nr.		Berechnungsgrößen	Beispiel
1		Stellenbestand	28
2	+	Stellenzugänge (geplant)	2
3	–	Stellenabgänge (geplant)	-5
4	=	**Bruttopersonalbedarf**	25
5		Personalbestand	27
6	+	Personalzugänge (sicher)	4
7	–	Personalabgänge (sicher)	-2
8	–	Personalabgänge (geschätzt)	-1
9	=	**Fortgeschriebener Personalbestand**	28
10	⇒	**Nettopersonalbedarf** (Zeile 4 – 9)	-3

Im dargestellten Beispiel ist ein Personalabbau von drei Mitarbeitern in der Montage („Vollzeitköpfe") erforderlich. Das Unternehmen könnte diesen nachhaltig notwendigen Personalabbau z. B. folgendermaßen umsetzen:

- Versetzung in andere Abteilungen
- Aufhebungsverträge
- betriebsbedingte Kündigungen
- Einrichten von Teilzeitstellen in der Montage
- Anreiz zur Eigenkündigung

16. Bruttopersonalbedarf (Kennzahl, globales Verfahren)

$$x = \frac{67{,}32 \text{ Mio } €}{120.000 \text{ €/Mitarbeiter}}$$

$$x = 561 \text{ Mitarbeiter}$$

Es ergibt sich ein Bruttopersonalbedarf von 561 Stellen bzw. ein Mehrbedarf von 51 Stellen. Mit anderen Worten: Unterstellt man derart stabile Zahlenrelationen entwickeln sich rein rechnerisch Bezugsgröße (hier: Umsatz) und Personalbedarf proportional zueinander, d. h. wenn der Umsatz um 10 % ansteigt, so ist beim Personalbedarf ebenfalls eine Zunahme von 10 % anzunehmen.

17. Bruttopersonalbedarf

a) Nach der REFA-Methode ergibt sich:

$$\text{Personalbedarf} = \frac{t_r + (m \cdot t_e)}{Z \cdot L_t}$$

$$\text{Personalbedarf} = \frac{42 \text{ Std.} + (2.900 \text{ Stk.} \cdot 1{,}31 \text{ Std.})}{167 \text{ Std.} \cdot 1{,}15}$$

$$\text{Personalbedarf} = 20 \text{ Mitarbeiter (Vollzeitbasis)}$$

b) Berücksichtigt man eine *Fehlzeitenquote* in Höhe von 10 %, so ergibt sich folgender *Reservebedarf*:

20 Mitarbeiter · 167 Std.	=	3.340 Std. (Regelarbeitszeit gesamt)
10 % von 3.340	=	334 Stunden
→ 334 Std. : 167	=	2 Vollzeitmitarbeiter

In Worten: Der Bruttopersonalbedarf (= Einsatzbedarf + Reservebedarf) liegt unter Berücksichtigung der Fehlzeitenquote bei diesem Auftrag bei 22 Vollzeitmitarbeitern.

c)

Ist-Arbeitszeit/Woche	=	$7{,}5\,h \cdot 5 - 1{,}5\,h \cdot 5$
	=	$30\,h$
$t_e = t_g + t_v$	=	$5\,min + 0{,}5\,min$
	=	$5{,}5\,min$
$T = t_r + t_e \cdot m$	=	$200\,min + (5{,}5\,min \cdot 1.000) = 5.700\,min$
	=	$95\,h$

$$\text{Kapazitätsbedarf} \quad = \quad \frac{\text{Auftragszeit (h)}}{\text{Ist-Kapazität (h)}} \quad = \quad \frac{95\,\text{h}}{30\,\text{h} \cdot 1{,}25}$$

$$= \quad 2{,}53 \text{ Mitarbeiter/Woche}$$

18. Methoden der Personalbedarfsermittlung, Personalbeschaffung

a) 1. *Schätzverfahren* sind relativ ungenau, trotzdem – gerade in Klein- und Mittelbe-
trieben – sehr verbreitet. Die Ermittlung des Personalbedarfs erfolgt aufgrund
subjektiver Einschätzung einzelner Personen (Experten und/oder die kostenstellenverantwortlichen Führungskräfte). Die Antworten werden einer Plausibilitäts-
prüfung unterworfen.

   2. *Die Kennzahlenmethode* kann sowohl als globales Verfahren sowie als differen-
ziertes Verfahren durchgeführt werden. Bei der Kennzahlenmethode versucht
man, Datenrelationen, die sich in der Vergangenheit als relativ stabil erwiesen
haben, zur Prognose zu nutzen.
Beispiel: geplanter Umsatz : Planleistung pro Mitarbeiter

   3. *Verfahren der Personalbemessung*: Hier wird auf Erfahrungswerte oder arbeitswissenschaftliche Ergebnisse zurückgegriffen. Zu ermitteln ist die Arbeitsmenge, die dann mit dem Zeitbedarf pro Mengeneinheit multipliziert wird („Zähler").
Sie wird der Ist-Arbeitszeit pro Mitarbeiter gegenübergestellt („Nenner").

$$\frac{\text{Arbeitsmenge} \cdot \text{Zeitbedarf/Einheit}}{\text{Arbeitszeit pro Mitarbeiter}}$$

b) *Interne Suchwege:*
- Versetzung
- interne Stellenausschreibung (Personalentwicklung)
- Übernahme von Auszubildenden

  Externe Suchwege (effektiv, geringe Kosten):
- Empfehlung von Firmenangehörigen
- Arbeitsagentur
- Internet
- Weiterbildungseinrichtungen

c) Argumente für eine interne Personalbeschaffung, z. B.:
- zügige Stellenbesetzung
- geringere Einarbeitungszeit
- geringeres Auswahlrisiko
- kaum Kosten der Personalauswahl
- Motivation und Förderung der Mitarbeiter
- kein arbeitsrechtliches Risiko
- Gehalt ist passend zum Entgeltniveau

Argumente gegen eine interne Personalbeschaffung, z. B.:

- „Aufreißen von Lücken" (Personalbedarf wird verlagert)
- „Betriebsblindheit"
- Frustration bei abgewiesenen Bewerbern
- Abschottung nach außen (kein „frisches Blut")
- Negativimage am externen Arbeitsmarkt
- geringere Auswahlmöglichkeiten
- ggf. relativ hohe Fortbildungskosten
- Kollege wird zum Chef (Gefahr der „Verkumpelung")

19. Ermittlung des Bruttopersonalbedarfs

a) 5,0 Mio € · 1,2   = 6,0 Mio € (geplanter Umsatz)

$$\frac{5,0 - 20\ \text{MA}}{6,0 - \quad x\ \text{MA}}$$

$\Rightarrow$ x   = 24 Mitarbeiter

Für den im kommenden Jahr geplanten Umsatzzuwachs von 20 % werden zusätzlich vier neue Mitarbeiter benötigt.

b) 1. 35 Std.   · 4 Wo   = 140 Std. Regelarbeitszeit
   800 Std.   : 140 Std./MA = 5,7143 Mitarbeiter
   71,43 % von 140 Std.   = ca. 100 Std. pro Monat

   Die Niederlassung benötigt 5 Vollzeitkräfte und 1 Teilzeitkraft mit ca. 100 Stunden pro Monat bei Einhaltung der Regelarbeitszeit.

   2. 8 Std.   · 5 Tg. · 4 Wo   = 160 Std. Istarbeitszeit
   800 Std.   : 160 Std./MA = 5 Mitarbeiter

c) 118,72 Mio € : 200.000 €/Mitarbeiter = 594 Stellen.

Der Zielumsatz ergibt einen Bruttopersonalbedarf von 594 Stellen.

20. Planung der Personalveränderung

	Gruppe			
	Lohn und Gehalt	A + F	Sozialwesen/ Statistik	EDV- Koordination
Stellenbestand	6	2	2	0
Stellenzugang	1	0	0	1
Stellenabgang	0	0	–1	0
Bruttopersonalbedarf	7	2	1	1
Mitarbeiterbestand	6	2	2	0
Mitarbeiterzugang	1	0	0	0
Mitarbeiterabgang	–2	–1	0	0

	Gruppe			
	Lohn und Gehalt	A + F	Sozialwesen/ Statistik	EDV-Koordination
Fortgeschriebener Personalbestand	5	1	2	0
Nettopersonalbedarf	2	1	–1	1
Beschaffungsbedarf:	2	1		1
Freisetzungsbedarf:			1	
Vorschlag zur Beschaffung/Abbau	1 = Übernahme Azubi 1 = Versetzung von So./ Statistik	extern	Versetzung nach Lohn/ Gehalt	extern

21. Abgangs-/Zugangstabelle

	Ermittlung des Personalbestandes			
Abteilung		Mitarbeitergruppe		
		Veränderungen		
		Stichtag 30.06.20..	Berichts-periode 01.07.-31.12.20..	Planungs-periode 01.01.-31.12.20..	gesamt Σ
1	Personalbestand per ...				
	– Abgänge				
2	Pensionierung				
3	Invalidität				
4	Kündigungen				
5	Bundeswehr, Zivildienst				
6	Versetzungen				
7	Tod				
8	Fortbildung, längerfristig				
9	Befristete Verträge				
10	Mutterschutz				
11	Sonstige				
12	Σ Abgänge (2 bis 11)				
	+ Zugänge (geplant, feststehend)				
13	Rückkehr Bundeswehr				
14	Rückkehr Zivildienst				
15	Rückkehr Fortbildung				
16	Rückkehr Mutterschutz				
17	Versetzungen				
18	Versetzung in die Abteilung				
19	Übernahme von Azubis				

20	Einstellungen				
21	Sonstige				
22	**∑ Zugänge (13 bis 21)**				
23	**fortgeschriebener Personalbestand (1 -12 + 22)**				

22. Laufbahnplanung

a) Standard-Laufbahnplan in der Konstruktion (Beispiel):

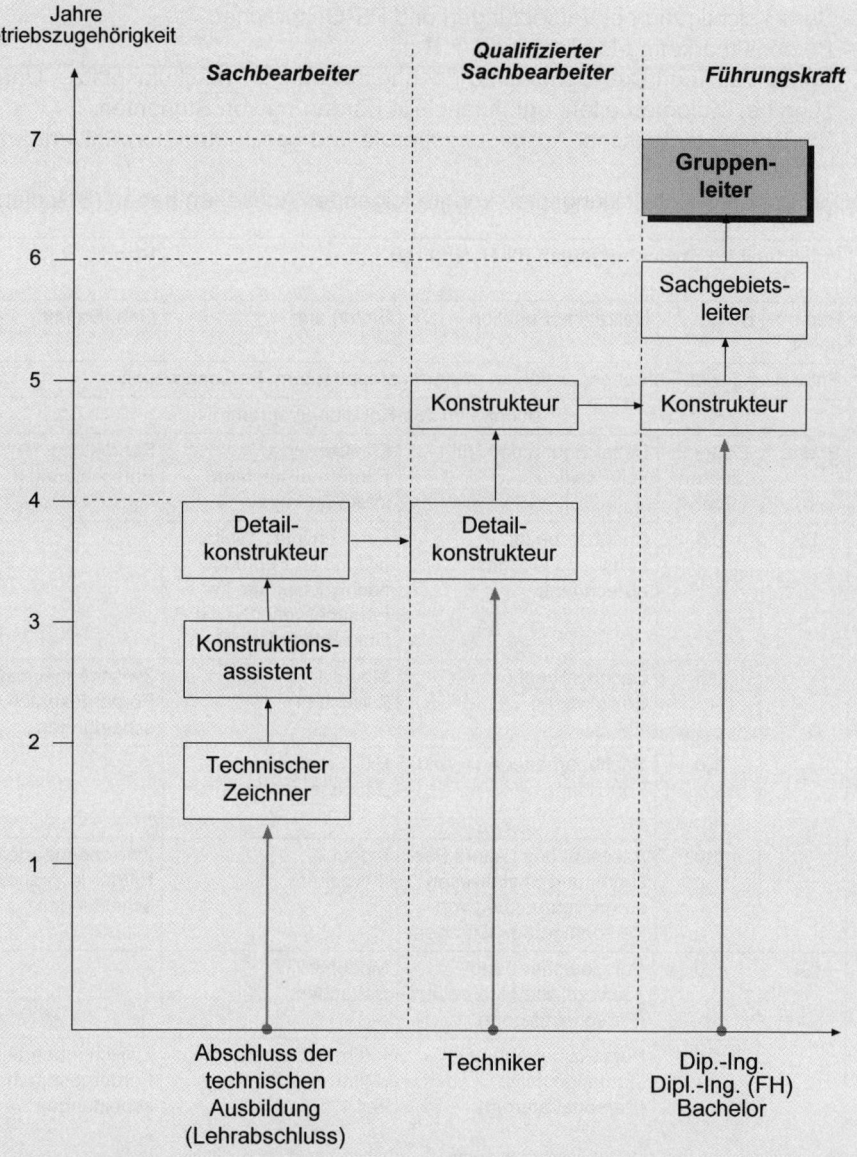

b) • Chancen:
  - Verbesserung und Transparenz über „interne Karriere"
  - Sicherung und Motivation des Nachwuchses

• Risiken:
  - Enttäuschung seitens der Mitarbeiter bei nichterfüllten Erwartungen
  - ggf. fehlende Flexibilität für Quereinsteiger

c) Flankierende Maßnahmen, die zur Einführung der Standard-Laufbahnplanung erforderlich sind, z. B.:

  - Veröffentlichung und Transparenz im Unternehmen
  - Berücksichtigung bei Versetzungen und PE-Gesprächen
  - Personalmarketing-Maßnahmen, z. B.:
    Kontakt zu Techniker-Schulen/zu Fachhochschulen, Praktikumsplätze, Unterstützung bei Diplomarbeiten, ggf. finanzielle Förderung von Studenten
  - Einrichtung technischer Ausbildungsberufe und geeigneter Auswahlverfahren

d) Der Standard-Entwicklungsplan könnte folgendes Aussehen haben (Beispiel):

Individueller Entwicklungsplan für Herrn/Frau				Stand: ....
Perso-nal-Nr.:	Beruf:	Derzeitige Funktion	Eintritt am:	Geb.-Datum:
Entwicklungsziel: Führungsposition im mittleren Management, Personalwesen				
Positionen im Job-Rotation-Programm				
Ebene	Dauer in Jahren (ca.)	Bezeichnung der Tätig-keit/Position	Flankierende Fördermaßnahmen, intern und extern	Beurteilung, Entscheidung
SB ↓	0,5	Sachbearbeiter Lohn- und Gehalts-abrechnung	Ext. Seminar: „Weiter-bildung für Führungs-nachwuchskräfte im Personalwesen", DGFP, Düsseldorf Modul 1–3	
	0,5	Sachbearbeiter Sozialwesen	Modul 1: 2 Wochen	Zwischenbeurteilung, Fördergespräch, Ent-scheidungen
	1,0	Sachbearbeiter Aus- und Fortbildung	Ext. Seminar: „Managementtechniken"	
	1,0	Assistent des Leiters Per-sonal- und Sozialwesen sowie Bearbeitung von Personalgrundsatzfragen	Modul 2: 2 Wochen	Zwischenbeurteilung, Fördergespräch, Ent-scheidungen
GL ↓	1,0	Personalbetreuung „Gewerbliche Mitarbeiter" (Personalreferent)	Modul 3: 3 Wochen	
	1,0	Personalbetreuung „Tarifangestellte" (Personalreferent)	Internes Seminar: „Mitarbeiterführung, Teil 1"	Zwischenbeurteilung, Fördergespräch, Ent-scheidungen

AL	1,0	Kommissarische Leitung eines eigenen Personalbereichs	Teilnahme an der Abt.-Leiter-Konferenz, monatlich	Zwischenbeurteilung, Fördergespräch, Entscheidungen
	Σ= ca. 6 J.		Internes Seminar: „Mitarbeiterführung, Teil 2"	
Zielposition		Übernahme einer Leitungsfunktion in der Linie z. B. Holding: Abteilungsleiter, Personalbereich … z. B. Tochtergesellschaft: Personalleiter	Teilnahme am Erfahrungsaustausch der Leitenden	
Legende:		SB = Sachbearbeiter GL = Gruppenleiter AL = Abteilungsleiter		

e) *Standardlaufbahn-Modell* für ein Warenhaus mittlerer Größe (Beispiel):

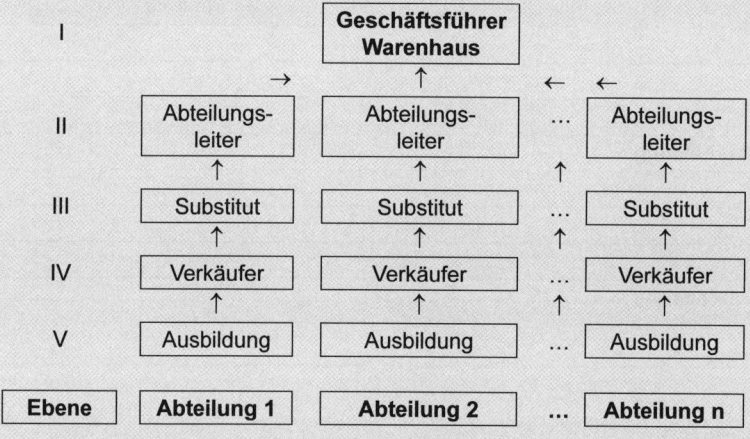

23. Nachfolgepläne, Musterbogen zur Nachfolgeplanung

Nachfolgepläne sind gedanklich vorweggenommene Überlegungen zur Besetzung von Positionen – bezogen auf feste Termine – bei sich relativ deutlich abzeichnenden Vakanzen. Als Grundregel gilt: Je knapper der Planungshorizont ist, desto konkreter sollten die Nachfolgeüberlegungen gestaltet und mit den Beteiligten schrittweise besprochen werden.

Nachfolgeplanung der Firma …………	Stand: ……………
hier: Austritte wegen Erreichen der Altersgrenze 65	Persönlich, vertraulich !
Geschäftsbereich …………………………………………………	1
Stellenbezeichnung …………………………………	Leiter Programmierung

Kurzzeichen der Stelle	PRO
Leitungsebene	3
Kostenstellen-Nr.	74883
1. Stelleninhaber	
Name, Vorname	Mustermann, Franz
Alter in Jahren	58,5
Betriebszugehörigkeit in Jahren	12,3
Anzahl der Jahre bis zum Austritt	6
Kommentar zur Personalveränderung	

2. Nachfolger	**Name, Vorname**	**Kommentar, Beurteilung**
Nachfolger 1		
Nachfolger 2		
Nachfolger 3		
3. Besetzungsentscheidung		
Name, Vorname		
Termin		
Gehalt		
Kommentar zur Entscheidung		

24. Nachfolgeplanung

a)

Nachfolgeplan: BL/Morgan	Monate											
Positionen	01	02	03	04	05	06	07	08	09	10	11	12
• Meisterbereich Montage						*Herr Schöner*	*Herr Morgan*		*Herr Ruhs*			
• Vorarbeiter						*Herr Ruhs*	*Herr Dick*					
• Montage 1						*Herr Dick*		*Leiharbeiter*		*Herr Schnell*		
• Werkstatt		*Frau Klamm*	*extern: befristete Einstellung*									
• Elektrik 1			*N. N.*	*Herr Rohr*								

b)

Personelle Maßnahme	Beteiligungsrechte des Betriebsrates	§§ BetrVG
- Personalplanung (allgemein)	Information, Beratung	§ 92
- Versetzung	Zustimmung	§ 99
- Neueinstellung	Zustimmung	§ 99
- Eingruppierung, Umgruppierung	Zustimmung	§ 99
- Internes Trainingsprogramm	Information, Beratung	§ 96
	ggf. Mitbestimmung nach	§ 98

25. Personalmehrbedarf, Personaleinsatzplanung

a) I. *Erforderliches Arbeitsvolumen (Öffnungszeiten):*

montags – freitags 9:00–20:00 Uhr

= 11 Std. · 8 MA · 5 Tage   = 440 Std.

samstags

= 5 Std. · 11 MA · 1 Tag   =   55 Std.

∑ Arbeitsvolumen   = 495 Std.
: 40 Std.   = 12,375   Vollzeitkräfte

II. *Arbeitskräftepotenzial (Arbeitszeiten):*

7 MA · 5 Tage · 8 Std.   = 280 Std.
4 MA · 5 Tage · 6 Std.   = 120 Std.
4 MA · 3 Tage · 4 Std.   =   48 Std.

∑ Arbeitskräftepotenzial, alt = 448 Std. : 40 Std.   = 11,20 Vollzeitkräfte

Daraus folgt:

(1) Personalbedarf, netto = Summe Arbeitsvolumen

(2) Personalbedarf, netto = Personalbedarf, brutto ./. Fehlzeit
           $x - 0,12 \, x$ = 12,375
             x = 14,0625 = Personalneubedarf, brutto

Daraus folgt:

    14,0625
–   11,2000
———————————————
=   2,8625 = Personalmehrbedarf, brutto = rd. 3 Mitarbeiter

Probe:

    11,2000   Personalbestand, alt
+   2,8625   Mehrbedarf
———————————————
= 14,0625
–   1,6875   12 % Fehlzeit
———————————————
= 12,3750   Summe Arbeitsvolumen = Personalbedarf, netto

b) Besonderheiten, die zu berücksichtigen sind, z. B.:

- unregelmäßiger Arbeitsanfall aufgrund der Verbrauchergewohnheiten
  (z. B. vor Feiertagen, Urlaubszeit)
- höhere Fluktuation als in Industriebetrieben
- höhere Fehlzeitenrate als im Angestelltenbereich von Industriebetrieben
- bestimmte Arbeitsplätze müssen ständig – auch bei geringer Kundenfrequenz –
  besetzt sein (z. B. Fleischtheke)
- Abkopplung der individuellen Arbeitszeiten von den Öffnungszeiten
- saisonale Schwankungen in bestimmten Branchen (z. B. Unterhaltungselektronik,
  Weihnachtsgeschäft).

26. Personalanpassungsplanung

a)

Ergebnis der quantitativen Planung	Ergebnis der qualitativen Planung		
	Bestand < Bedarf	Bestand = Bedarf	Bestand > Bedarf
Bestand < Bedarf	Beschaffung, Entwicklung	Beschaffung	Beschaffung, Entwicklung
Bestand = Bedarf	Entwicklung	ggf. Entwicklung im Sinne von Erhaltungsfortbildung	ggf. qualitativer Austausch (Abbau und Beschaffung)
Bestand > Bedarf	Abbau und Beschaffung i. V. m. Entwicklung	Abbau	Abbau

b) Beispiele für betriebliche Teilpläne, mit denen die Personalplanung eines Industriebetriebes besonders eng verknüpft sind, insbesondere:

- Fertigungspläne
- Finanzpläne
- Ergebnispläne
- Vertriebspläne

c) Die Personalplanung ist abhängig von der Entwicklung der folgenden externen Märkte:

- Beschaffungsmärkte (z. B. Rohstoffe)
- Absatzmärkte
- Kapitalmärkte
- Arbeitsmärkte

27. Personalbedarf für den Monat August

Die Auftragszeit$_{gesamt}$ T ergibt sich als Summe der Rüstzeiten t_{ri} plus den Ausführungszeiten je Stück t_{ei} multipliziert mit der entsprechenden Losgröße x_i:

$$T = \sum t_{ri} + \sum (t_{ei} \cdot x_i)$$

$$= 100\,min + 10.150\,min = 10.250\,min$$

Arbeitstabelle:

Auftrags-nummer	Rüstzeit t_{ri} (in min)	Ausführungs-zeit t_e (in min)	Losgröße x (in Stück)	$t_e \cdot x$ (in min)
4711	20	12	200	2.400
4712	15	10	300	3.000
4713	25	5	150	750
4714	10	8	250	2.000
4715	30	20	100	2.000
$\sum$	100			10.150

Für die Personalkapazität K_P in Minuten ergibt sich:

K_P = Arbeitszeit in Std./Tag · Anzahl der Arbeitstage/Monat · Planungsfaktor · 60 Minuten/Std.

= 8 Std./Tag · 20 Tg./Monat · 0,85 · 60 Min/Std.

= 8.160 Min/Mon.

Die ermittelten Werte werden in die Formel (Personalbemessung) eingesetzt:

$$\text{Personalbedarf (in Vollzeitkräften)} = \frac{\text{Rüstzeit} + \text{Arbeitsmenge} \cdot \text{Zeitbedarf pro Einheit}}{\text{übliche Arbeitszeit pro Mitarbeiter}}$$

= T (in min) : K_P (in min)

= 10.250 min : 8.160 min/Mon.

= 1,2561 Mitarbeiter (Vollzeitbasis)

Das heißt, es wird ein Mitarbeiter für den gesamten Monat für die in der Werkstatt vorliegenden Aufträge benötigt; der Überhang von 0,2561 Mitarbeiter (= 34,8 Std./Mon.) wird durch Mehrarbeit aufgefangen.

28. Personalbedarfsplanung, Kennzahlenmethode

Eckdaten	2011 Ist	2012 Plan	Hinweise zur Berechnung
Produktionsmenge in Einheiten	850.000	935.000	1)
ø Anzahl der gewerbl. Mitarbeiter in der Produktion	220	?	

Eckdaten	2011 Ist	2012 Plan	Hinweise zur Berechnung
Anzahl der Arbeitswochen	45	45	
Tarifliche Wochenarbeitszeit je Mitarbeiter in Std.	37,5	35	
Verfügbare Gesamtstd.zahl in der Produktion	371.250	–	
Erforderliche Gesamtstd.zahl in der Produktion	–	389.538	3)
Produktivität (Mengeneinheiten je Arbeitsstunde)	2,29	2,4	2)
Arbeitsstunden pro Mitarbeiter pro Jahr		1.575	4)
Personalbedarf (Anzahl der Mitarbeiter)		247	5)

Der Personalbedarf für die gewerblichen Mitarbeiter in der Produktion liegt für 2011 bei rund 247; es besteht also ein Zusatzbedarf von rund 27 Mitarbeitern („Vollzeitköpfe").

1) $850.000 \cdot 1{,}1$ = 935.000
2) $2{,}29 \cdot 1{,}05$ = 2,40
3) $935.000 : 2{,}4$ = 389.583
4) $35 \cdot 45$ = 1.575
5) $389.583 : 1.575$ = 247

4 Personalbeschaffung, -auswahl und Arbeitsvertrag

4.1 Beschaffungswege

01. Externe Beschaffungswege

- Personalanzeige:
  - in Printmedien
  - im Internet: über die firmeneigene Homepage, über kommerzielle/nicht kommerzielle Jobbörsen,
- Personalleasing,
- private Arbeitsvermittler,
- Personalberater,
- Anschlag am Werkstor,
- Auswertung von Stellengesuchen in Tageszeitungen,
- Auswertung unaufgeforderter („freier") Bewerbungen,
- Arbeitsagenturen,
- Messen,
- über Mitarbeiter (Bekannte, Freunde, Angehörige usw.),
- Kontaktpflege zu Schulen, Bildungseinrichtungen,
- Abwerbungsmaßnahmen (ggf. unzulässig mit der Folge von Schadensersatz und Unterlassung).

02. Interne versus externe Personalbeschaffung

Für die Entscheidung, ob der Bedarf intern oder extern gedeckt werden soll, gibt es keine allgemein gültige Regel. Maßgeblich dafür sind u. a. die Faktoren:

- Potenzial der Märkte (intern/extern; latent oder offen),
- Fragen der Zeit und der Verfügbarkeit,
- Dringlichkeit der Stellenbesetzung,
- interne und externe Gehaltsstrukturen,
- Standort des Unternehmens,
- Höhe der Beschaffungskosten,
- Erfahrungswerte und Erfolgsaussichten,
- Anforderungsprofil und Bedeutung der zu besetzenden Stelle.

Oftmals ist ein Mix von Methoden der internen und der externen Beschaffung besonders Erfolg versprechend. Die Unternehmen gehen heute stärker dazu über, dem innerbetrieblichen Weg der Personalbeschaffung den Vorzug zu geben. Eine Reihe von Betrieben haben diesen Grundsatz der „Besetzung aus den eigenen Reihen" in ihren Führungsgrundsätzen festgeschrieben. Es besteht im Allgemeinen die Überzeugung, dass bei der innerbetrieblichen Stellenbesetzung im Regelfall die Vorteile überwiegen.

03. Personalanzeige (1)

Zur Gestaltung des bewerberorientierten Anzeigenaufbaus wird in der Praxis die T vom Verkaufsmarketing übernommen:

- A = Attention   Aufmerksamkeit des Lesers erregen
- I = Interest   Interesse des Lesers festhalten
- D = Desire   Drang verstärken, sich über die Anzeige zu informieren
- A = Action   Aktion des Lesers herbeiführen (sich bewerben)

Der inhaltliche Aufbau einer Stellenanzeige folgt meist dem Grundschema:

- *Wir sind:* Werbende Information über das inserierende Unternehmen (Image!),
  z. B.:
  - Firmenname, Firmenzeichen
  - Standort des Unternehmens
  - Größe des Unternehmens
  - Mitarbeiterzahl
  - Führungsstil

- *Wir haben:* Aussagen über die freie Stelle, z. B.:
  - Bezeichnung der Stelle
  - Grund der Stellenvakanz
  - Aufgabenbereich
  - Verantwortung und Kompetenzen der ausgeschriebenen Position
  - Entwicklungsmöglichkeiten

- *Wir suchen:* Aussagen über erforderliche Voraussetzungen, z. B.:
  - Berufsbezeichnung
  - Anforderungen an den Bewerber, wie Alter, Eigenschaften und Ausbildung, Kenntnisse, Fähigkeiten, Berufserfahrung

- *Wir bieten:* Aussagen über Leistungen des inserierenden Unternehmens, z. B.:
  - Lohn- bzw. Gehaltshöhe
  - soziale Leistungen
  - Arbeitszeitregelungen

- *Wir bitten:* Angaben über Bewerbungsart und -technik, z. B.:
  - erwünschte Bewerbungsunterlagen
  - Eintrittstermin
  - Beachtung der Firmenanschrift

04. Personalanzeige (2)

a) Die Personalanzeige könnte folgendes Aussehen haben:

Entwicklung von Prozessleitsystemen

Wir sind ein modernes, expandierendes Unternehmen mit ca. 800 Mitarbeitern und fertigen Präzisionsteile als Zulieferer der Automobilindustrie. Wir erweitern unseren Betrieb. Daher suchen wir für die Steuerung von Fertigungsprozessen einen

Software-Ingenieur als Projektleiter (m/w).

Ihre erste Aufgabe wird der Aufbau und die Betreuung der Arbeitsgruppe „Steuerung von Fertigungsprozessen" sein. Sie werden in dieser Aufgabe Erfolg haben, wenn Sie – neben persönlicher Kompetenz – mehrjährige Erfahrung in der Softwareentwicklung mitbringen und bereits als Projektleiter gearbeitet haben.

Bitte nehmen Sie mit uns Kontakt auf – entweder schriftlich mit aussagefähigen Unterlagen – oder telefonisch mit Herrn Günter Horezky, Tel. 02111/12233

GFW-Systemteile GmbH,   *Firmen-*
Hegelstraße 99,   *Logo*
41999 Ebersbuch

---

b) *Anzeigenaspekte*:

- keine stereotypen Texte
- schlichte Sprache, klarer Satzbau
- kein „Befehlston" („Bewerbungen sind zu richten an …")
- ehrliche Aussagen über die Firma
- Strukturierung des Textes („Wir sind …, Wir wollen … usw.)
- im Allgemeinen: für Frauen und Männer ausschreiben
- passender Anzeigentermin
- passende Anzeigengröße
- klares Layout
- passender Anzeigenträger
usw.

Allgemein sind bei der Veröffentlichung einer Personalanzeige inhaltliche und technisch-organisatorische Aspekte relevant, z. B.:

Personalanzeige – relevante Aspekte

inhaltliche Aspekte	**technisch-organisatorische Aspekte**	
↓	↓	↓
- Textstruktur	- Anzeigengröße	- Anzeigentermin
- Textinhalt	- Anzeigenträger	- Anzeigenart
- Sprache	- Anzeigen-Layout	- Anzeigen- Platzierung
- Rechtschreibung		

05. Personalanzeige (3)

a) Beispiele zum Sachverhalt:
 - Ausschreibung erfolgte nicht für weibliche Bewerber (m/w)
 - Problematik der Chiffre-Anzeige (i. V. m. fehlendem Ansprechpartner)
 - geringe oder fehlende Information über
 • die Firma
 • die Stellenanforderungen
 • die exakten Aufgaben der Stellen
 • die Konditionen
 • die Gründe für die Vakanz

b) Beispiele:
 - überregionale Presse
 - Werbung im regionalen Rundfunk
 - Schwarzes Brett in Bildungseinrichtungen (z. B. IHK)

 - Anschlag am Werktor
 - Videotext
 - Fachzeitschriften
 - Internet/Job-Börsen/Homepage

06. Innerbetriebliche Stellenausschreibung

a) *Nach § 93 BetrVG „kann der Betriebsrat verlangen, dass Arbeitsplätze, die besetzt werden sollen, allgemein oder für bestimmte Arten von Tätigkeiten vor ihrer Beset-zung innerhalb des Betriebes ausgeschrieben werden"* (in Betrieben mit in der Regel mehr als 20 wahlberechtigten Arbeitnehmern). Es existiert also ein *Mitbestimmungs-recht* bei innerbetrieblichen Stellenausschreibungen. Diese Bestimmung gilt nicht für Positionen von leitenden Angestellten.

Nach § 99 Abs. 2 Ziffer 5 BetrVG kann der Betriebsrat die Zustimmung zur geplanten Einstellung verweigern, wenn *„eine nach § 93 BetrVG erforderliche Ausschreibung im Betrieb unterblieben ist".*

b) Eine generelle Festlegung über den Inhalt interner Stellenausschreibungen gibt es nicht – es sei denn, dass dieser Aspekt in einer Betriebsvereinbarung verbindlich geregelt ist. Im Allgemeinen wird man über folgende Einzelpunkte in einer innerbe-trieblichen Stellenausschreibung Aussagen machen:

- Nummerierung des „Stellentelegramms",
- Bezeichnung der ausgeschriebenen Stelle,
- Kurzbeschreibung der Einzelaufgaben,
- Anforderungen an den Bewerber,
- Abteilung/Bereich,
- Beschreibung der erforderlichen Unterlagen,
- ggf. Hinweis auf Formular „Innerbetriebliche Bewerbung",
- Gehalts-/Lohngruppe.

Die Eingruppierung (nicht die konkrete Lohnhöhe) muss immer genannt werden, da der Betriebsrat ein Mitbestimmungsrecht in Sachen Arbeitsbewertung und Eingruppierung hat – u.a nach § 87 (1) Nr. 10 BetrVG.

c)

Innerbetriebliche Stellenausschreibung   11.07.2011

Kenn-Nr.   Labor 003–11

Aufgabe   Entwicklung und Qualitätssicherung von Tinten für die Anwendungen Prozessschreiber, Druckköpfe, Plotter und Tintenstrahldrucker.

Kennwort   *Chemielaborant für das Tintenlabor (m/w)*

Einstufung   T 4/1

Anforderungen
- Ausbildung zum Chemielaboranten (m/w)
- Kenntnisse und Interesse u.a.: Messung und Auswertung von physikalischen Kennwerten wie Viskosität, Oberflächenspannung, elektrische Leitfähigkeit;
- vorteilhaft sind Kenntnisse der Farbstoffchemie;
- kreatives, flexibles Arbeiten;
- Englischkenntnisse sind erforderlich;
- Zuverlässigkeit, Einsatzfreude und Bereitschaft zur Einarbeitung in die bestehende Gruppe.

Bewerbungen richten Sie bitte an das Sekretariat der Geschäftsleitung, z. Hd. Frau Ohligs, bis zum 28.07.2011. Bitte verwenden Sie das Formular „Interne Bewerbung". Rückfragen bitte an Herrn Feldmann, Tel. 1554.

---

d) Nach § 95 Abs. 3 BetrVG ist eine Versetzung „... die Zuweisung eines anderen Arbeitsbereichs, die voraussichtlich die Dauer von *einem Monat* überschreitet *oder* die mit einer *erheblichen Änderung der Umstände* verbunden ist ...".

Beispiele zu „erhebliche Änderung der Umstände":
- geringerwertige Tätigkeit,
- Wegfall einer Funktionszulage,
- Verringerung der Verantwortung,
- Eingliederung in einen grundsätzlich anderen Arbeitsablauf.

07. Arbeitnehmerüberlassung/Personalleasing (1)

Beim Personalleasing stellt ein Zeitarbeitsunternehmen (Verleiher) dem Auftraggeber (Entleiher) Mitarbeiter gegen Entgelt als Arbeitskräfte für eine begrenzte Zeit zur Verfügung. Diese Mitarbeiter sind beim Leasingunternehmen fest angestellt; neben einigen Besonderheiten gelten für dieses Arbeitsverhältnis die im Arbeitsrecht gültigen Grundsätze. Der Arbeitsvertrag besteht zwischen den Mitarbeitern und dem Leasingunternehmen.

Arbeitsrechtlich wird unterschieden zwischen

- *dem echten Leiharbeitsverhältnis,* d. h. wenn der Verleiher den Arbeitnehmer nur vorübergehend – i. d. R. in diesen Fällen unentgeltlich – ausleiht; (z. B. bei Firmen, die untereinander in enger Geschäftsbeziehung stehen) und

- *dem unechten Leiharbeitsverhältnis,* d. h. wenn der Arbeitnehmer regelmäßig zum Zweck der Ausleihe eingestellt wurde und gewerbsmäßig an Dritte überlassen wird.

Dieses so genannte *unechte Leiharbeitsverhältnis* wird durch das Arbeitnehmerüberlassungsgesetz (AÜG; bitte lesen) geregelt. Besonderen Wert bei der Einführung dieses Gesetzes legte der Gesetzgeber auf den Schutz der Leiharbeitnehmer:

- Die Arbeitnehmerüberlassung bedarf der Genehmigung durch die Arbeitsverwaltung.
- Der Arbeitnehmerüberlassungsvertrag ist schriftlich zu schließen.
- Der Arbeitsvertrag ist nach den Bestimmungen des Nachweisgesetzes schriftlich zu schließen.
- Der Arbeitsvertrag zwischen dem Verleiher und dem Leiharbeitnehmer kann im Gegensatz zu früher auch befristet geschlossen werden (vgl. Teilzeitbefristungsgesetz; TzBfG).

Es existieren folgende Rechtsbeziehungen:

1. *Zwischen Leasinggeber und Arbeitnehmer:* → Arbeitsvertrag
   Der Leasinggeber führt die Sozialversicherungsbeiträge sowie die Lohnsteuer ab; erfolgt dies nicht, besteht für den Entleiher (in bestimmtem Umfang; vgl. § 42 EStG) Subsidiärhaftung. Im Rahmen der Ausgestaltung seines Direktionsrechts in Verbindung mit der Ausgestaltung des Arbeitsvertrages kann der Leasinggeber den Arbeitnehmer bei einem anderen Unternehmen einsetzen. Es gelten hinsichtlich des Arbeitsverhältnisses die Bestimmungen der einschlägigen Arbeitsgesetze (Arbeitspflicht/Lohnzahlungspflicht, z. B. Kündigungsschutz, Mutterschutz etc.). Vor der Übernahme in ein Leiharbeitsverhältnis ist der Betriebsrat des Entleihers nach § 99 BetrVG zu beteiligen (Zustimmung; § 14 Abs. 3 AÜG).

2. *Zwischen Leasinggeber und Leasingnehmer:* → Arbeitnehmerüberlassungsvertrag
Der Leasingnehmer zahlt an den Leasinggeber ein festes Honorar, i. d. R. auf Stundenbasis. Der Leasinggeber kalkuliert dieses Honorar auf der Basis von Verwaltungs-/Re-
giekosten, Lohnkosten und Lohnnebenkosten. Der Verleiher ist gegenüber dem
Entleiher verpflichtet, ihm zur vereinbarten Zeit, am vereinbarten Ort arbeitswillige
Kräfte, die über die geforderte Qualifikation verfügen bereitzustellen. Hinsichtlich
dieser Verpflichtung haftet er bei Verzug nach § 284 ff, 326 BGB.

3. *Zwischen Leasingnehmer und Arbeitnehmer:* → Nebenpflichten
Es bestehen weder ein Arbeitsverhältnis noch sonstige Vertragsbeziehungen; trotzdem erwachsen dem Leiharbeitnehmer gegenüber dem Entleiher gewisse Nebenpflichten (z. B. Verschwiegenheitspflicht, Wettbewerbsunterlassungspflicht; Lage der
Arbeitszeit sowie Betriebsordnung des Entleihers). Der Entleiher hat gegenüber dem
Leiharbeitnehmer das Weisungsrecht (im Rahmen des Arbeitnehmerüberlassungs-
vertrages); ihm obliegt die Fürsorgepflicht.

• *Vorteile der Arbeitnehmerüberlassung aus der Sicht des Entleihers:*
  - Überbrückung kurzfristiger Personalengpässe,
  - keine (oder nur geringe) Beschaffungs- und Verwaltungskosten,
  - kein arbeitsrechtliches Risiko (Kündigungsschutz, Lohnfortzahlung, Mutterschutz etc.),
  - das Risiko der „mangelnden" Qualifikation ist eingeschränkt; der Leiharbeitnehmer
    kann auf Wunsch des Entleihers ausgewechselt werden.

• *Nachteile aus der Sicht des Entleihers:*
  - Einarbeitungsaufwand in Relation zur Einsatzzeit verhältnismäßig hoch,
  - höhere Kosten als bei angestellten („eigenen") Mitarbeitern – vernachlässigt man
    die Ausfallzeiten,
  - i. d. R. geringere Motivation der Leiharbeitnehmer.

Aus der Praxis: Es kommt nicht selten vor, dass die Vertragsbeziehung zwischen Verleiher und Entleiher belastet wird, da mitunter der Entleiher einen Leiharbeitnehmer
„abwirbt", d. h. ihm im Verlauf der Einsatzzeit einen festen Arbeitsvertrag anbietet. Er
mindert so sein Auswahlrisiko, denn die Qualifikation des „neuen Mitarbeiters" hat er ja
unmittelbar während dessen Einsatzzeit als Leiharbeitnehmer überprüfen können. Für
die Zeitarbeitsfirmen ist es daher nicht immer leicht, einen Stamm qualifizierter Mitarbeiter zu bilden und zu halten.

08. Arbeitnehmerüberlassung/Personalleasing (2)

a) Rechtsbeziehungen bei der Arbeitnehmerüberlassung nach dem AÜG:

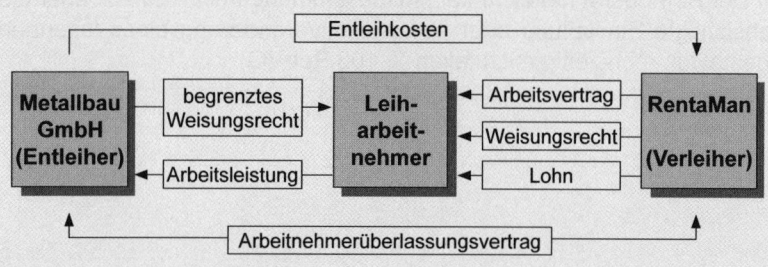

Alternativlösung: Beschreibung der Zusammenhänge in Worten.

b) Die Beschäftigung der beiden Leiharbeitnehmer ist zustimmungspflichtig nach § 99 Abs. 1 BetrVG bzw. § 14 Abs. 3 AÜG.

c) Die Entleihfrist ist nicht mehr begrenzt (vgl. Hartz I vom Jan. 2004, Erstes Gesetz für moderne Dienstleistungen am Arbeitsmarkt).

d) Mögliche Vor- und Nachteile der Arbeitnehmerüberlassung aus der Sicht des Entleihers:

Arbeitnehmerüberlassung	
Vorteile/Chancen, z. B.:	**Nachteile/Risiken**, z. B.:
- kurzfristige Überbrückung von Personalengpässen - unbürokratisch, geringe Beschaffungskosten, flexibel - ohne arbeitsrechtliche Risiken - bedarfsorientiert	- Risiko der unzureichenden Qualifikation bzw. der Motivation - fehlende Kenntnisse über Entleihfirma - höhere Kosten - Einarbeitungsaufwand

09. Personalbeschaffung, Beteiligungsrechte des Betriebsrats

a) *Arbeitsschritte bei der Bearbeitung interner Bewerbungen*, z. B.:
- [Aushang der Stelle]
- Erfassung der eingehenden Bewerbungen (Eingangsstempel, Liste o. Ä.)
- Zwischenbescheid an den Bewerber
- Sichtung und Auswertung aller Unterlagen
- Absagen bzw. Gespräche
- Auswertung der Gespräche
- Stellungnahme des „abgebenden" Vorgesetzten
- Entscheidungsfindung
- Einschaltung des Betriebsrates (Zustimmungserfordernis zur Versetzung)
- Entfernen des Aushangs
- (Durchführung der innerbetrieblichen Besetzung/Versetzung)

b) 1. *Nein!* Die Ausschreibung von Stellen für Leitende kann der Betriebsrat nicht verlangen. Die Stelle „Leiter Marketing" erfüllt die Funktion „Leitender" (Einstellung und Entlassung von Mitarbeitern); vgl. § 5 BetrVG.

2. *Ja!* Der Betriebsrat hat zwar kein Mitbestimmungsrecht, ihm ist aber die beabsichtigte Einstellung oder personelle Veränderung eines leitenden Angestellten rechtzeitig mitzuteilen (§ 105 BetrVG).

4.2 Personalauswahl

01. Handlungsschritte der Personalauswahl

Personalauswahl	
Handlungsschritte	**Auswahlinstrumente**
1. Vorauswahl anhand der Unterlagen, Bildung von „Bewerberklumpen" (Grobauswahl): - geeignet - bedingt geeignet („Reserve") - Absage (mit Rücksendung der Unterlagen)	Bewerbungsunterlagen: - Anschreiben - Arbeitszeugnisse - Zeugnisse der Aus-/Weiterbildung - Zertifikate
2. Zwischenbescheide, ggf. Absagen: - intern - extern	
3. Erstellen einer Qualifikationsmatrix: - relevante Merkmale lt. Stellenbeschreibung - Muss-, Soll-, Kannkriterien - Fach-, Sozial-, Methodenkompetenz	Checkliste, Entscheidungsmatrix
4. Entscheidung über „Einladung zum Gespräch": - Personalabteilung - Fachabteilung - gemeinsame Entscheidung	
5. Korrespondenz: Einladung zum Gespräch: - ggf. Informationsmaterial - Angabe der erstattungsfähigen Vorstellungskosten	
6. Organisation und Durchführung der Auswahlgespräche	

7 Ggf. Einsatz flankierender Auswahlinstrumente	- Arbeitsproben
	- Fallsituationen
	- Assessmentcenter
	- Testverfahren
	  · Intelligenzstrukturtest
	  · Fachwissen u. Ä.

8 Gemeinsame Entscheidung (Fach-/Personalabteilung) über die Besetzung der Stelle: - Berücksichtigung aller relevanten Beobachtungen - Bewertung quantitativer und qualitativer Daten	- Auswahlgespräch - Entscheidungsmatrix - ergänzende Ergebnisse

02. Interpretation von Arbeitszeugnissen

a) Im vorliegenden Fall ist davon auszugehen, dass die Formulierungen bewusst gewählt wurden (Großunternehmen; Personalabteilung). Bei Herrn Kernig liegt der

Schluss nahe, dass es sich um einen Mitarbeiter mit eher durchschnittlicher Leistung handelt, der weiß, wie man sich gut darstellt.

b) *Qualifiziertes Arbeitszeugnis, Analyse:*

1) *„Herr Effenberger hat die ihm übertragenen Aufgaben zu unserer Zufriedenheit erledigt."*
→ Die Beschreibung der Arbeitsleistung entspricht der Note „ausreichend".

2) *„Sein Verhalten zu Vorgesetzten war ohne Beanstandung."*
→ Es fehlt die Steigerung „war stets ohne Beanstandung", d. h. es gab Probleme. Außerdem fehlt der Hinweis auf die Zusammenarbeit mit Kollegen. Dies deutet auf Schwierigkeiten hin.

3) *„Das Arbeitsverhältnis endet mit dem heutigen Tag."*
→ Da der Hinweis „endet auf eigenen Wunsch" fehlt, ist anzunehmen, dass eine arbeitgeberseitige Kündigung vorliegt.

03. Analyse von Bewerbungsschreiben und Arbeitszeugnissen

a) *Bewerbungsschreiben:*

1	Hubertus Streblich
	- sprachliche Mängel: 4-mal „ich"; Rechtschreibfehler - Wechselmotiv fehlt - ungeeignete Formulierung, selbstgefällig: glaube ich, sind beigefügt

2	Gerd Grausam
	- Rechtschreibfehler - Sprachstil: erlaube ich mir, stelle ich mir vor - Wechselmotiv fehlt - unrealistische Annahme/unangemessene Eile: hören sollte, könnte ich noch

b) *Arbeitszeugnisse:*

1	Hubertus Streblich → negativ!
	- Unwichtiges wird hervorgehoben: hilfsbereit, höflich - Führung: es fehlt die Steigerung „war <u>stets</u> einwandfrei" - nach dem Zeugniscode ist eine „zufriedenstellende Leistung" (nur) <u>ausreichend</u> - Schlussformel (Wir wünschen …) fehlt

2	Gerd Grausam → negativ!
	- Tätigkeit dauerte objektiv nur fünf Wochen - „krummer" Austrittstermin - Nebensächliches wird hervorgehoben (regelmäßig und pünktlich) - Grund der Beendigung wird nicht genannt

c) *Zeugniscode* (Formulierungsskala):

sehr gut	... stets zu unserer vollsten Zufriedenheit
gut	... stets zu unserer vollen Zufriedenheit
befriedigend	... zu unserer vollen Zufriedenheit
ausreichend	... zu unserer Zufriedenheit
mangelhaft	... im Großen und Ganzen zu unserer Zufriedenheit
ungenügend	... hat sich bemüht

d) *Aussagekraft von Bewerbungsfotos:*

Grundsätzlich gilt: Das Bewerbungsfoto dient der Wiedererkennung: Herstellen der späteren, gedanklichen Verbindung zwischen Bewerber und dem Eindruck im Vorstellungsgespräch. Subjektive Entgleisungen wie „der ist sympathisch, sieht doof/komisch aus" u. Ä. sind unangebracht.

Daneben lassen sich vorsichtige Rückschlüsse aus der Qualität, dem Format und ggf. dem „Hintergrund" der Aufnahme ziehen, z. B.:

Automatenfoto, Foto mit minderer Qualität	- fehlende Wertschätzung für den potenziellen Arbeitgeber - Kandidat/in hat sich keine Mühe gegeben - Kandidat/in wollte (unangemessener Weise) Ausgaben sparen
Bewerbungsfoto vom Fotografen	- angemessen, professionell, richtig - Aufwand ist passend zum Anlass
Größeres Atelierfoto	- unpassend und unangemessen teuer - Ausnahme: Positionen, in denen die äußere Erscheinung eine besondere Rolle spielt, z. B. Empfang, Öffentlichkeitsarbeit, Mannequin, ggf. Hotelgewerbe - Bewerber stellt sich zu sehr heraus
Foto zeigt Bewerber/in in unpassender Umgebung	- z. B. Hintergrund „im Urlaub", „im Liegestuhl auf der Terrasse" - Bewerber möchte sich besonders herausstellen oder „hat einfach nicht nachgedacht"; absolut unpassend - unangemessener Einblick in den Privatbereich

e) Das Bewerbungsschreiben wird nach folgenden Gesichtspunkten analysiert:

• *Form:*
- ordentlich, sauber, klar gegliedert

• *Vollständigkeit:*
- sind alle lt. Anzeige geforderten Unterlagen und Angaben vorhanden? (z. B. Gehaltsangabe, möglicher Eintrittstermin, Arbeitsproben)

- *Inhalt:*
  - Warum erfolgte die Bewerbung (Wechselmotiv)?
  - Welche Tätigkeit hat der Bewerber zurzeit?
  - Welche besonderen Fähigkeiten – bezogen auf die Stelle – existieren?
  - Gibt es Widersprüche (z. B. zu den Zeugnisaussagen)?

- *Sprachstil:*
  Interessante Rückschlüsse auf die Persönlichkeit des Bewerbers können häufig über die Analyse des Sprachstils gewonnen werden. Im Einzelnen lassen sich folgende Stilarten unterscheiden:

  - aktiv, konkret, sachlich, Verwendung von Verben oder passiv, unbestimmt, Verwendung von Substantiven
  - einfacher, klarer Satzbau, logische Satzverbindungen oder Schachtelsätze, unlogische Satzverbindungen
  - großer Wortschatz, treffende Wortwahl oder geringer Wortschatz, „gestelzte" bzw. unpassende Wortwahl.

- *Rechtschreibung:*
  - In Ordnung?
  - Zeichensetzung; „alte" bzw. „neue" Rechtschreibung?

04. Arbeitszeugnis (1)

a) Das Zeugnis wurde von sachkompetenten Verfassern erstellt (großes Handelsunternehmen), die bewusst diese Formulierungen gewählt haben. Im Ergebnis: Es darf angenommen werden, dass Frau M. nur einfache Arbeiten ohne Zeitdruck ausführen kann. Vermutlich hält sie ihre Kolleginnen mit „Tratsch" von der Arbeit ab.

b) Die BAG-Zeugnisgrundsätze lauten: Das Zeugnis
   - muss wahrheitsgemäß und
   - wohlwollend sein,
   - darf die Interessen des Arbeitnehmers nicht unangemessen beeinträchtigen,
   - muss die Interessen Dritter berücksichtigen.

05. Analyse der Bewerbungsunterlagen, Fall „Hubertus Streblich"

Hinweis: Es gibt hier keine „Musterlösung". Der Sachverhalt enthält mehr Auswertungsaspekte als in der Lösungsskizze (beispielhaft) aufgeführt sind.

a) Analyse des Anschreibens:

- Bewerbung datiert vom 20.08.
- Anrede lautet auf „Damen und Herren" (obwohl z. Hd. Herrn Rolf Grausam)
- der Betreff bezieht sich nicht auf die Anzeige
- Vollständigkeit:
  - Abiturzeugnis fehlt
  - Zertifikat „AEVO-Prüfung" fehlt

- Beschreibung der derzeitigen Tätigkeit fehlt
- Wechselmotiv bleibt unklar
- Bezugnahme auf die Stellenanzeige fehlt
- Gliederung: ist vorhanden
- Text enthält eine Fülle von Redundanzen

- *Sprache:*
  - Fehler in der Rechtschreibung:
    über en REFA-Schein, mir die Aufggabe, neuen Richlinien, Selbständigkeit, frdl.
  - teilweise Passivform; teilweise ungeschickte und „hölzerne" oder unpassende Ausdrucksweise bzw. Wortwahl: Meine Qualifikationen entnehmen Sie bitte dem beigefügten Lebenslauf (dies sollte im Anschreiben prägnant dargestellt werden)
  - und auf eigene Kosten (das ist überwiegend selbstverständlich)
  - oblagen mir vielfältige
  - wurde mir die Aufgabe gestellt
  - welches ich erfolgreich
  - kristallisierte sich besonders
  - berufliche bundesweite Mobilität (ist hier nicht gefragt)
  - über meine dienstlichen Obliegenheiten

b) Analyse des Lebenslaufes:

Zeitfolgenanalyse:
- die beruflichen Stationen enthalten Monatsangaben
- ca. *6 Monate* nach dem Studium ohne qualifizierte Tätigkeit?
- ca. *9 Monate:* G.W.F.-Zeitarbeit
- ca. *7 Monate:* arbeitslos
- ca. *3 Jahre:* Internationales Logistikunternehmen
- *1 Monat:* arbeitslos (keine Angaben)?
- seit *rd. 1 Jahr:* International Insurance Company
- Berufspraxis, ca: 1 Jahr → 3 Jahre → 1 Jahr; Tendenz?
- Beendigungstermine: 30.11. + 30.08. ??

Entwicklungsanalyse:
- lt. Lebenslauf „Abteilungsleiter" (1. Position) → danach Sachbearbeiter → Hauptsachbearbeiter (?)
- der Trend scheint stagnierend zu sein
- Handlungsvollmacht in Aussicht gestellt?
- keine markante Zunahme der Sachverantwortung erkennbar
- Warum wird ein Wechsel angestrebt?

Firmen- und Branchenanalyse:
- kleine Filiale eines Zeitarbeitsunternehmens
- großes Logistikunternehmen (Sachbearbeiter)
- Versicherungskonzern (Sachbearbeiter)
- die früheren Wechselmotive sind nicht erkennbar

06. Zeugnisanalyse

Sind die Aussagen über den Mitarbeiter „wenig schmeichelhaft" bzw. will man direkt negative Aussagen vermeiden, so ist es weit verbreitet,

- unwichtige Eigenschaften und Merkmale unangemessen hervorzuheben sowie

- wichtige Aspekte zu verschweigen (weil negativ) – insbesondere Eigenschaften und Verhaltensweise, die bei einer bestimmten Tätigkeit von besonderem Interesse sind.

Im vorliegenden Fall liegt der Schluss nahe, dass entweder die Aussage über die Führungsqualifikation vergessen wurde (unprofessionelle Zeugniserstellung; kleines Familienunternehmen) oder dass der Bewerber bisher keine besonderen (positiven) Führungseigenschaften gezeigt hat.

07. Personalauswahl für eine Arbeitsgruppe

• Ich kläre vor der Besprechung mit der Personalabteilung, ob der Arbeitseinsatz in Holland eine Versetzung im Sinne des BetrVG ist; ggf. muss die Mitbestimmung des Betriebsrates berücksichtigt werden.

• Ich informiere meine Mitarbeiter über alle Details und Anforderungen des Arbeitseinsatzes in Holland und berichte über Vor- und Nachteile für den Einzelnen. Ziel der Besprechung ist es, möglichst fünf geeignete Mitarbeiter zu finden, die von sich aus an der Aufgabe interessiert sind.

• Ich wähle aus den „Freiwilligen" die Mitarbeiter aus, die für die Aufgabe am besten geeignet sind. Dabei sind vor allem folgende Kriterien relevant:

- Qualifikation und berufliche Erfahrung,
- Alter, Familienstand und physische Belastbarkeit,
- Fähigkeit zur Zusammenarbeit und „Chemie" zwischen den ausgewählten Mitarbeitern,
- Motivation und Engagement,
- ggf. holländische bzw. englische Sprachkenntnisse.

08. Personalauswahl (vermischte Aufgaben)

a) Der innerbetriebliche Bewerbungsbogen (= *Personalfragebogen*) ist meist spezifisch auf den Betrieb zugeschnitten und entspricht in seinem Inhalt und der Anordnung den Fragen der innerbetrieblichen Personalkartei/-datei, damit die Daten leicht übertragen werden können. Man vermeidet damit u. a., dass wichtige Erkenntnisse fehlen (*Prinzip der Vollständigkeit*) bzw. man stellt Fragen in schriftlicher Form, *damit sie rechtlich einwandfrei formuliert* sind. Die gewonnenen Antworten ergänzen die Ergebnisse der mündlich gestellten Fragen bzw. lassen sich mit ihnen vergleichen (z. B. Widersprüche). Nach § 94 BetrVG bedürfen Personalfragebogen der *Zustimmung* des Betriebsrates.

b) Beim Lebenslauf sind drei Analysekriterien aufschlussreich:

- *Die Zeitfolgenanalyse (= Lückenanalyse)* prüft Zeitzusammenhänge, Termine und fragt nach evtl. Lücken in der beruflichen Entwicklung. Wie oft wurde die Stelle gewechselt? Wie war die jeweilige Positionsdauer? Gibt es Abweichungen zu den Angaben in den Arbeitszeugnissen? Sind die beruflichen Stationen mit Monatsangaben versehen? Erfolgte der Positionswechsel während der Probezeit? Sind häufige „Kurzzeiträume" vorhanden? Wie ist die Tendenz bei der zeitlichen Dauer? Steigend oder fallend?

- *Die Entwicklungsanalyse* fragt nach dem positionellen Auf- oder Abstieg, dem Wechsel und der Veränderung im Arbeitsgebiet bzw. im Berufsfeld. Ist die berufliche Entwicklung nachvollziehbar? Welchen Trend zeigt sie? Ist die Entwicklung kontinuierlich oder gibt es einen „Bruch"? Werden gravierende Veränderungen begründet? Lassen sich Wechselmotive erkennen?

- *Die Firmen- und Branchenanalyse* untersucht die folgenden Fragen: Klein- oder Großbetrieb? Gravierender Wechsel in der Branche? Gibt es – bezogen auf die ausgeschriebene Position – verwertbare Kenntnisse aus vor- oder nachgelagerten Produktionsstufen oder Branchen? Gibt es Gründe für den Branchenwechsel bzw. den Wechsel vom Klein- zum Großbetrieb?

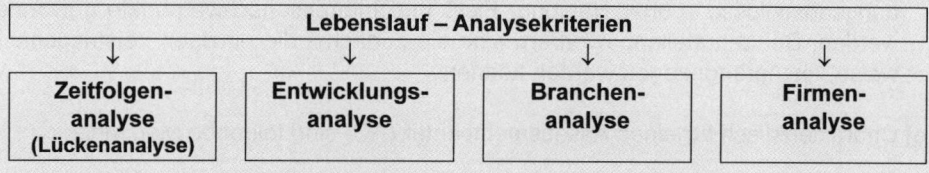

c) Die Analyse erstreckt sich einmal auf

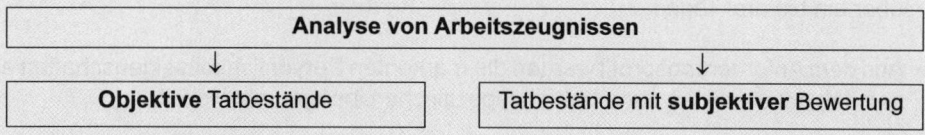

- *objektive Tatbestände:*
  - persönliche Daten,
  - Dauer der Tätigkeit,
  - Tätigkeitsinhalte,
  - Komplexität, Umfang der Aufgaben,
  - Anteil von Sach- und Führungsaufgaben,
  - Vollmachten wie Prokura, Handlungsvollmacht,
  - Plausibilitätsüberprüfung von Positionsbezeichnungen und Firmenart/-größe sowie von Aufgabenumfang und Erfahrungshintergrund des Kandidaten,
  - Termin der Beendigung.

Daneben wird der Leser die Passagen Führung und Leistung, Grund der Beendigung sowie Schlussformulierung betrachten. Er ist hier gezwungen zu werten, zu interpretieren und auch „zwischen den Zeilen zu lesen".

- *Tatbestände, die einer subjektiven Bewertung unterliegen:*

  - Bei der Schlussformulierung sind folgende Gestaltungen üblich:
    - „Standard":
      „Wir wünschen Frau … alles Gute für Ihre berufliche Entwicklung."
    - „Mögliche Steigerungen:
      „… wünschen wir Herrn … Erfolg bei seinem weiteren beruflichen Werdegang und danken ihm für die geleistete Arbeit."
      „… bedauern seinen Entschluss … (außerordentlich) …"
      „… würden ihn jederzeit wieder einstellen …"

  - Der Grund der Beendigung ist nur auf Verlangen des Mitarbeiters in das Zeugnis aufzunehmen:
    - „auf eigenen Wunsch"
      = überwiegend positiv, ggf. aber mit „Macken"
    - „in beiderseitigem Einvernehmen"
      = überwiegend negativ
    - „aus organisatorischen Gründen/aus Gründen der Reorganisation"
      = vorgeschobener Grund oder echt?

d) Die Bedeutung von Schulzeugnissen nimmt mit zunehmendem beruflichen Alter ab. Vorsichtige Anhaltspunkte können u. U. – speziell beim Quervergleich mehrerer Bildungsabschlüsse – über Neigung, Fleiß und Interessenschwerpunkte gewonnen werden. Bei Lehrstellenbewerbern sind sie zunächst die einzigen Leistungsnachweise, die herangezogen werden können.

e) Charakteristisch für einen Assessmentcenter (AC) sind folgende Merkmale:

- Mehrere Beobachter (z. B. sechs Führungskräfte des Unternehmens) beurteilen mehrere Kandidaten (i. d. R. zwischen sechs bis zwölf) anhand einer Reihe von Übungen über ein bis drei Tage.

- Aus dem Anforderungsprofil werden die markanten Persönlichkeitseigenschaften abgeleitet; dazu werden dann betriebsspezifische Übungen entwickelt.

- Die „Regeln" lauten:

  - jeder Beobachter sieht jeden Kandidaten mehrfach,
  - jedes Merkmal wird mehrfach erfasst und mehrfach beurteilt,
  - Beobachtung und Bewertung sind zu trennen,
  - die Beobachter müssen geschult sein (werden),
  - in der „Beobachterkonferenz" erfolgt eine Abstimmung der Einzelbewertungen,
  - das AC ist zeitlich exakt zu koordinieren,
  - jeder Kandidat erhält am Schluss im Rahmen eines Auswertungsgesprächs sein Feedback.

- Typische Übungsphasen beim AC sind z. B. Gruppendiskussion mit Einigungszwang, Einzelpräsentation, Postkorb-Übung.

09. Prozess der Personalauswahl

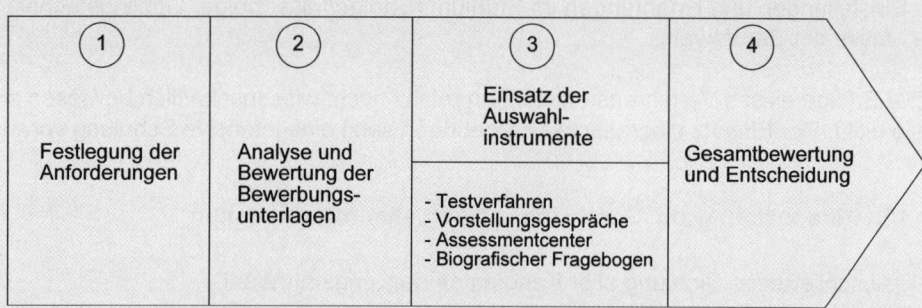

10. Personalauswahl und Anforderungsprofile

Das Anforderungsprofil ist die Summe der Anforderungen (Soll-Vorstellungen), die von einer konkreten Aufgabenstellung ausgehen und vom Stelleninhaber erfüllt sein müssen. *Das Anforderungsprofil ist der Maßstab* für Entscheidungen im Verlauf des Prozesses der Personalauswahl.

Man unterscheidet im Allgemeinen folgende Anforderungen:

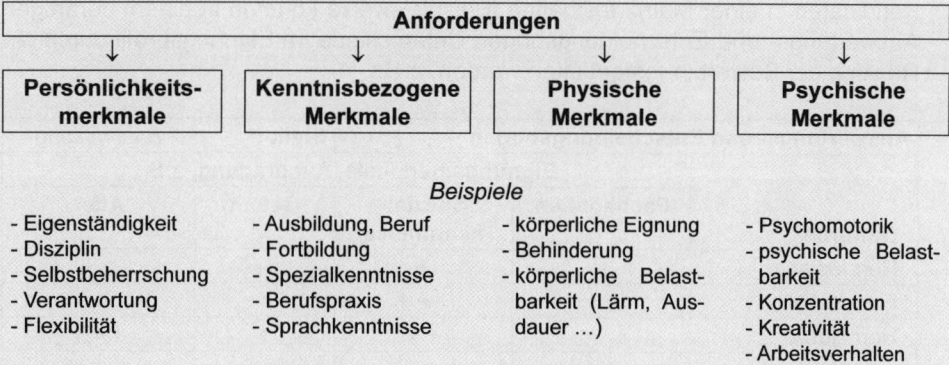

Bei der Festlegung der Anforderungen ist es entscheidend, *diejenigen Merkmale zu ermitteln, die wirklich für eine bestimmte Stelle relevant sind* und im Auswahlprozess auch beobachtet und beurteilt werden können (keine „Wunschliste", z. B.: „... ist kreativ, belastbar, jung, leistungsfähig, mit 12 Jahren Praxis ...").

11. Biografischer Fragebogen

Das Verfahren stammt aus den USA und wird z. T. in Deutschland seit den 80er-Jahren eingesetzt. Man nimmt dabei an, dass sich aus den Persönlichkeitsmerkmalen und Verhaltensmustern der Vergangenheit eine Prognose für den Berufserfolg ableiten lässt. Hinterfragt werden z. B.:

- Eltern/Kind-Beziehung
- Rollenverhalten in der Freizeit (Sportgruppe; Mitglied oder Trainer?)
- Einstellungen und Erfahrungen im Studium (Erfolge/Misserfolge, Lieblingsfächer)
- Motive der Berufswahl.

Die Erfolge dieses Verfahrens erscheinen relativ hoch; wissenschaftlich bewiesen sind sie nicht. Der Einsatz biografischer Fragebögen setzt eine intensive Schulung voraus.

12. Personalauswahl, Gesamtbewertung aller Informationen

1. Abschließende Sichtung aller Kandidaten der „engsten Wahl":
   Sind die Auswahlgespräche abgeschlossen, werden alle Informationen über die infrage kommenden Kandidaten verdichtet. Fachbereich und Personalbereich werden sich darüber verständigen, welchen Kandidaten sie für den geeignetsten halten. Dies wird in einem Abschlussgespräch erfolgen und kann z. B. anhand eines Entscheidungsbogens geführt werden.

2. Vorbereitung eines Entscheidungsbogens:
   Sollte ein derartiger Auswertungs- und Entscheidungsbogen eingesetzt werden, so lassen sich hier die maßgeblichen Kriterien (fachliche, persönliche Eignungsmerkmale; z. B.: Alter, Ausbildung, berufliche Erfahrung, Termin der Verfügbarkeit, Gehaltsniveau u. Ä.; Muss- und Wunschkriterien) sowie die dazugehörige Eignung der Kandidaten in einer Matrix festhalten. Beispielsweise könnten in einem derartigen Auswertungs- und Entscheidungsbogen Unterschiede im Eignungsprofil durch ein Ranking der Bewerber festgehalten werden, z. B.:

Auswertungs- und Entscheidungsbogen		Stelle:	*Buchhaltung*
	Eignungsmerkmale, Ausprägung, z. B.:		
Bewerber	**Fachkönnen**	**Spezial-kenntnisse**	**Gehalt**	**Alter**
Herr Meier	–	+	–	+ +
Frau Kahn	+ +	+ + +	–	+
Herr Huber	+ + +	+ +	+	+ + +
Herr Hurtig	+ +	–	+ +	–

Legende:

–	=	nicht erfüllt,
+	=	erfüllt,
++	=	gut erfüllt,
+++	=	sehr gut erfüllt.

3. Durchführung des Abschlussgesprächs mit dem Fachbereich: Auf der Basis aller relevanten Kriterien treffen Fachbereich und Personalabteilung eine abschließende Entscheidung. Bei unterschiedlicher Auffassung über die endgültige Entscheidung für einen Kandidaten sollte der Fachbereich „das letzte Wort sprechen", denn er muss – bei aller Sachkompetenz des Personalwesens – mit dem Kandidaten zusammenarbeiten.

Hinweis: Vielfach werden an dieser Stelle in der Literatur Empfehlungen gegeben, die „Muss- und Kann-Kriterien" zu quantifizieren, d. h. mit Wertziffern zu versehen. Die Autoren empfehlen diese Vorgehensweise nicht, da sie zu einer Quasiobjektivität führt. Persönliche Eigenschaften und oft auch fachliche Eignungen entziehen sich der Möglichkeit, sie kardinal zu messen. Besser ist es, wenn sich Fachbereich und Personalwesen über eine ordinale Skalierung – im Sinne von „besser oder schlechter" – verständigen.

13. Anforderungsanalyse, Anforderungsprofil

Anforderungsarten	Anforderungsanalyse: Der Stelleninhaber muss ...
Fachkönnen	- das sachgerechte Verpacken in Holz und Pappe beherrschen - die Bedienung des Hubwagens beherrschen - Transport und Lagerung der Materialien unter Einhaltung der Sicherheitsbestimmungen durchführen
Körperliche Belastung	- Materialien bis zu 50 kg auch über längere Zeit heben und tragen können
Geistige Belastung	- die Sicherheitsbestimmungen kennen - das Lagersystem kennen - Anweisungen einhalten - mit den Lkw-Fahrern einfache Abläufe besprechen können - auch unter Stress termin- und sachgerecht arbeiten
Umwelteinflüsse	- gesundheitlich robust sein, da das Lager nicht beheizt ist und oft Zugluft herrscht

Dieses einfache Beispiel zeigt bereits die *Problematik der Anforderungsanalyse:*

- Die Analyse ist immer auch subjektiv geprägt: Unterschiedliche Analytiker werden zu unterschiedlichen Ergebnissen kommen. Die Anforderungsarten lassen sich teilweise nur schwer voneinander abgrenzen, z. B. die Überschneidungen bei geistigen und körperlichen Belastungen (vgl. oben, „Stress").

- Die Ausprägung eines Merkmals lässt sich mitunter nur unzuverlässig messen, z. B. bei der Anforderungsart „Umwelteinflüsse".

14. Profilvergleichsanalyse (Eignungsprofil versus Anforderungsprofil)

Die nachfolgende Abbildung zeigt als Grafik die Gegenüberstellung von Anforderungsprofil und Eignungsprofil. Den Abgleich zwischen beiden Profilen nennt man *Profilvergleichsanalyse*; sie zeigt die Defizite des Kandidaten:

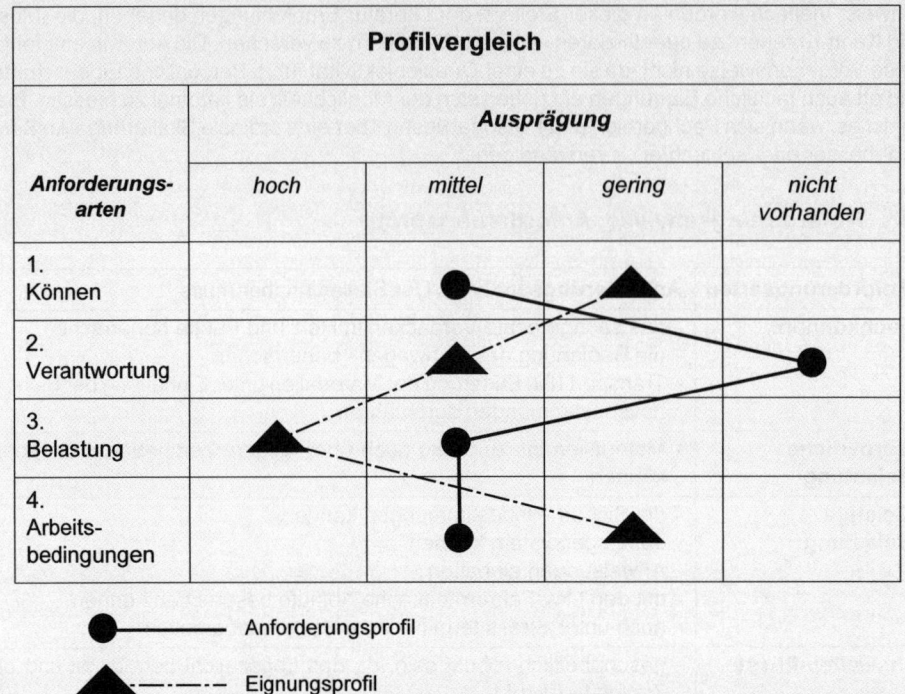

Profilvergleich				
Anforderungs-arten	*Ausprägung*			
	hoch	*mittel*	*gering*	*nicht vorhanden*
1. Können				
2. Verantwortung				
3. Belastung				
4. Arbeits-bedingungen				

● ——— Anforderungsprofil

▲ —·—·— Eignungsprofil

15. Ableitung eines Anforderungsprofils aus der Stellenbeschreibung

a)

Anforderungsprofil	
A. *Fachliche* Anforderungen:	- abgeschlossene Berufsausbildung, möglichst als … - mindestens 5 Jahre Erfahrung im Betrieb (Abläufe, Regelungen) - fundierte Kenntnisse/Fähigkeiten an Dreh-, Fräs- und Schleifma-schinen - Zusatzkenntnisse (Programmierung, SPS usw.) usw.
B. *Persönliche* Anforderungen:	- persönliche Eignung als Führungskraft - Fähigkeit, Konflikte wirksam zu bewältigen - Bereitschaft zur Übernahme der Verantwortung usw.

b) Anforderungsprofile erfüllen nur dann ihren Zweck, wenn sie bestimmten Qualitäts-ansprüchen genügen. Diese sind:

1. *Relevanz:*
   Es werden *nur* die *wesentlichen Merkmale* einer Stelle berücksichtigt; nur die <u>wi</u>chtigsten <u>Zus</u>tändigkeiten, die so genannte „WIZUs", werden erfasst.

2. *Vollständigkeit:*
   <u>Alle</u> wichtigen Merkmale werden erfasst.

3. *Überschneidungsfreiheit:*
   Gleiche Tatbestände (z. B. Führung der Mitarbeiter) werden *nicht mehrfach erhoben.*

4. *Objektivität:*
   Die Ergebnisse dürfen (möglichst) *nicht durch subjektive Einflüsse* des Untersuchenden beeinflusst sein.

5. *Reliabilität* (Zuverlässigkeit)*:*
   Der Vorgang der Merkmalserhebung soll zuverlässig sein, d. h., *im Wiederholungsfall zu gleichen Ergebnissen* führen.

6. *Validität:*
   Das Messergebnis soll die tatsächliche Ausprägung der Anforderungshöhe wiedergeben („es muss das tatsächlich messen, was es messen soll").

c)

Anforderungsprofil eines Anlern-Arbeitsplatzes in der Montage mechanischer Bauteile	
Kenntnisse	Grundkenntnisse der Metallverarbeitung, der Montage und der EDV; Kenntnisse der Produkte und deren Bedeutung
Geschicklichkeit	Fügetechnik, gute Motorik
Verantwortung	Einhaltung der Qualitätsvorgaben, Erkennen von Fehlern, Identifikation mit dem Produkt
Geistige Belastung	Auswertung von Montageanleitungen, Einhalten der Vorgabezeiten
Muskelmäßige Belastung	körperliche Belastbarkeit
Umgebungseinflüsse	Einsatz an wechselnden Montagestellen, Fähigkeit zur Teamarbeit

d) Eine exakte Antwort auf diese Frage ist nicht möglich, da ein konkretes Anforderungsprofil aus der Analyse einer bestimmten Tätigkeit eines Funktionsfeldes abzuleiten wäre.

Vereinfacht dargestellt *enthält das Anforderungsprofil fachliche und persönliche Merkmale;* dabei kann hinsichtlich der fachlichen Merkmale eine Abstufung in „notwendig/wünschenswert" und hinsichtlich der persönlichen Voraussetzungen eine Skalierung (Merkmalsausprägung) in „hoch/mittel/gering" erfolgen.

Technische Führungskräfte der unteren Ebene eines Betriebes können z. B. Vorarbeiter, Einrichter und Springer sein. Das nachfolgende Beispiel zeigt in Ausschnitten das Anforderungsprofil des Arbeitsplatzes „CNC-Dreher":

1.	Arbeitsplatz	CNC-Dreher		
		Einzelarbeitsplatz:		x
2.	Tätigkeiten:	Gruppenarbeitsplatz:		
	Justieren des Werkzeugs Einspannen des Werkzeugs Einspannen des Rohlings Start der Maschine Überwachung des Maschinenlaufs Kontrolle des gefertigten Teils Programmieren einfacher Teilprogramme Beschaffen der Rohlinge Einfache Wartungsarbeiten …			
3.	Anforderungen:			
3.1	Fachliche Anforderungen:	not-wendig	wünschenswert	
	Kenntnisse/Fertigkeiten in/von … - Abgeschlossene Ausbildung als Zerspanungsmechaniker		x	
	- Spanende Formgebung	x		
	- Bedienung von CNC-Drehmaschinen	x		
	- Programmierung einfacher Teilprogramme		x	
	- Einlesen von Daten zur Einrichtung	x		
	- Verstehen und lesen von Arbeitsplänen …	x		
3.2	Persönliche Anforderungen:	hoch	mittel	gering
	- Selbstständige Arbeitsweise		x	
	- Genaue Arbeitsweise	x		
	- Verantwortung für Qualität	x		
	- Fähigkeit zur Bewältigung wechselnder Aufgaben …		x	

16. Außerfachliche Qualifikationen

• *Qualifikation ist das individuelle Arbeitsvermögen* eines Mitarbeiters zu einem bestimmten Zeitpunkt bezogen auf einen bestimmten Arbeitsplatz (Anforderungsarten).

• Der Begriff „Kompetenz" wird in doppelter Bedeutung verwendet:

1. Fähigkeit als Teil der Qualifikation (neben Wissen und Verhalten)
2. Befugnis zur Vornahme von Entscheidungen

• Man unterscheidet vier *Kompetenzbereiche* (als Teil der Qualifikation):

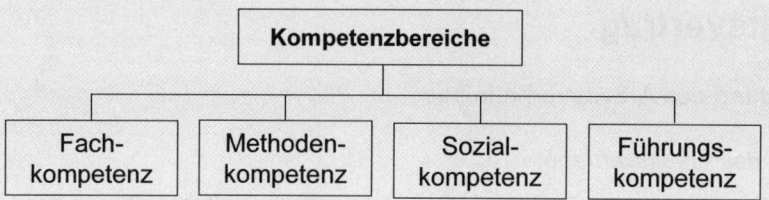

Mit außerfachlichen Qualifikationen sind also die Methoden-, Sozial- und die Führungs-kompetenz gemeint (mitunter wird in der Literatur die Führungskompetenz auch als Teilmenge der Sozialkompetenz gesehen).

In der Praxis ist folgendes Phänomen zu beobachten:

Bei der Auswahl interner oder externer Kandidaten anhand eines Anforderungsprofils *wird häufig die Fachkompetenz in ihrer Bedeutung für den zukünftigen Erfolg in einer Tätigkeit überschätzt bzw. die Bedeutung der außerfachlichen Qualifikation unterschätzt.*

Beispiel: Ein Unternehmen mittlerer Größe sucht einen Lagerleiter; im Anforderungsprofil ist zu lesen (Kurzfassung): Abschluss als Meister für Lagerwirtschaft o. Ä., mindestens drei Jahre Erfahrung in der Leitung eines Lagers, REFA-Grundausbildung, hohes Organisationsvermögen, Erfahrung in der Führung gewerblicher Mitarbeiter, psychisch und physisch belastbar – auch bei Termindruck usw.

Wer im vorliegenden Fall bei der Kandidatenauswahl die fachlichen Anforderungen überbetont, läuft Gefahr, den falschen Kandidaten zu wählen. Die REFA-Grundausbildung ist ggf. verzicht-bar oder kann nachgeholt werden. Außerfachliche Qualifikationen wie z. B. „hohe psychische Belastbarkeit in Stresssituationen" ist relativ unveränderbar und kaum zu trainieren. Fehlt also beispielweise diese Eigenschaft bei einem Kandidaten, so sollte er für die Position nicht ausgewählt werden. Selbstverständlich existiert immer das Problem, dass fachliches Können „leichter überprüfbar" ist als Elemente der außerfachlichen Qualifikation.

17. Controlling der Auswahlverfahren

Geeignete Instrumente/Verfahren sind z. B.:

*   Überprüfung:
    Sind die Verfahren geeignet, *alle relevanten Informationen* über die laut Stellenbe-schreibung geforderten Anforderungen *zu liefern*, sodass ein Vergleich von Anforde-rungs- und Eignungsprofil möglich wird?
    (Überprüfung der Auswahlinstrumente „Auswahlgespräch, Assessmentcenter usw.; Ergebnisse der Auswahlverfahren)

*   Vergleich der Kandidateneignung nach Abschluss des Auswahlverfahrens mit den *in der Praxis tatsächlich gezeigten Leistungen* (Einarbeitung, Probezeit)

*   Vergleich der langfristigen Eignung:
    – Wie hoch ist die durchschnittliche *Fluktuation* von neu eingestellten Mitarbeitern in den ersten zwei Jahren?
    – Welche Fluktuationsgründe gibt es?

4.3 Arbeitsvertrag

01. Begründung des Arbeitsverhältnisses

a) *Anfechtung des Arbeitsvertrages*

Nein! Eine Frage nach dem Bestehen einer Schwangerschaft im Rahmen der Einstellungsverhandlungen ist grundsätzlich unzulässig.

Es gibt nur Ausnahmen in Sonderfällen, wenn für Kind/Mutter eine Gefährdung von der Tätigkeit ausgehen kann.

Wird die Frage trotzdem unzulässigerweise gestellt, ist die unwahre Beantwortung erlaubt. Von daher kann der Arbeitsvertrag nicht angefochten werden (BAG-Urteil vom 15.10.1992).

b) *Rechtsgrundlagen des Arbeitsvertrages*

Als Rechtsgrundlagen beim Abschluss eines Arbeitsvertrages sind grundsätzlich zu berücksichtigen:

- zwingende gesetzliche Bestimmungen (z.B. GG; BGB, speziell die §§ 611-630; die Schutzgesetze wie z.B. JArbSchG, MuSchG, SGB IX usw.)
- zwingende tarifliche Bestimmungen (z.B. Lohn- und Urlaubsregelungen)
- zwingende Bestimmungen von Betriebsvereinbarungen sowie
- Regelungen aufgrund betrieblicher Übung (so genannte Gewohnheitsrecht) sowie
- die Rechtsprechung der Arbeitsgerichte.
- Abweichend von diesen nationalen Rechtsquellen kann es sein, dass das Recht eines ausländischen Staates zur Geltung kommt, wenn das Arbeitsverhältnis seinen Schwerpunkt im Ausland hat (vgl. Gesetz zur Neuregelung des Internationalen Privatrechts; speziell § 27 EGBGB (= Einführungsgesetz zum BGB)).
- NachwG

c) • *Mängel bei Vertragsabschluss* führen zur Nichtigkeit des gesamten Vertrages mit Wirkung für die Zukunft (= faktisches Arbeitsverhältnis; Ausnahme: salvatorische Klausel).

Beispiele:
- Verstoß gegen die guten Sitten
- Verstoß gegen ein gesetzliches Verbot (z.B. Kinderarbeit; Beschäftigung ausländischer Mitarbeiter ohne Arbeitserlaubnis)
- Willensmangel
- Unmöglichkeit der Leistung

• *Mängel im Inhalt* führen zur Teilnichtigkeit der mit Mängeln behafteten Regelung. Es gilt die gesetzlich oder tariflich vorgeschriebene Regelung.

Beispiele:
- fehlerhafte Arbeitszeit
- Nichteinhaltung der tariflichen Mindestlöhne (bei Tarifgebundenheit)
- fehlerhafte Anzahl der Urlaubstage

02. Ausbildungsvertrag und Formvorschriften

Der Ausbildungsvertrag kommt am 22.5. rechtswirksam zu Stande (übereinstimmende Willenserklärung; vgl. §§ 145 ff. BGB). Annette Tronto ist voll geschäftsfähig. Die Vertragsniederschrift hat lediglich deklaratorischen Charakter (vgl. § 11 BBiG). Ein Verstoß gegen die Schriftform würde (lediglich) eine Ordnungswidrigkeit nach § 102 BBiG darstellen.

03. Rechtsgrundlagen und Arten des Arbeitsvertrages

Bezogen auf die *Dauer* kann der Arbeitsvertrag grundsätzlich als

- unbefristeter oder
- befristeter Vertrag

geschlossen werden.

Der unbefristete Arbeitsvertrag endet durch einseitige Erklärung (Kündigung) des Arbeitgebers oder des Arbeitnehmers oder durch eine vertragliche Aufhebung.

Der befristete Arbeitsvertrag wird von vornherein für eine bestimmte Zeitdauer geschlossen und endet ohne eine bestimmte Erklärung entweder

- unmittelbar mit Ablauf der Frist oder
- mittelbar,

indem z. B. auf das Ende eines Projekts bzw. auf die Rückkehr einer Mitarbeiterin aus dem Mutterschaftsurlaub abgestellt wird. In diesem Fall endet der Arbeitsvertrag mit der Projekterfüllung bzw. dem Wegfall des so genannten sachlichen Grundes (Mutterschaft).

Vom Grundsatz her dürfen *befristete Arbeitsverträge* nur abgeschlossen werden, wenn ein *sachlicher Grund* vorliegt:

- Aushilfe, Saisonarbeiten,
- Probezeit,
- auf Wunsch des Arbeitnehmers,
- Vertretung (z. B. wegen Auslandseinsatz, Elternzeit, Mutterschutz u. Ä.),
- Fortbildung des Stelleninhabers.

Unabhängig vom Vorliegen eines sachlichen Grundes bestimmt das *Teilzeit- und Befristungsgesetz* die Möglichkeit der höchstens dreimaligen Verlängerung eines befristeten Vertrages bis zur Gesamtdauer von 24 Monaten auch ohne Vorliegen eines sachlichen Grundes.

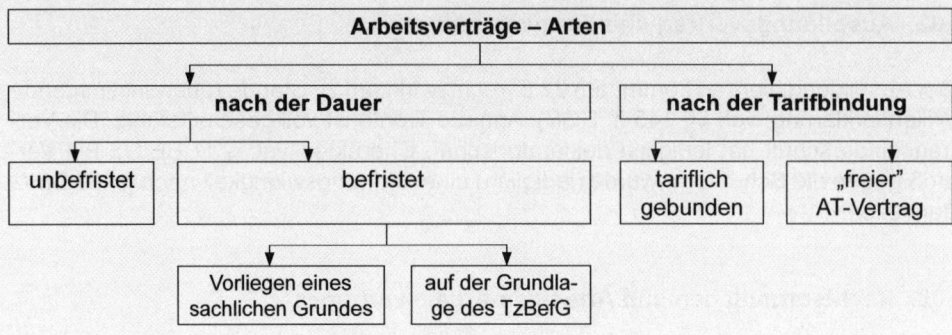

Weiterhin kann der Arbeitsvertrag abgeschlossen werden als

• *tariflich gebundener Vertrag*:
Er enthält in diesem Fall nur wesentliche Bestimmungen und weist im Übrigen ergänzend auf die Bestimmungen des einschlägigen Tarifvertrages hin. Speziell für Führungskräfte, die oberhalb der Gehaltsgruppierungen des entsprechenden Tarifvertrages liegen, kann ein

• *so genannter außertariflicher Vertrag*:
(kurz: AT-Vertrag) geschlossen werden. Da diese Führungskräfte sich oberhalb der Mindestgehaltsnorm des Tarifvertrages befinden, können in diesem Fall vom Tarifvertrag abweichende Inhaltsbestandteile vereinbart werden.

04. Arbeitsvertrag und Formvorschriften

a) Grundsätzlich ist der Arbeitsvertrag an keine Form gebunden. Ein Arbeitsvertrag kann daher rechtswirksam zu Stande kommen, wenn er

- mündlich oder fernmündlich,
- schriftlich oder
- durch schlüssiges Handeln entsteht. Die Juristen sagen „konkludentes Handeln".

Zu dieser generellen Regelung gibt es Ausnahmen:

- Die so genannte Konkurrenzklausel (Wettbewerbsverbot) nach § 74 Abs. 1 HGB bedarf der Schriftform.

- Daneben schreiben sehr viele Tarifverträge vor, dass Arbeitsverträge grundsätzlich schriftlich geschlossen werden müssen. Aber: Auch in diesem Fall kommt der Arbeitsvertrag bereits durch mündliche, übereinstimmende Erklärung zu Stande.

- § 11 BBiG schreibt vor, dass Ausbildungsverträge schriftlich nachvollzogen werden müssen. Auch hier führt die mündliche, übereinstimmende Erklärung beider Parteien bereits zum Abschluss des Vertrages.

- Daneben ist seit 1995 das Gesetz über den Nachweis der für ein Arbeitsverhältnis geltenden wesentlichen Bedingungen (NachwG vom 20.07.1995) zu beachten: Danach ist der Arbeitgeber spätestens einen Monat nach dem Beginn des Arbeitsverhältnisses verpflichtet, die wesentlichen Vertragsbedingungen schriftlich niederzulegen; die Niederschrift ist zu unterzeichnen und dem Arbeitnehmer auszuhändigen. Diese Pflicht entfällt, soweit dem Arbeitnehmer bereits ein schriftlicher Arbeitsvertrag vorliegt, der die geforderten Angaben enthält.

b) Aufgrund des NachwG von 1995 sind folgende Angaben erforderlich:

1. *Name* und die *Anschrift* der Vertragsparteien,
2. Zeitpunkt des *Beginns* des Arbeitsverhältnisses,
3. bei befristeten Arbeitsverhältnissen: die vorhersehbare *Dauer*,
4. Arbeitsort,
5. Beschreibung der zu leistenden *Tätigkeit*,
6. Zusammensetzung und die Höhe des *Arbeitsentgelts*,
7. vereinbarte *Arbeitszeit*,
8. Dauer des jährlichen *Erholungsurlaubs*,
9. Fristen für die *Kündigung*,
10. ein in allgemeiner Form gehaltener *Hinweis* auf die Tarifverträge und Betriebsvereinbarungen, die auf dieses Arbeitsverhältnis anzuwenden sind.

Bei der inhaltlichen Ausgestaltung des Arbeitsvertrages macht es in der Praxis keinen Sinn sämtliche Bestimmungen, die zu regeln sind, im Arbeitsvertrag wiederzugeben. Im Allgemeinen wählen daher die Betriebe den Weg, Vertragsmuster oder Textdateien mit alternativen Textbausteinen zu verwenden. Oft werden derartige Standardverträge nach Arbeitnehmergruppen unterschieden.

c) Durch den Dienstvertrag wird nach § 611 BGB derjenige, welcher Dienste zusagt, zur Leistung der versprochenen Dienste, der andere Teil zur Gewährung der vereinbarten Vergütung verpflichtet.

Arbeitgeber	§ 611 BGB	Arbeitnehmer
Lohnzahlungspflicht	**Hauptpflichten** ◄─────►	Arbeitspflicht
Fürsorgepflicht	**Nebenpflichten**	Treuepflicht

Die *Fürsorgepflicht* umfasst im Einzelnen:

• Schutz für Leben und Gesundheit,
• Beschäftigungspflicht,
• Fürsorge für Eigentum des Arbeitnehmers,
• Gleichbehandlungsgrundsatz,
• Gewährung von Erholungsurlaub,
• Informations- und Anhörungspflicht,
• Pflicht zur Zeugniserteilung.

Die *Treuepflicht* besteht aus einer Reihe von Handlungs- bzw. Unterlassungspflichten:

• Verschwiegenheitspflicht,
• Unterlassung von ruf- und kreditschädigenden Äußerungen,

- Verbot der Schmiergeldannahme,
- Wettbewerbsverbot,
- Pflicht zur Anzeige drohender Schäden.

d) 1. Welche Arbeit der Arbeitnehmer im Einzelnen zu leisten hat, bestimmt sich in erster Linie *nach dem Arbeitsvertrag*. Ist die Tätigkeit des Arbeitnehmers im Arbeitsvertrag fachlich umschrieben, so kann der Arbeitgeber ihm sämtliche Arbeiten zuweisen, die innerhalb des vereinbarten Berufsbildes nach der Verkehrssitte in dem betreffenden Wirtschaftszweig von Angehörigen dieses Berufes üblich sind. *Je genauer die Tätigkeit des Arbeitnehmers vereinbart ist, um so eingeschränkter ist das Recht des Arbeitgebers*, im Einzelnen die zu leistende Arbeit zu bestimmen. Selbst wenn die Arbeitsleistung nur ganz allgemein umschrieben ist oder der Arbeitgeber sonst befugt ist, dem Arbeitnehmer einen anderen Arbeitsplatz zuzuweisen, ist dies grundsätzlich *nur zulässig, wenn es sich nicht um eine niedriger bezahlte Arbeit handelt*. Der genaue Inhalt der Arbeitspflicht sowie Ort und Zeit der Arbeitsleistung werden in dem Maße durch *Weisungen des Arbeitgebers* festgelegt, wie sie im Arbeitsvertrag, in Gesetzen, Tarifverträgen und Betriebsvereinbarungen noch nicht festgelegt sind.

Durch dieses *Weisungsrecht* wird in erster Linie die jeweils konkret zu erbringende Arbeit und die Art und Weise ihrer Erledigung festgelegt. Auch die Ordnung im Betrieb wird einseitig vom Arbeitgeber im Rahmen seines Weisungsrechts festgelegt, soweit dem keine Mitbestimmungsrechte des Betriebsrates entgegenstehen. Bei der Ausübung des Weisungsrechts steht dem Arbeitgeber regelmäßig ein weiter Rahmen zur einseitigen Gestaltung der Arbeitsbedingungen zu. Die Arbeitsgerichte können aber auf die entsprechende Klage eines Arbeitnehmers Maßnahmen des Weisungsrechts auf ihre Billigkeit hin kontrollieren.

2. Der Arbeitnehmer hat während der gesetzlichen, tariflichen, betrieblichen oder einzelvertraglichen Arbeitszeit Arbeit in einem Umfang zu leisten, der *nach Treu und Glauben* billigerweise von ihm erwartet werden kann. Einerseits ist er nicht berechtigt, seine Arbeitskraft bewusst zurückzuhalten; er muss vielmehr unter angemessener Anspannung seiner Kräfte und Fähigkeiten arbeiten, andererseits braucht er sich bei seiner Arbeit nicht zu verausgaben und Raubbau mit seinen Kräften zu treiben.

3. Die Arbeit ist im Normalfall *im Betrieb des Arbeitgebers* zu leisten. Aus dem Arbeitsvertrag kann sich jedoch auch ein anderer Arbeitsort ergeben. Eine Versetzung in eine andere Stadt ist im Allgemeinen nur zulässig, wenn dies ausdrücklich oder stillschweigend vereinbart ist oder der Arbeitnehmer im Einzelfall einverstanden ist. Dagegen wird eine Versetzung von einer Betriebsstätte zu einer anderen in ein und derselben Stadt zulässig sein, wenn damit keine besonderen Erschwernisse für den Arbeitnehmer verbunden sind.

e) Die Vergütung wird erst fällig, wenn die Arbeitsleistung erbracht worden ist. Damit ist der Arbeitnehmer grundsätzlich zur Vorleistung verpflichtet.

Für Mehrarbeit ist ein Zuschlag zu zahlen.

Es besteht ein Entgeltanspruch auch dann, wenn keine Arbeit geleistet wurde, z. B.:

- an gesetzlichen Feiertagen, die nicht auf einen Sonntag oder arbeitsfreien Samstag fallen;
- bei vorübergehender Verhinderung des Arbeitnehmers;
- in den Fällen von Krankheit.

f) Der Arbeitgeber hat den Arbeitnehmer über dessen Aufgabe und Verantwortung sowie über die Art seiner Tätigkeit und ihrer Einordnung in den Arbeitsablauf des Betriebes zu unterrichten und über die Unfallgefahren zu belehren (§ 81 BetrVG).

g) *Generell* besteht nach Beendigung eines Arbeitsverhältnisses *kein Wettbewerbsverbot.*

Ausnahme:
Ein nachträgliches Wettbewerbsverbot entsteht dann, wenn zwischen den Parteien eine so genannte *Wettbewerbsklausel* nach § 74 ff. HGB (bitte lesen!) vereinbart wurde. Diese Klausel ist nur dann wirksam, wenn sie folgende *Voraussetzungen* erfüllt:

1. *Vereinbarung* wurde wirksam geschlossen;
2. in Schriftform (*Urkunde*);
3. der Arbeitnehmer erhält eine so genannte *Karenzentschädigung* (≥ die Hälfte der zuletzt vertragsmäßig bezogenen Leistungen)

h) Freistellungssachverhalte mit Fortzahlung der Vergütung, z. B.:

- Arbeitsunfähigkeit wegen Krankheit,
- Bildungsurlaub (nur in bestimmten Bundesländern),
- Erholungsurlaub,
- Feiertage,
- Kuren,
- Wehrerfassung und Musterung,
- Wehrübungen (bei bis zu 3 Tagen; Arbeitgeber hat Erstattungsanspruch),
- Wiedereingliederung in das Erwerbsleben (z. B. teilweiser Arbeitsleistung nach längerer, schwerer Krankheit; Krankengeld zzgl. ggf. einem Zuschuss bis zur Höhe des Nettoentgelts),
- Freistellung Jugendlicher und Auszubildender (z. B. Berufsschulunterricht, Prüfungen),
- sonstige Tatbestände, z. B.:
  - Betriebsratstätigkeit,
  - Eheschließung,
  - Niederkunft der Ehefrau,
  - Todesfälle im engeren Familienkreis,
  - schwere Erkrankung naher Angehöriger (Ehegatte, Kinder, Geschwister, Eltern),
  - Wahrnehmung von Ehrenämtern (sofern keine Erstattung von dritter Seite),
  - Vorladung als Zeuge vor Gericht.

i) Lohnersatzleistung wird von dritter Seite geleistet – anstelle des üblicherweise zu zahlenden Entgelts. Infrage kommen z. B.:

- Kurzarbeitergeld,
- Saison-Kurzarbeitergeld,
- Krankengeld,

- Übergangsgeld,
- Verletztengeld,
- Mutterschaftsgeld.

j) Bei *Pflichtverletzungen des Arbeitnehmers*, mögliche Folgen, z. B.:

- Entgeltminderung,
- Einbehaltung des Entgelts,
- Abmahnung,
- Kündigung,

- Schadensersatzansprüche,
- Unterlassungsklage,
- ggf. Betriebsbußen.

Bei *Pflichtverletzungen des Arbeitgebers*, mögliche Folgen, z. B.:

- Zurückhaltung der Arbeitskraft durch den Arbeitnehmer,
- Kündigung durch den Arbeitnehmer,
- Verlangen nach Erfüllung der Pflichten,
- Schadensersatzansprüche durch den Arbeitnehmer,
- Bußgelder nach den gesetzlichen Bestimmungen.

k) Der Arbeitnehmer haftet für Schäden aus betrieblich veranlasster Tätigkeit:

bei **Vorsatz:**	unbeschränkte Haftung
bei **grober Fahrlässigkeit:**	i. d. R. unbeschränkte Haftung *Ausnahme*: wenn der Verdienst des Arbeitnehmers in deutlichem Missverhältnis zum Schadensrisiko steht
bei **mittlerer Fahrlässigkeit:**	Aufteilung des Schadens unter besonderer Berücksichtigung der Umstände des Einzelfalls
bei **leichter Fahrlässigkeit:**	keine Haftung

l) Unter einer Abmahnung versteht man eine schriftliche, deutlich erkennbare Ermahnung, ein genau bezeichnetes Fehlverhalten zu ändern. Für den Fall der Fortsetzung des beanstandeten Sachverhalts werden Konsequenzen, etwa in Form der Kündigung, angedroht. Man unterscheidet bei der Abmahnung

- die Disziplinarfunktion,
- die kündigungsrechtliche Warnfunktion.

Im letzteren Fall muss die Abmahnung nach den Grundsätzen der BAG-Rechtsprechung abgefasst sein. Die Abmahnung ist *nicht mitbestimmungspflichtig*. Es empfiehlt sich jedoch, den Betriebsrat zu informieren.

m) Eine *Betriebsbuße* ist eine Disziplinarmaßnahme zur Wahrung der betrieblichen Sicherheit und Ordnung im Betrieb und kann nur auf der Basis einer Betriebsvereinbarung (Vereinbarung über die Ordnung und Sicherheit im Betrieb) oder eines Tarifvertrages festgelegt werden. Die Formen der Betriebsbuße sind:

- Die *Verwarnung* ist eine mündliche Ermahnung; es wird ein bestimmtes Fehlverhalten beanstandet. Wird die Verwarnung mit der Androhung der Kündigung im Wiederholungsfall verbunden, so liegt keine Verwarnung, sondern eine Abmahnung vor.

- Der *Verweis* ist die schriftliche Form der Beanstandung eines Fehlverhaltens; er wird in die Personalakte aufgenommen.

- Bei schwerem Fehlverhalten kann eine *Geldbuße* (auf der Basis der vorliegenden Betriebsvereinbarung) verhängt werden.

05. Anfechtung des Arbeitsvertrages, Elternzeit

a) Die Firma kann den Arbeitsvertrag anfechten nach § 123 BGB; auch ohne Befragen ist Heinrich zur Wahrheit verpflichtet, da die Haftstrafe für das Arbeitsverhältnis relevant ist (subjektive Unmöglichkeit der Leistung).

b) Nein! Huber hat Kündigungsschutz nach § 18 BEEG.

5 Personaleinsatz

01. Versetzung und Mitbestimmung

- Es liegt eine mitbestimmungspflichtige Versetzung i. S. des § 95 Abs. 3 BetrVG vor.

- Der Betriebsrat in Krefeld muss der Versetzung nach § 99 Abs. 1 BetrVG zustimmen (abgebender Betrieb; Versetzung).

- Der Betriebsrat in Erkelenz muss der Einstellung nach § 99 Abs. 1 BetrVG zustimmen (aufnehmender Betrieb; Einstellung).

02. Einarbeitung neuer Mitarbeiter

1. *Ziele setzen:*
   Die Neuen sollen in einer Woche alle standardmäßigen Montagearbeiten beherrschen.

2. *Planen:*
   Was? Wer? Wann? In welcher Zeit? z. B. Ausbildungsinhalte, Vorarbeiter und/oder erfahrene Mitarbeiter usw.

3. *Organisieren:*
   Vorarbeiter informieren, Zeiten vorsehen, Vorkehrungen treffen … (o. Ä.).

4. *Durchführen:*
   Einarbeitungsplan mit den Neuen besprechen, „Tutoren" zuweisen, Räumlichkeiten/Orte zeigen, Einarbeitung starten.

5. *Kontrollieren:*
   Eigenkontrolle der Mitarbeiter organisieren, Kontrolle der Lernabschnitte, „End"kontrolle und Abschlussgespräch … o. Ä.

Hinweis: Bei Phase zwei bis vier kann es Überschneidungen geben; entscheidend ist, dass deutlich wird: Sie beherrschen das Thema „Einarbeitung" und können nach dem Managementregelkreis vorgehen.

03. Personaleinsatzplanung

a) *Ziel* der Personaleinsatzplanung:
   Durch die Personaleinsatzplanung ist die Personalressource (quantitativ und qualitativ) dem Arbeitsanfall anzupassen – kurz, mittel- und langfristig:

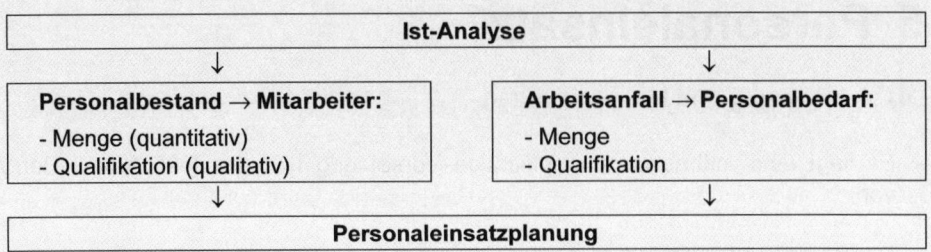

b) Mit der Personaleinsatzplanung werden z. B. folgende *Unterziele* verknüpft:

- Sicherung des Arbeitsschutzes und des Gesundheitsschutzes,
- Senkung der Fluktuation,
- Vermeidung von Vakanzen,
- Verbesserung der Motivation der Mitarbeiter,
- Senkung der Fehlzeiten,
- Sicherung der Produktivität.

c)

Personaleinsatz-planung	Mehrarbeit	Kurzarbeit	Personal-leasing	Insourcing Outsourcing
Maßnahmen, Modelle	befristete Einstellung	Arbeitsplatz-gestaltung	Arbeits-strukturierung	Arbeitszeit-modelle

d)

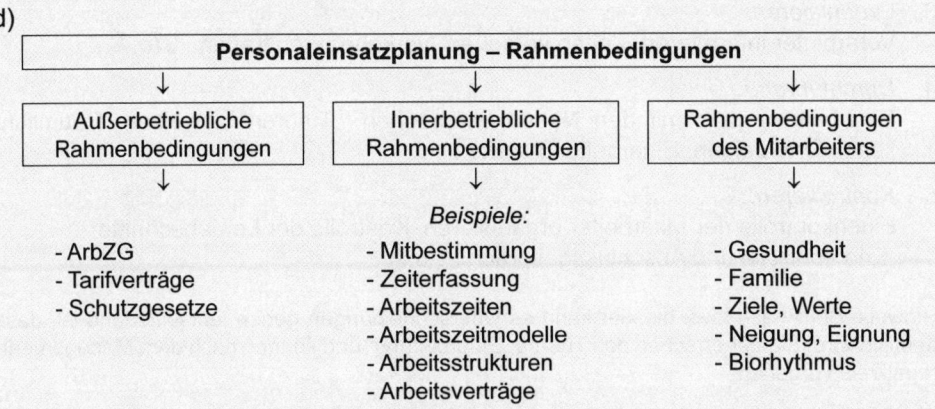

04. Ziele der Arbeitsplatzgestaltung

Arbeitsplatzgestaltung	
Ziele	**Beispiele**
1. Bewegungs-vereinfachung	- Materialanschläge - Vermeidung von Drehbewegungen - Verkürzen der Bewegung

Arbeitsplatzgestaltung		
Ziele		**Beispiele**
2.	Bewegungs-verdichtung	- Zusammenlegung von Vorgängen - Kopplung von manueller Arbeit und mechanischer Unterstützung - Verbindung von Hand- und Fußarbeit
3.	Mechanisierung, Teilmechanisierung	- Verwendung von druckluftunterstützten Werkzeugen - Fördervorrichtungen
4.	Aufgabenerweiterung	- Zusammenlegung von ausführender und kontrollierender Tätigkeit - Aufnahme zusätzlicher Arbeiten mit erweiterter Kompetenzzuweisung
5.1	Verbesserung der Ergonomie	- Anpassung der Werkzeuge und Maschinen an die Erfordernisse des menschlichen Körpers, z. B. Sitzhöhe, Griffschalen, wirbelsäulengerechte Gestaltung von Stühlen
5.2	Verbesserung des Wirkungsgrades	- Hebe- und Biegevorrichtungen
5.3	Verbesserung der Sicherheit am Arbeitsplatz	- Überprüfung, ob die Sicherheitsvorschriften beachtet werden - Gefährdungsanalyse und Einleitung ggf. erforderlicher Maßnahmen
5.4	Verbesserung der Motivation	- Leistungslohn - Job-Enrichment, Job-Enlargement - Job-Rotation - teilautonome Arbeitsgruppen
6.	Vermeidung von Erkrankungen/ Berufskrankheiten	- Begutachtung durch den werksärztlichen Dienst - Beachtung der Fehlzeiten/Fluktuation - Mitteilungen der Berufsgenossenschaften beachten
7.	Reduzierung des Absentismus	- Kombination der o. g. Maßnahmen

05. Arbeitszeit, Arbeitszeitflexibilisierung

a) Z. B.:

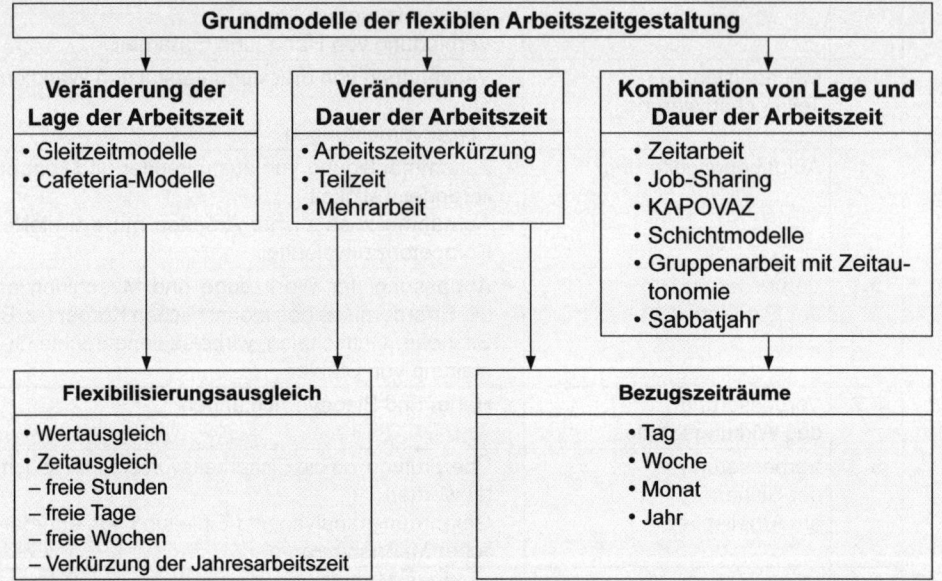

b) Beispiele:

Die *Betriebe*
- streben nach maximaler Maschinennutzungszeit bei kapitalintensiven Betrieben,
- wollen eine optimale Anpassung des Arbeitskräftepotenzials an Schwankungen der Nachfrage.

Die *Mitarbeiter*
- wünschen sich verstärkt eine flexiblere Gestaltung von Arbeitszeit und Arbeitsdauer,
- suchen nach verbesserten Möglichkeiten der Vereinbarkeit von Beruf und Familie.

Der *Gesetzgeber*
- verbessert tendenziell die Möglichkeiten zur Gestaltung der Arbeitszeitflexibilisierung z. B.: Arbeitszeitgesetz, Teilzeit- und Befristungsgesetz.

c) Deutschland hatte im Jahre 2009 mit 1.390 Arbeitsstunden das geringste „Jahrespensum" neben den Niederlanden (mit 1.370 Arbeitsstunden p.a.).

Zusatzinformation (für die Lösung nicht erforderlich)
Einen genauen Vergleich zeigt die nachfolgende Abbildung:

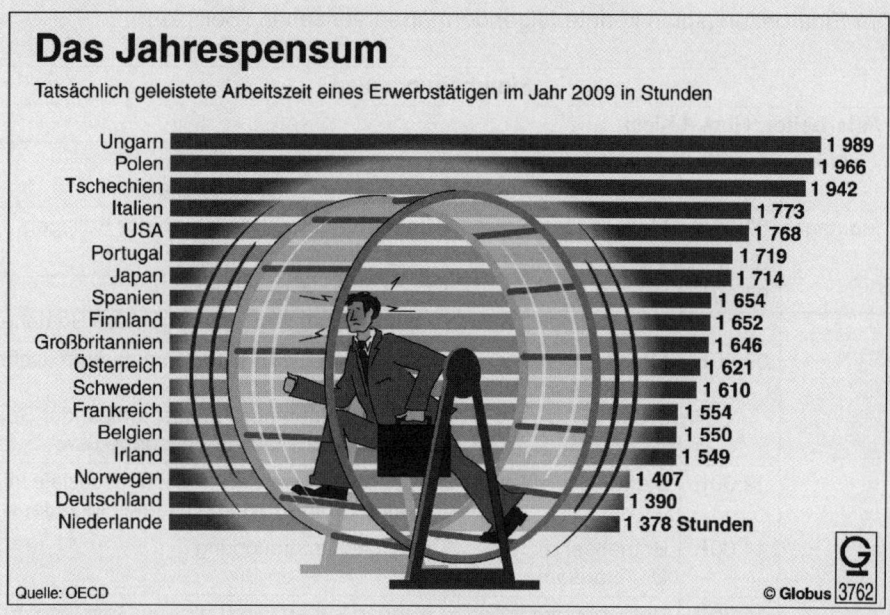

Das Jahrespensum

Tatsächlich geleistete Arbeitszeit eines Erwerbstätigen im Jahr 2009 in Stunden

Land	Stunden
Ungarn	1 989
Polen	1 966
Tschechien	1 942
Italien	1 773
USA	1 768
Portugal	1 719
Japan	1 714
Spanien	1 654
Finnland	1 652
Großbritannien	1 646
Österreich	1 621
Schweden	1 610
Frankreich	1 554
Belgien	1 550
Irland	1 549
Norwegen	1 407
Deutschland	1 390
Niederlande	1 378 Stunden

Quelle: OECD

© Globus 3762

Über 600 Arbeitsstunden - das ist der Unterschied zwischen oben und unten. Die Berufstätigen in Ungarn sind durchschnittlich 1.989 Stunden im Jahr für ihre Betriebe da. Ihre Kollegen in den Niederlanden haben dagegen ihr Jahrespensum schon nach 1.378 Stunden erfüllt. Das geht aus einer Untersuchung der Organisation für wirtschaftliche Zusammenarbeit und Entwicklung (OECD) hervor. Zu den Ländern mit relativ kurzen Jahresarbeitszeiten gehören auch Deutschland (1.390 Stunden) und Norwegen (1.407 Stunden). Vergleichsweise lange Arbeitszeiten haben – neben den Ungarn – auch die Polen und Tschechen.

Quelle: Globus-Abbildung vom 09.09.2010

1. Unter Schichtarbeit werden alle Formen der Arbeitsorganisation verstanden, in denen Arbeit entweder zu einer regelmäßig wechselnden Tageszeit oder zu einer festen, aber ungewöhnlichen Tageszeit ausgeführt wird.

2. Formen der Schichtarbeit:

   - Zweischichtarbeit (nichtkontinuierliche Wechselschicht)
   - Dreischichtarbeit (teilkontinuierliche Wechselschicht)
   - Durchlaufbetriebe (vollkontinuierliche Wechselschicht)

3. Rahmenbedingungen der Schichtarbeit, z. B.:

   - Tarifliche Rahmenbedingungen (Gesamtarbeitsverträge)
   - betriebliche Erfordernisse
   - Bedürfnisse der Arbeitnehmer
   - arbeitswissenschaftliche Empfehlungen

06. Einarbeitungsplan

Der Einarbeitungsplan könnte folgendermaßen aussehen (Beispiel):

Einarbeitungsplan			
Mitarbeiter: Hubert Klein			
Tag	*Zeit*	*Wer?* *Gesprächspartner*	*Was?* *Maßnahmen*
Montag	07:30 h	Meister, Herr Ernst	Begrüßung; Kennen lernen der Kollegen Begehung des Betriebes
	08:30 h	Verwaltung, Frau Knapp	Einstellungsformalitäten Information über Regelungen des Betriebes
	09:30 h	Meister, Herr Ernst	Information über Maßnahmen zum Unfallschutz Kennen lernen des Arbeitsplatzes, der Sozialräume, der Werkzeugausgabe usw.
	12:00 h	Mentor, Herr Kurz	Gespräch, Zusatzinformationen, soziale Integration („Klima"), gemeinsames Mittagessen
	14:00 h	Betriebsarzt, Dr. Grausam	Ärztliche Untersuchung
	15:30 h	Betriebsratsmitglied, Frau Hurtig	Kennen lernen, persönliches Gespräch, Fragen, Zusatzinformationen usw.
	...	...	...
Dienstag	07:00 h	Kollege, Herr Knick	Einweisung am Arbeitsplatz, Maschinenbedienung, Sicherheitsunterweisung usw.
	...	...	...

07. Gleitende Arbeitszeit

a) Beispiel:

Gleitzeit			**Kernzeit**							Gleitzeit			
6:00	7:00	8:00	9:00	10:00	11:00	12:00	13:00	14:00	15:00	16:00	17:00	18:00	19:00

- Aufteilung der (täglichen/wöchentlichen) Sollarbeitszeit in Kernzeitblöcke (Anwesenheitspflicht) und Gleitzeitblöcke (individuelle Dispositionsfreiheit).

- Varianten: tägliche, wöchentliche und monatliche Erfüllung eines Zeitsolls bei limitierter oder nicht limitierter Übertragbarkeit von Zeitguthaben.

b)

Gleitende Arbeitszeit (GLAZ)	
Vorteile aus der Sicht der Arbeitnehmer	**Vorteile aus der Sicht der Arbeitgeber**
- Flexible Anpassung der Arbeitszeit an persönliche Bedürfnisse und Lebensumstände - höheres Maß an Eigenbestimmung - Möglichkeit der Stressverminderung (Verkehrssituation; Zeitintervall statt Fixtermin usw.) - Ansätze zur Arbeitszufriedenheit und zur verbesserten Lebensqualität - Möglichkeiten zur beruflichen Fortbildung, Behördengänge usw.	- Tendenziell geringere Fehlzeiten wegen persönlicher Verhinderung (Arztbesuch usw.) - Ansätze zur Arbeitszufriedenheit; positive Beeinflussung der Leistungsmotivation - grundsätzlich: Möglichkeit zur Gestaltung der Kernzeit nach den Erfordernissen des Marktes - Flexibilisierungspotenzial: z. B. Aufbau/ Abbau von Gleitzeit-Guthaben

c) z. B.: - Arbeitszeitgesetz,
- Mitbestimmung lt. BetrVG (speziell: § 87 Abs. 1 BetrVG),
- ggf. Manteltarifvertrag,
- ggf. bestehende Betriebsvereinbarung über die bisher betrieblich geltende Arbeitszeit,
- ggf. einzelvertragliche Regelungen zur Arbeitszeit.

08. Verfügbare Arbeitszeit, Taktzeit, Anzahl der Arbeitsplätze

a) 1. Verfügbare Arbeitszeit:
Pro Jahr: 20 Arb.tg. · 8 Std. · 12 Mon. · 60 min = 115.200 min/Jahr
Pro Schicht: 1 Arb.tg. · 8 Std. · 60 min = 480 min

2. Kundenbedarf je Arbeitstag bzw. Schicht
60.000 Stk. : 240 Arb.tg. = 250 Stk./Schicht

3. Taktzeit:

$$\text{Kundentakt} = \frac{\text{verfügbare Arbeitszeit/Schicht [min]}}{\text{Kundenbedarf/Schicht [min]}}$$

= 480 min : 250 Stk.
= 1,92 min/Stk.

b) 1. Mindestanzahl der erforderlichen Montagearbeitsplätze:

$$\text{Mindestanzahl der Taktarbeitsplätze} = \frac{\text{Montagezeit pro Verdichter [min]}}{\text{Kundentakt [min]}}$$

= 9,6 min : 1,92 min
= 5 Montagearbeitsplätze

09. Konzept zur ergonomischen Gestaltung der Montagearbeitsplätze

a) Zielsetzungen der Ergonomie:

- Humane Gestaltung der Arbeitsbedingungen (ohne Beeinträchtigungen und gesundheitlich unbedenklich)
- Verbesserung der Produktivität, Rentabilität und Qualität der Arbeit
- Verbesserung der Motivation und Zufriedenheit der Mitarbeiter durch weitgehende Berücksichtigung ihrer (berechtigten) Erwartungen

b) Schwerpunkte bei der Gestaltung des Arbeitsplatzes:

- Körpermaße, Körperhaltung
- Raumbedarf - im Sitzen/im Stehen
- Sehbereich/Sehgeometrie
- Bewegungsräume und -häufigkeiten (Greifräume)
- Anpassen von Handwerkszeugen, Griffen und Bedienelementen an die Anatomie der Hand
- Arbeitsflächen, -sitze und -stühle

c) Gestaltung von Greifräumen:

1. Häufig abzulesende Anzeigen sollten in Augenhöhe und im unmittelbaren Blickfeld (vgl. Zone 1 und 2, Abb. unten) angeordnet sein.
2. Bewegungen außerhalb des normalen Greifraumes (weites Greifen) sind zu vermeiden.
3. Kleine, exakte Bewegungen sollten im Arbeitszentrum erfolgen (Zone 1).
4. Greifbehälter zur Aufnahme von Kleinteilen sollten außerhalb des Arbeitszentrums aber innerhalb der noch nutzbaren Zone aufgestellt werden (Zone 3 und 4).
5. Ein häufiger Wechsel der Sehentfernung ist zu vermeiden.

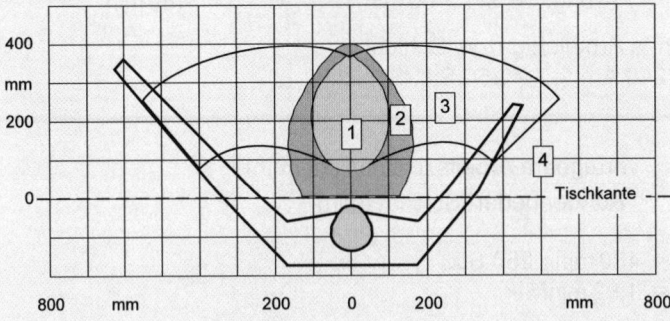

Erläuterung der Zonen (für die Lösung nicht erforderlich):

Zone 1 Arbeitszentrum	Zone 3 Einhandzone
Beide Hände liegen nahe beieinander. Montageort Ort für Aufnahmevorrichtung	Zone zum Lagern von Teilen und Werkzeugen, die mit einer Hand oft gegriffen werden.
Zone 2 Erweitertes Arbeitszentrum	Zone 4 Erweiterte Einhandzone
Beide Hände erreichen alle Punkte dieser Zone.	Äußerste, noch nutzbare Zone, z. B. für Greifbehälter.

Quelle: in Anlehnung an BGI 523, Mensch und Arbeitsplatz, VMBG

d) Folgen der Monotonie, z. B.:

- Müdigkeit
- abnehmendes Interesse
- Konzentrationsverlust
- sinkende Aktivität
- Rückgang der Arbeitszufriedenheit
- ggf. Anstieg des Krankenstandes.

Vorbeugende Maßnahmen, z. B.:

- Tätigkeitswechsel innerhalb der Gruppe
- Anreicherung der Tätigkeit (z. B. Prüfen)
- Training der Leistungsvoraussetzungen (richtige Handhabung, effektives Fügen von Bauteilen usw.)
- ggf. Kurzpausensystem.

e) Rechtsgrundlagen bzw. Regelwerke, z. B.:

- BGV A 1 Grundsätze der Prävention
- Arbeitsschutzgesetz
- Betriebsverfassungsgesetz, §§ 90 f.
- Arbeitsstättenverordnung
- Geräte- und Produktsicherheitsgesetz
- Arbeitssicherheitsgesetz
- Betriebssicherheitsverordnung
- Normenreihe „Sicherheit von Maschinen", z. B. DIN EN 292, 614, 894, 547, 1005
- Normenreihe DIN, z. B. 33403-3, 33402-1 ff., 33411-1 ff.

6 Personalentlohnung, Personalkosten

Beim „Zeitlöhner" erfolgt die Entlohnung auf Stundenbasis (Anzahl der Stunden · Lohnsatz pro Stunde):

Grundlohn:	167 Std. · 12,00 €/Std.	=	2.004 €
Überstunden-Vergütung:	38 Std. · 12,00 €/Std. · 1,5	=	684 €

Der Gesamtlohn im Monat September beträgt 2.688 €.

02. Zeitakkord

a) Minutenfaktor $= \dfrac{12,00\ €}{60\ min} = 0,20\ €/min$

b) tatsächlicher Stundenlohn $= \dfrac{0,20\ €/min \cdot 60}{15} \cdot 17 = 13,60\ €/Std.$

c) Bruttolohn bei Normalleistung $= 0,2 \cdot 4 \cdot 15 \cdot 35$
$\qquad\qquad\qquad\qquad\qquad\quad = 420,00\ €/35\text{-Std.-Woche}$

Bruttolohn bei Ist-Leistung $\quad = 504,00\ €/35\text{-Std.-Woche}$

Leistungsgrad $\qquad\qquad\qquad = \dfrac{504}{420} \cdot 100 = 120\ \%$

Die Leistung des Facharbeiters lag in der 39. und 40. Woche 20 % über der Normalleistung. (Hinweis: Es sind auch andere Berechnungswege möglich.)

d) Zeitakkord $= 0,2 \cdot 4 \cdot x = 15,20$

$\qquad\qquad\qquad\qquad\quad x = 19\ Stk./Std.$

03. Entgeltdifferenzierung

	Bemessungsprinzipien	
	Anforderungsgerechtigkeit	Leistungsgerechtigkeit

Bemessungs-kriterien, z.B.	Anforderungsarten, z.B.:
	
	- Genfer Schema
	  (4 Merkmale)
	- REFA-Schema
	  (7 Merkmale)
		Arbeitsergebnis, z.B.:
		
		- Arbeitsmenge
		- Arbeitsgüte

Bemessungsprinzipien		
	Anforderungsgerechtigkeit	**Leistungsgerechtigkeit**
Bemessungs-objekt	betrachtet wird der Arbeitsplatz	betrachtet wird der Mitarbeiter
Bemessungs-verfahren	Arbeitsbewertung, z. B.: - summarisch - analytisch	Formen der Ergebnisbewertung, z. B.: - Leistungslohn - Provision
Entgeltformen	- Zeitlohn - Gehalt	Leistungslohn, z. B.: - Akkordlohn - Prämienlohn 　Provision - Formen der Ergebnisbeteiligung

04. Prämienlohn

Merkmale, an denen sich die Gestaltung eines Prämienlohns orientieren kann, z. B.:

• Arbeitsqualität
• Arbeitsquantität
• Zeitverbrauch
• Termineinhaltung
• Verbrauch an Faktoreinsatzmengen (z. B. Materialverbrauch)
• Umweltverträglichkeit

05. Akkordlohn, Lohnstückkosten

a) 1. Voraussetzung: *Akkordfähigkeit*

Der Arbeitsablauf muss zeitlich und inhaltlich festgelegt und ergonomisch gestaltet sein. Der Mitarbeiter muss ihn aber noch beeinflussen können. Das Leistungsergebnis muss einfach und exakt gemessen werden können (z. B. Stückzahlen).

2. Voraussetzung: *Akkordreife*

Der Arbeitsablauf muss frei von Mängeln sein (z. B. gesicherter Materialfluss). Es müssen konstante Arbeitsbedingungen vorliegen und der Mitarbeiter muss in erforderlichem Maße geeignet, eingearbeitet und geübt sein.

3. Voraussetzung: *Akkordbeeinflussbarkeit*

Der Mitarbeiter muss die Leistungsmenge direkt und in erheblichem Maße beeinflussen können.

b)

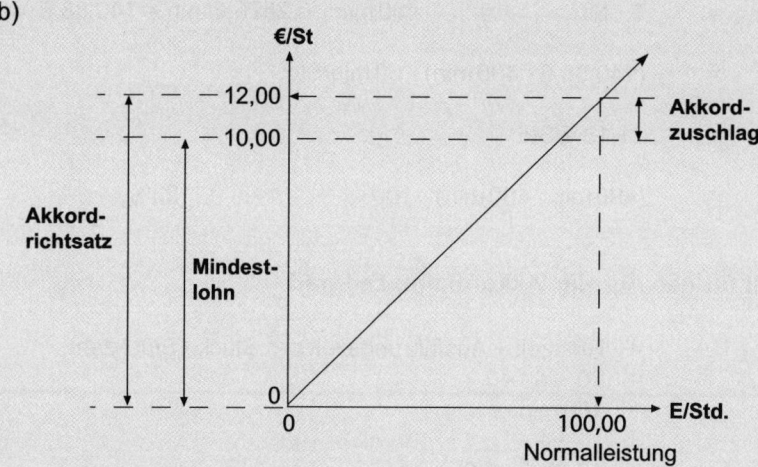

c) Lohnstückkosten:

Einheiten (E)	Lohn (L)	Lohnstückkosten (L:E)
100	12,00 €	0,12 €
120	14,40 €	0,12 €
130	15,60 €	0,12 €

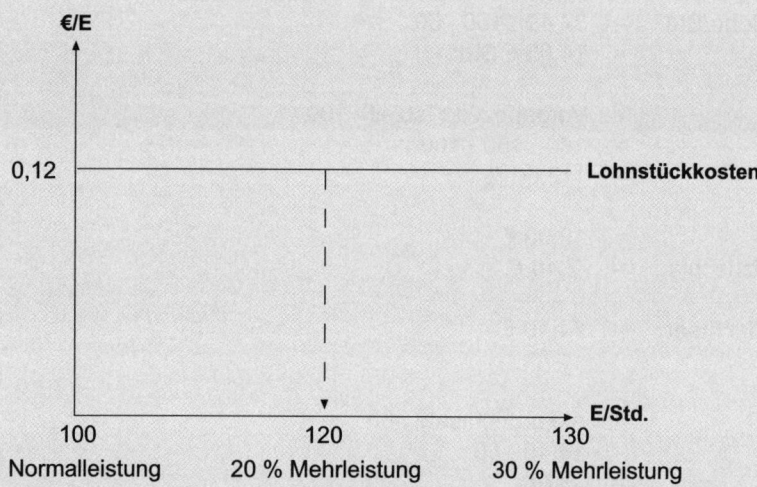

d) 1. T = $t_r + m \cdot t_e = 40\,min + 30\,Stück \cdot 15\,min/Stück$

              = $490\,min$

Minuten-
faktor (Mf)   = $17,25\,€/Std. : 60\,min$ $= 0,2875\,€/min$

Verdienst   =   T · Mf   =   490 min · 0,2875 €/min = 140,88 €

2. Verdienst   =   (140,88 € : 400 min) · 60 min/Std.

    =   21,13 €/Std.

Zeitgrad   =   (490 min : 400 min) · 100   =   123 %

06. Vorgabezeit für den Auftrag, Akkordlohn, Zeitgrad

a) Auftragszeit   =   Rüstzeit + Ausführungszeit pro Stück · Stückzahl
   $T = t_r + t_e · m$ =   20 + 4 · 40
    =   180 min

Akkordrichtsatz   =   10,00 € · 1,25
    =   12,50 €

Minutenfaktor   =   Akkordrichtsatz : 60
    =   0,2083 €/min

Akkordbruttolohn   =   180 · 0,2083
(des Auftrags)   =   37,49 €

Akkordbruttolohn/Std.   =   37,49 : 160 · 60
(Istzeit = 160)   =   14,06 €/Std.

Zeitgrad   =   Vorgabezeit : Istzeit · 100
    =   180 : 160 · 100
    =   112,50 %

b) 1.   Tariflohn   =   12,00 €
      + Akkordzuschlag   =   2,40 €
      _____
      = Akkordrichtsatz   =   14,40 €

Zeitakkord:
Minutenfaktor   =   Akkordrichtsatz : 60
    =   14,40 : 60
    =   0,24

Akkordlohn
(pro Stunde)   =   0,24 · 7,5 · 9
    =   16,20 €

Stückakkord:
Normalleistung   =   60 min : 7,5 min pro Stk.
    =   8

Stückakkordsatz = Akkordrichtsatz : Normalleistung
= 14,40 : 8
= 1,8

Stückakkord
Akkordlohn = Stückzahl · Stückakkordsatz
(pro Stunde) = 9 · 1,8
= 16,20 €

2. *Leistungsgrad* = Istleistung : Normalleistung · 100
= 9 : 8 · 100
= 112,50 %

c) Akkordrichtsatz = Grundentgelt + Akkordzulage

= 23 €/h + 10% = 25,30 €/h

Entlohnung für
den Auftrag = 1.200 min · 25,30 €/60min = 506,00 €

Tatsächlicher
Stundenlohn = 506 €/16 h = 31,63 €/h

Lohnkosten = 506 €/1.000 Stück = 0,51 €/Stück

07. Entgeltpolitik und Arbeitsbewertung (1)

a) Im betrieblichen Prozess der Leistungserstellung werden die Produktionsfaktoren „Arbeit", „Betriebsmittel" und „Werkstoffe" miteinander kombiniert, um ein am Markt verwertbares Leistungsergebnis zu erstellen.

• *Für den Arbeitnehmer*
ist das Entgelt eine Frage der Existenzsicherung und damit ein „Muss". Ab einer bestimmten Entgelthöhe kann die Vergütung zusätzliche Anreizwirkung entfalten (vgl. dazu die Thesen von Herzberg: „Lohn als Hygienefaktor" und „Lohn als Motivationsfaktor").

• *Für den Arbeitgeber*
ist das gezahlte Entgelt ein Kostenfaktor, der seinen Gewinn beeinflusst. Der Faktor Personal ist (trotz) aller gut gemeinten Worte ein „Kostenverursacher" und damit ebenfalls ein „Faktor der Existenzsicherung auf der Arbeitgeberseite".

Wegen dieser Grundsituation

- Entgelt „als Faktor der Existenzsicherung auf der Arbeitnehmerseite" und
- Entgelt „als Kostenfaktor auf der Arbeitgeberseite"

besteht ein *prinzipieller Verteilungskonflikt*:

Arbeitnehmer- und Arbeitgeberseite werden beständig darum ringen, ihre „Existenzsicherung" zu sichern. Es geht laufend um die Beantwortung der Frage, welchen Anteil der Faktor Kapital und welchen der Faktor Arbeit am Leistungsergebnis hat, und wie sie dementsprechend zu vergüten sind. Da die Position der Arbeitnehmerseite meist als die schwächere angesehen wird, existieren im System der sozialen Marktwirtschaft Rahmenbedingungen zum Schutz der Arbeitnehmer, die von der Arbeitgeberseite einzuhalten sind (z. B. Arbeitsschutzgesetze, Verordnungen, Tarifverträge usw.).

b) Die betriebliche Wertschöpfung ist der wertmäßige Unterschied zwischen den *Vorleistungen* anderer Wirtschaftseinheiten, die der Betrieb zur Erzeugung/Veredlung seiner Leistungen braucht und den vom Betrieb erzeugten und abgesetzten *Leistungen*.

c) 1. *Realisierung einer Entgeltgerechtigkeit:*
      Eine absolute Entgeltgerechtigkeit ist nicht realisierbar, da es keinen absolut gültigen Maßstab für die Entgeltgestaltung gibt. Bestenfalls ist eine relative Entgeltgerechtigkeit erreichbar. „Relativ" heißt vor allem:

   1.1 *Gerechte Entlohnung innerhalb der Produktionsfaktoren* (vgl. oben: Verteilung der betrieblichen Wertschöpfung)

   1.2 *Gerechte Lohndifferenzierung*:
       - Unterschiedliche Arbeitsergebnisse führen zu unterschiedlichen Entgelten (Stichwort: „Mehr Leistung → mehr Lohn")
       - Unterschiedlich hohe Arbeitsanforderungen werden unterschiedlich entlohnt (Stichwort: „Höhere Anforderungen → höherer Lohn")
       - Gleiche Anforderungen und gleiche Arbeitsergebnisse führen zu gleichen Entgelten (Stichwort: Entgeltgerechtigkeit im Vergleich zu anderen Arbeitnehmern, Prinzip der Gleichbehandlung)

   2. *Sicherung des Äquivalenzprinzips*:
      Dem gezahlten Entgelt (Personalkosten) muss auf betrieblicher Seite ein äquivalentes Ergebnis gegenüberstehen (vgl. oben: Sicherung der betrieblichen Wertschöpfung). Zum Beispiel führt jede Verschlechterung der Arbeitsproduktivität zu einer Reduzierung der betrieblichen Wertschöpfung.

   3. *Motivation der Arbeitnehmer*:
      Es ist sehr umstritten, ob das gezahlte Entgelt auf den Arbeitnehmer motivierend wirkt, das heißt, ihn veranlasst, gute bzw. bessere Arbeitsleistungen zu erbringen. Meist wird diese These verneint. Relativ unumstritten ist jedoch die Auffassung, dass ein vom Arbeitnehmer als nicht gerecht empfundener Lohn zu einer Demotivation führen kann (Stichwort: Herzberg → Lohn als Hygienefaktor).

d) 1. *Variation der absoluten Höhe des Entgelts*, z. B.:
      - „mehr Leistung führt zu mehr Lohn"
      - „höhere Arbeitsanforderungen führen zu mehr Lohn"
      - „eine höhere Betriebszugehörigkeit führt zu einer Lohnzulage"

2. *Variation der Entgeltstruktur:*
Durch die Aufsplittung des Entgelts in fixe und variable Bestandteile versucht die Arbeitgeberseite, Leistungsanreize zu gestalten und die Äquivalenz von Entgelt und erbrachter Leistung zu beeinflussen. Realisiert werden kann dies z. B. über die Wahl geeigneter Entgeltformen.

e) *Externe Bestimmungsgrößen* der Entgeltgestaltung
sind solche, die vom Betrieb nicht direkt beeinflusst werden können und für ihn ein Datum sind.

Interne Bestimmungsgrößen der Entgeltgestaltung
sind solche, die vom Betrieb unmittelbar festgelegt werden können bzw. sich aus den Unternehmensentscheidungen ergeben.

Im Überblick:

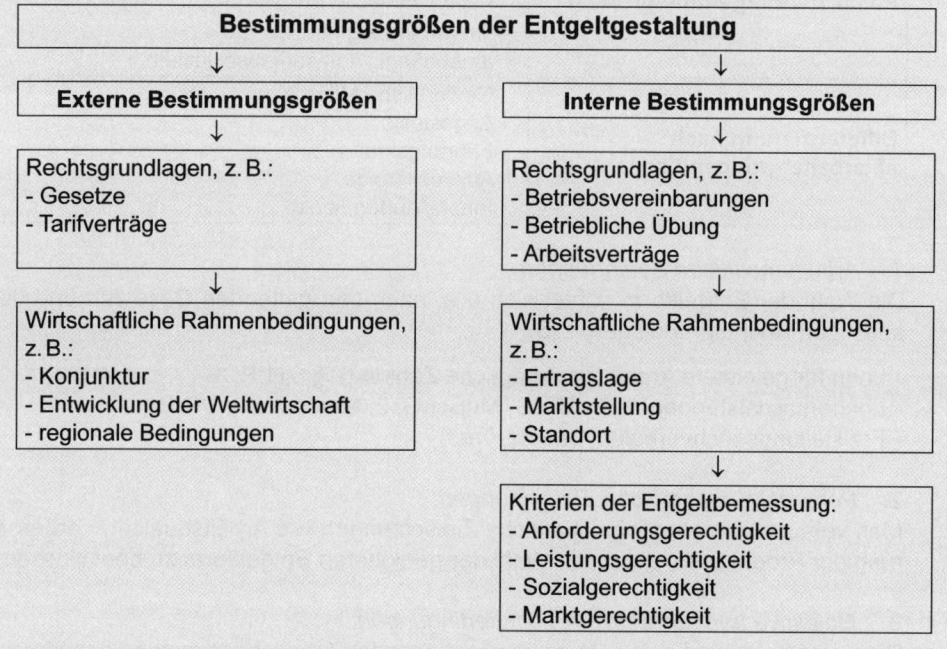

f) Auswahl und Einsatz betrieblicher Entgeltformen haben sich an den beschriebenen Zielen der Entgeltpolitik zu orientieren (Entgeltgerechtigkeit, Äquivalenzprinzip, Motivationseffekt).

Dabei hat die Arbeitgeberseite im Rahmen der gesetzlichen Rahmenbedingungen folgende, grundsätzliche Wahlmöglichkeiten (Variablen), über die zu entscheiden ist:

Variablen der Entgeltgestaltung	
Variablen	*Beispiele*
Entgeltformen	- Zeitlohn - Akkordlohn - Prämienlohn
Entgeltmethoden	- Zeitakkord/Geldakkord - Einzelentgelt/Gruppenentgelt
Entgeltstruktur	- Fixe und variable Bestandteile - Geldleistungen und geldwerte Leistungen - Zulagen - Erfolgsbeteiligungen

Politik der Entgeltüberprüfung	- 1-Jahres-Rhythmus
	- 2-Jahres-Rhythmus
	- Zeitpunkt der Überprüfung:
	  · in Verbindung mit bzw.
	  · unabhängig von Tarifabschlüssen

Differenzierung nach Mitarbeitergruppen/Ebenen	- Gewerbliche Mitarbeiter - Angestellte - Führungskräfte - Auszubildende - Innen-/Außendienst

1. *Arbeitsrechtliche Bedingungen:*
Die Wahl der Entgeltform richtet sich u. a. nach den geltenden Gesetzen und den sonstigen Rechtsgrundlagen, z. B.:

- Lohn für geleistete Arbeit (nachträgliche Zahlung), § 611 BGB
- Lohnersatzleistungen, z. B. EFZG, MuSchG, 2. Mindestlohn-VO Bau
- Freistellungssachverhalte (Gesetz, Tarif)

2. *Personalwirtschaftliche Zielsetzungen:*
Man versucht, personalwirtschaftliche Zielsetzungen wie Arbeitsqualität, Verbesserung der Produktivität durch die Wahl der geeigneten Entgeltform zu beeinflussen.

3. *Objektive und subjektive Arbeitsbedingungen:*
Die Entgeltform wird sich auch an den vorliegenden Arbeitsbedingungen orientieren.

- *Objektive Arbeitsbedingungen:*
  Sind die objektiven Arbeitsbedingungen ungünstig, kann z. B. eine Erschwerniszulage infrage kommen; ist das mengenmäßige Arbeitsergebnis aufgrund der Technik nur wenig zu beeinflussen, wird man z. B. den Zeitlohn oder ggf. den Prämienlohn wählen (Akkordentlohnung ist nicht möglich).

- *Subjektive Arbeitsbedingungen:*
  Leistungsfähigkeit und -bereitschaft (Erkrankung, Behinderung, Arbeitsmotivation, Stressstabilität u. Ä.) des Mitarbeiters können z. B. dazu führen, dass ein Mitarbeiter nicht in der Akkordarbeit eingesetzt wird.

4. *Kosten der Entgeltfestsetzung und -abrechnung:*
Jede Entgeltform verursacht spezifische Kosten der Brutto- und Nettolohnberechnung. Im einfachsten Fall des „Monatsgehaltes ohne Zulagen" ist die Berechnung relativ kostengünstig. Je stärker man die Entgeltdifferenzierung durchführen will, desto höher sind die Kosten der Entgelterfassung und -abrechnung; Beispiel: Akkordlohn mit Zuschlägen als Gruppenakkord mit Äquivalenzziffern + Auslösungsentgelte für auswärtige Baustellen + Erfolgsbeteiligung.

g) Generell lassen sich die Lohnformen (auch: Entgeltformen) nach unterschiedlichen Gesichtspunkten systematisieren:

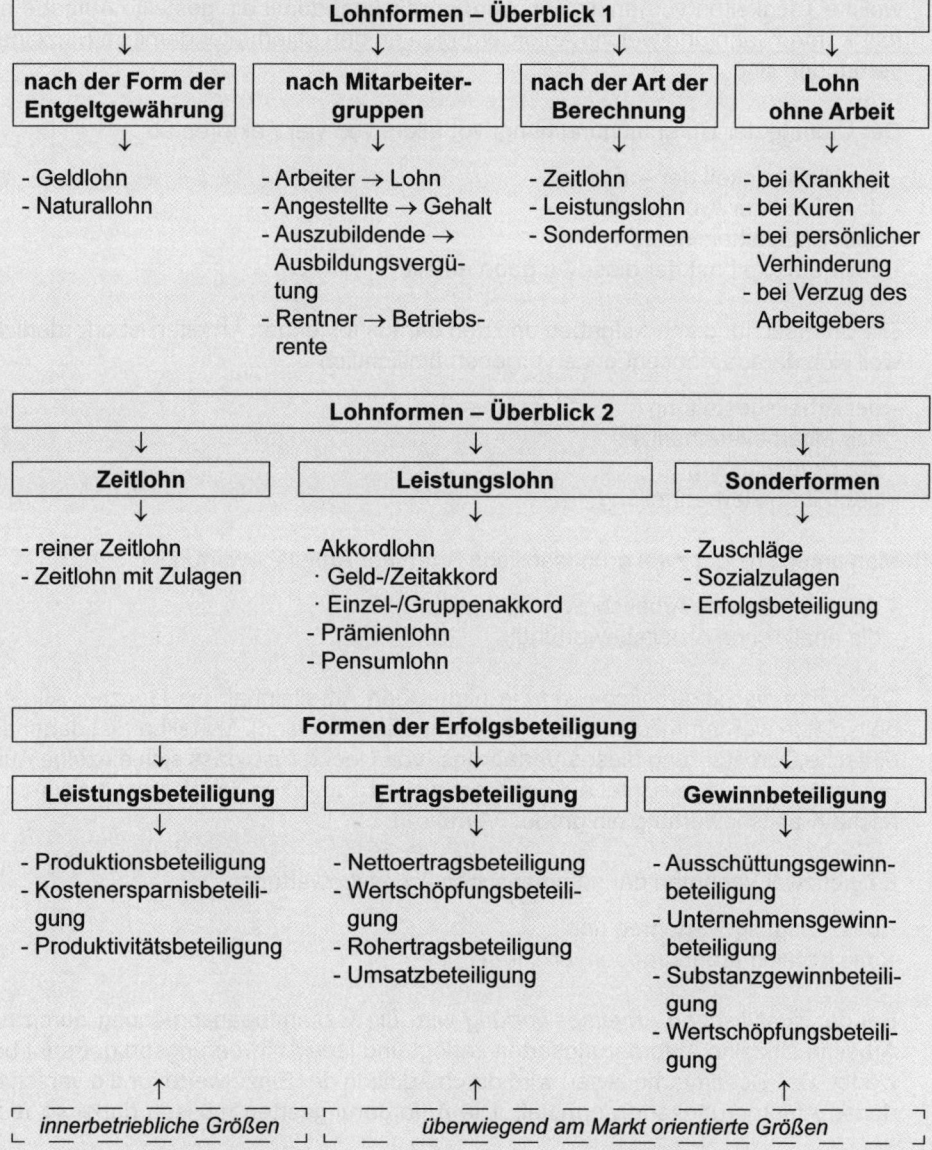

h) Die Arbeitsbewertung beantwortet zwei Fragen:

- Mit welchen Anforderungen wird der Mitarbeiter konfrontiert?
- Wie hoch ist der Schwierigkeitsgrad einer Arbeit im Verhältnis zu einer anderen?

Dabei bleiben der Mitarbeiter, seine persönliche Leistungsfähigkeit, sein Schwierig-keitsempfinden und die Leistungsbeurteilung durch Vorgesetzte außer Acht. Konkret werden z. B. die Arbeiten eines Entwicklungsingenieurs und eines Einkäufers ver-glichen und entweder als gleich eingestuft oder als relativer Stufenabstand festge-stellt. Bei der Untersuchung der Arbeitsanforderungen wird von der Gesamtaufgabe des Arbeitsplatzes ausgegangen; sie wird in Teilaufgaben zerlegt, um festzustellen, welche Tätigkeiten vorgenommen werden müssen, damit die gestellte Aufgabe er-füllt werden kann und welche Anforderungen an den Mitarbeiter damit im Einzelnen verbunden sind.

Der Umfang der Untersuchung hängt vor allem von vier Faktoren ab:

- der Vielseitigkeit der Aufgaben
- dem Grad der Arbeitsteilung
- dem Sachmitteleinsatz
- der Häufigkeit mit der diese Aufgabe anfällt.

Die Untersuchung von Aufgaben und den daraus folgenden Arbeiten ist erforderlich, weil sich daraus Konsequenzen ergeben hinsichtlich

- der Arbeitsgestaltung
- des Mitarbeitereinsatzes
- der Unterweisung
- der Mitarbeiterbeurteilung.

i) Man unterscheidet zwei grundsätzliche Arten der Arbeitsbewertung:

- die summarische Arbeitsbewertung und
- die analytische Arbeitsbewertung.

Die *summarische Arbeitsbewertung* nimmt den Arbeitsinhalt als Ganzes. Alle Ar-beitsplätze werden miteinander in Bezug gesetzt (en bloc). Vorteilhaft ist dabei die einfache Durchführung dieses Verfahrens. Von Nachteil ist, dass sich einzelne Aus-prägungen nur ungewichtet auf den Gesamtwert auswirken. Insofern ist die summa-rische Arbeitsbewertung ein grobes Verfahren.

Es gibt zwei Varianten der summarischen Arbeitsbewertung:

- das Rangfolgeverfahren und
- das Katalog-/Lohngruppenverfahren

Bei der *analytischen Arbeitsbewertung* wird die Gesamtbeanspruchung durch die Arbeit in einzelne Anforderungsarten zerlegt und jede Anforderungsart getrennt be-wertet. Der Gesamtarbeitswert wird durch Addition der Einzelwerte für die verschie-denen Anforderungsarten ermittelt. Die Anforderungsarten müssen dabei so festgelegt werden, dass sie eine repräsentative Aussage über die Schwierigkeit einer Tätigkeit zulassen.

Nach REFA erfolgt die analytische Arbeitsbewertung über drei Stufen:

1. Arbeitsbeschreibung:
   Beschreiben des Arbeitssystems und gegebenenfalls dessen Arbeitssituation

2. Anforderungsanalyse:
   Ermitteln von Daten für einzelne Anforderungsarten

3. Quantifizierung der Anforderungen:
   Bewerten der Anforderungen und Errechnen der Anforderungswerte.

Die Anforderungsarten sind nicht einheitlich definiert. Zumeist wird auf das *„Genfer Schema der Arbeitsschwere"* zurückgegriffen, das die folgenden sechs Anforderungsarten nennt:

Geistige Anforderungen	1. Können 2. Belastung
Körperliche Anforderungen	3. Können 4. Belastung
Verantwortung	5. Belastung
Arbeitsbedingungen	6. Belastung

Somit werden geistige und körperliche Arbeitsinhalte sowohl nach Können als auch nach Belastungsgraden analysiert. Verantwortung und Arbeitsbedingungen setzen im Genfer Schema kein Können voraus, hier zählt nur der Belastungsgrad. Beim Können kommt es auf den höchsten Anforderungsgrad, unabhängig von der Auftretenshäufigkeit und -dauer an. Zum Beispiel muss ein Bilanzbuchhalter ggf. nur einmal im Jahr die Bilanz erstellen, braucht dann aber das gesamte Wissen um alle Bestimmungen. Bei der Belastung kommt es auf den durchschnittlichen Grad und die Dauer an, z. B. Verantwortungsbreite und -tiefe einer Führungskraft.

REFA hat aus dem Genfer Schema folgendes Beschreibungssystem mit sechs Anforderungen abgeleitet:

1. Kenntnisse
2. Geschicklichkeit
3. Verantwortung
4. geistige Belastung
5. muskelmäßige Belastung
6. Umgebungseinflüsse.

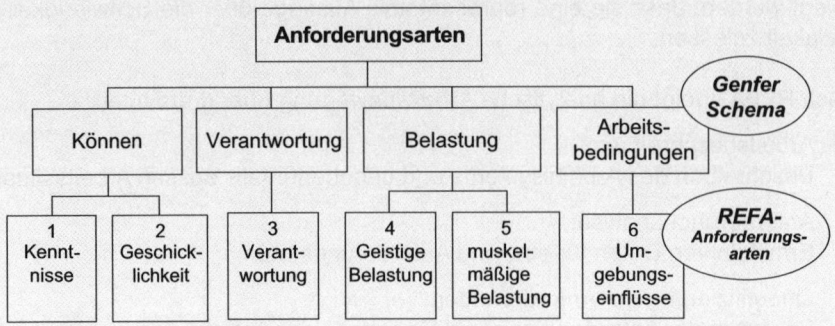

Arbeitsplätze in der Fertigung lassen sich mit beiden Anforderungsarten gut beschreiben. Schwieriger wird die Bewertung von Stellen in indirekten Bereichen (Verwaltung). Hier gilt es, zusätzliche Merkmale zu finden, z. B. sprachliche Ausdrucks-, Dispositions- und Systematisierungsfähigkeit. Mit zunehmender Anzahl von Merkmalen steigt jedoch der mit der Bewertung verbundene Aufwand.

Für welchen der beiden Kataloge von Anforderungsarten sich ein Betrieb auch entscheidet – zur Anwendung gelangen immer die folgenden zwei Ermittlungsverfahren der analytischen Arbeitsbewertung:

- das Rangreihenverfahren oder
- das Stufenwertzahlverfahren

j) Das Rangfolgeverfahren ist ein einfaches Verfahren ohne erheblichen Zeitaufwand. Die schwierigste Arbeit steht am oberen Ende der „Treppe", die leichteste am unteren. Neu hinzukommende Arbeiten werden in den Maßstab eingeordnet. Es erfolgt keine Gewichtung der einzelnen Stufenabstände zueinander, sodass es zur Lohnfindung nur bedingt tauglich ist.

Beispiel: Angenommen, man hätte die nachfolgenden drei Arbeitsplätze zu bewerten, so würde man nach dem Rangfolgeverfahren in etwa zu folgender Abstufung kommen:

- Bauhelfer: einfache Arbeiten, geringe Verantwortung usw.
- Transportarbeiter: bedient u. a. Fahrzeuge usw.
- Bauleiter: gibt Anweisung, trägt Verantwortung usw.

Abstufung: 1. Bauleiter
                          2. Transportarbeiter
                          3. Bauhelfer

k) Beim Katalogverfahren (= Lohngruppenverfahren) wird der umgekehrte Weg wie beim Rangfolgeverfahren beschritten: Ausgangspunkt sind immer feststehende, beschriebene Lohngruppen-Merkmale, mit denen ein Arbeitsplatz verglichen wird. Die Lohngruppen-Merkmale werden nach den Schwierigkeitsgraden der Arbeitsinhalte gebildet.

Ausschlaggebend sind die erforderliche Qualifikation und Erfahrung des Mitarbeiters. Beispiele mit Querverweisen zu anderen Branchen (so genannte „Brückenbeispiele") ergänzen den Katalog, um eine Vielzahl der in der Praxis vorkommenden Arbeitsinhalte abzudecken. Im Anwendungsfall dieses Verfahrens werden zuerst die Tätigkeiten des Betriebes beschrieben und mithilfe der Brückenbeispiele den Lohngruppen zugeordnet.

Beispiel: Ein Arbeitsplatz in der Lohnbuchhaltung erfordert eine abgeschlossene Berufsausbildung und 1–2 Jahre Erfahrung. Sonderaufgaben fallen nicht an. Nach dem Entgeltrahmentarifvertrag für Dienstleistungsunternehmen würde man diesen Arbeitsplatz nach E4 bewerten („einstufen").

Auszug aus dem Entgeltrahmentarifvertrag für Dienstleistungsunternehmen	
Entgelttarif-gruppe	**Entgeltgruppenbeschreibung**
E1	Ausführen von einfachen Tätigkeiten, für die keine Berufsvorbildung erforderlich ist.
E2	Ausführen von Tätigkeiten, die berufliche Grundkenntnisse erfordern oder die nach einer Einarbeitung ausgeführt werden können.
…	…
E4	Ausführen von Tätigkeiten, die überwiegend selbstständig ausgeführt werden und Kenntnisse und Fertigkeiten erfordern, die in der Regel durch eine abgeschlossene Berufsausbildung und mehrjähriger Erfahrung oder eine weitere berufliche Zusatzausbildung erworben werden.
…	…
E7	Ausführen von sehr komplexen und schwierigen Tätigkeiten für Fachkräfte, für die ein qualifizierter Hochschulabschluss mit mehrjähriger Berufserfahrung notwendig ist.

l) Rangreihenverfahren:
Hier wird für jede der sechs Anforderungsarten (vgl. Genfer Schema) eine separate Rangreihe gebildet. Die Rangreihen enthalten Kriterien mit unterschiedlich hoher Bepunktung (z. B. von 100 bis 10). Jede Stelle wird mithilfe dieser Ränge bewertet, verbunden mit einem Gewichtungsfaktor – entsprechend der Bedeutung des Kriteriums für eine Stelle (z. B. 0,5; 0,4; 0,3 usw.). Die Summe der Einzelbewertungen pro Anforderungsart inkl. Gewichtung ergibt den Gesamtstellenwert.

m) Stufenwertzahlverfahren:
Hier wird ähnlich dem Katalogverfahren entweder eine für alle Anforderungsarten gültige oder pro Anforderungsart separate Abstufung gewählt. Der Bewertungsstufe, z. B. „äußerst gering" bis „extrem groß", wird eine Wertzahl, z. B. von „0" bis „10" zugeordnet. Eventuell erfolgt zusätzlich eine Gewichtung pro Stelle. Aus den (gewichteten) Wertzahlen pro Anforderungsart wird der Gesamtstellenwert errechnet. Die ermittelten Gesamtwerte pro Stelle werden zur Lohnfindung entweder mit einem Lohnfaktor multipliziert oder gemäß vorgegebener Spannen in eine Lohntabelle eingeordnet.

Beispiel:
Für zwei Arbeitsplätze existieren die nachfolgenden Arbeitsbeschreibungen:

1. Baustellenhelfer:
   Arbeit im Freien; normale Arbeitshöhe; manuelle Transportarbeiten bis maximal 10 kg Gewicht; Hilfsmittel: Sackkarre und Schubkarre; leichte Montagehilfsarbeiten nach Anweisung; keine sonstigen, besonders belastenden Arbeitsbedingungen.
2. Transportarbeiter in der Werkstatt:
   Arbeit in beheizter Halle; Transportmittel: Gabelstapler; hochwertige, sperrige, sich selten wiederholende Teile müssen auf Holzpaletten vom Bearbeitungsbereich in die Montagehalle gefahren werden; Belastung: Lärm und enge Transportwege.

1. Schritt:
Es muss ein Katalog von Anforderungsarten gebildet werden; dazu wird in diesem Beispiel auf das Genfer Schema zurückgegriffen (aus Gründen der Vereinfachung wird nicht nach Können und Belastung differenziert):

- geistige Anforderungen   - Verantwortung
- körperliche Anforderungen   - Arbeitsbedingungen

2. Schritt:
Die Anforderungsarten werden mit einem Faktor zwischen 0 und 1 gewichtet:

Anforderungsarten	Gewichtungsfaktor
geistige Anforderungen	0,4
körperliche Anforderungen	0,3
Verantwortung	0,5
Arbeitsbedingungen	0,3

3. Schritt:
Festlegung von Bewertungsstufen: Es werden in diesem Beispiel 6 Bewertungsstufen zwischen 0 und 10 mit einem kardinalen Abstand von 2 gewählt:

Bewertungsarten	
äußerst gering	0
gering	2
mittel	4
groß	6
sehr groß	8
extrem groß	10

4. Schritt:
Für beide Arbeitsplätze

- werden die Anforderungen analysiert,
- wird jede Anforderungsart bewertet zwischen 0 und 10,
- wird jede Bewertungszahl mit dem Gewichtungsfaktor je Anforderungsart multipliziert und
- jeweils die Summe der Arbeitswerte gebildet.

Anforderungsart	Faktor	Baustellenhelfer		Transportarbeiter	
		Bewertung	Arbeits-wert	Bewertung	Arbeits-wert
geistig	0,4	2,0	0,8	2,0	0,8
körperlich	0,3	6,0	1,8	4,0	1,2
Verantwortung	0,5	2,0	1,0	4,0	2,0
Arbeitsbedingungen	0,3	4,0	1,2	4,0	1,2
Arbeitswertsummen			**4,8**		**5,2**

n) Unterstellt man z. B. die Ausgangslage, dass in einem Betrieb sechs Arbeitsplätze (A, B, …, F) bewertet werden sollen, so lässt sich folgende Übersicht der prinzipiellen Möglichkeiten der Arbeitsbewertung anfertigen:

Prinzip	Verfahren	
	Summarisch	Analytisch

Reihung
Vergleich der Anforderungen *untereinander*
	Rangfolgeverfahren:
	
	A < B = F < D < E = C
		Rangreihenverfahren:
		
		1. Anforderungsart: *Geistige Anforderungen*
		     A < B = F < D < E = C
		     20 40 40 80 100 100
		2. Anforderungsart: *Körperliche Anforderungen*
		     …
		3. Anforderungsart: …

Stufung Vergleich der Anforderungen mit einem *Maßstab*	**Lohngruppenverfahren:** Maßstab A → Lohngruppe 1 B → Lohngruppe 2 C → Lohngruppe 3 D → Lohngruppe 4 E → Lohngruppe 5 F → …	**Stufenwertzahlverfahren:** Maßstab Arbeitsplatz A: *Anforderungsart 1* → äußerst gering 0 Arbeitsplatz A: *Anforderungsart 2* → gering 2 mittel 4 Arbeitsplatz A: *Anforderungsart 3* → groß 6 … sehr groß 8 … extrem groß 10

o) Man bedient sich bei der Entgeltfindung und -differenzierung der folgenden Kriterien:

1. *Anforderungen des Arbeitsplatzes („Anforderungsgerechtigkeit"):*
   Mithilfe der Arbeitsbewertung soll die relative Schwierigkeit einer Tätigkeit erfasst werden.

2. **Leistung des Mitarbeiters („Leistungsgerechtigkeit"):**
   Bei gleichem Arbeitsplatz soll eine unterschiedlich hohe Leistung differenziert entlohnt werden.

3. **Soziale Überlegungen („Sozialgerechtigkeit"):**
   z. B. Alter, Familienstand, Betriebszugehörigkeit usw.

4. **Sonstige Bestimmungsfaktoren/Marktfaktoren:**
   Darüber hinaus gibt es weitere Faktoren, die im speziellen Fall bei der Lohnfindung eine Rolle spielen können, z. B. Branche, Region, Tarifzugehörigkeit, spezielle Gesetze usw.

5. **Leistungsmöglichkeit:**
   Bei gleicher Anforderung und gleicher Leistungsfähigkeit wird eine bestimmte Tätigkeit trotzdem zu unterschiedlichen Leistungsergebnissen führen, wenn die Arbeits- und Leistungsbedingungen unterschiedlich sind – so genannte indirekte Faktoren – wie Ausstattung des Arbeitsplatzes, Führungsstil, Unternehmensorganisation, Informationspolitik, Betriebsklima usw.

6. **Ertragsgerechtigkeit:**
   Damit ist gemeint, dass die betriebliche Wertschöpfung „gerecht" zwischen den Produktionsfaktoren aufgeteilt wird.

Kriterien der Entgeltbemessung und ihre Umsetzung	
Kriterien/Zielsetzungen:	*Instrumente/Verfahren/Bestimmungsgrößen:*
Anforderungsgerechtigkeit	- Arbeitsbewertung - Ausbildung, Fortbildung, Qualifikation - Spezielle Erfahrungen - Innerbetriebliche Entgeltvergleiche
Leistungsgerechtigkeit	- Entgeltformen - Leistungsbeurteilung
Sozialgerechtigkeit	- Alter - Familienstand - Betriebszugehörigkeit - Sozialleistungen
Marktfaktoren	Entgeltdifferenzierung je nach - Region - Branche - Funktion
	- externe Entgeltvergleiche - Zuschläge für Spezialisten bzw. bei Fachkräftemangel
Ertragsgerechtigkeit	- Tantiemen - Erfolgsbeteiligungen - Investivlohn

08. Entgeltpolitik und Arbeitsbewertung (2)

a) Schritte der Bruttolohnrechnung:

1. *Zeit- und Leistungserfassung* in Abhängigkeit von der Lohnform und geldmäßiger Bewertung und zwar: Grundleistung, Zuschläge, Zulagen.

2. Bezahlte und unbezahlte *Abwesenheiten* (Ausfallzeiten) wie z. B.: Urlaub, Krankheit, Mutterschaftsurlaub.

3. *Sonstige Entgelte*: Sozialleistungen, Sonderprämien, Einmalzahlungen.

Erfasst werden diese Daten über Datenträger, Terminaleingaben, Beleglesung, Zeiterfassung, Betriebsdatenerfassung (z. T. noch über Lohnscheine u. Ä.). Das Ergebnis der Bruttorechnung ist der Ausgangspunkt für die Nettorechnung.

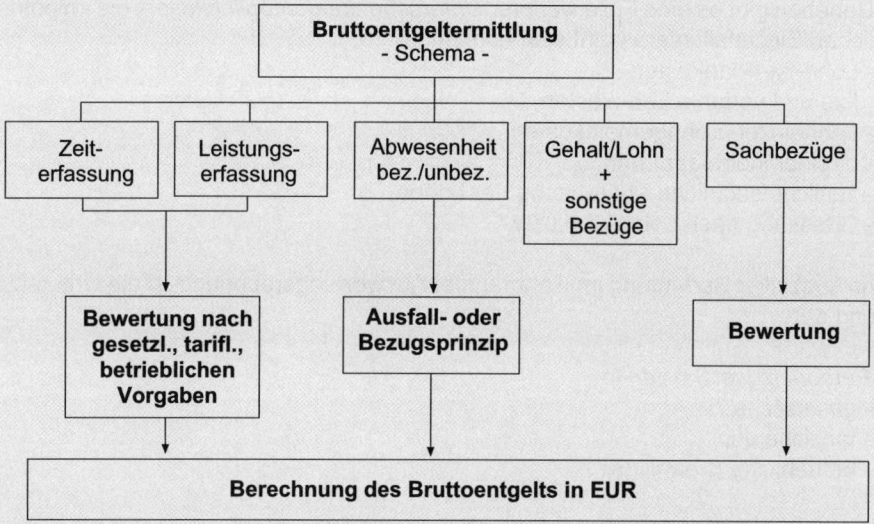

b) 1. Die Zahlungsrechnung bereitet die Nettoverdienste zur Zahlung vor an

- die Mitarbeiter,
- das Finanzamt,
- die Krankenkassen sowie ggf.,
- für die Gläubiger des Arbeitnehmers (z. B. Pfändungen),
- die Vertragsunternehmen für VL.

Bei der Abrechnung für die Mitarbeiter müssen die vermögenswirksamen Leistungen, die Lohnpfändungen, die Darlehensrückzahlungen, Mieteinbehaltungen und die Vorschusszahlungen berücksichtigt werden. Die einzelnen Lohnbestandteile sind ausgedruckt aufzuführen. Die Lohnsteuerabrechnung kann in unterschiedlichen Perioden erfolgen. Zur Ermittlung der RV-, KV-, AV- und PV-Arbeitgeberbeiträge sind die zu leistenden Beiträge zu halbieren. Die Unfallversicherung (Berufsgenossenschaft) dagegen trägt allein der Arbeitgeber. Die Auszahlung an die jeweiligen Empfänger erfolgt heute meist über Datenträger.

2. Aufgaben der Auswertungsrechnung:
   Hier werden die Ergebnisse der Brutto-, der Netto- und der Zahlungsrechnung sowie der sonstigen Lohndaten für *unternehmensinterne Belange aufbereitet* und im Rechnungswesen/Controlling sowie von den Kostenstellenverantwortlichen ausgewertet.

   Im Mittelpunkt der Auswertungsrechnung stehen folgende Aspekte:

   * *Trennung der Lohnkosten* nach
     - Kostenarten   (Welche?),
     - Kostenstellen   (Wo?) und
     - Kostenträgern   (Wofür?).

   * Daneben gibt es eine Fülle *weiterer Unterscheidungsmöglichkeiten*, die im betrieblichen Einzelfall interessant sein können:
     - Lohn-Ist-/Plankosten,
     - fixe und variable Lohnkosten,
     - Lohneinzel-/Lohngemeinkosten,
     - direkter/indirekter Lohn,
     - zeitliche/sachliche Abgrenzung der Löhne,
     - Erfassung nach Lohnarten usw.

   Von spezieller Bedeutung im Rahmen der Auswertungsrechnung ist die Unterscheidung der

   * *Personalzusatzkosten* in
     - gesetzliche,
     - tarifliche und
     - betriebliche (freiwillige).

3. Mithilfe der Nettorechnung wird der *Nettoverdienst* und der *Auszahlungsbetrag* ermittelt. Dazu sind die Abzüge

   - Lohnsteuer,
   - Solidaritätszuschlag,
   - Kirchensteuer,
   - Rentenversicherungsbeitrag,
   - Krankenversicherungsbeitrag,
   - Arbeitslosenversicherungsbeitrag und
   - Beitrag zur Pflegeversicherung

   zu berechnen. Hinsichtlich der Lohnsteuer ist zwischen *steuerpflichtigem* und *steuerfreiem Einkommen* zu unterscheiden. Ebenso ist zwischen *sozialversicherungspflichtigem* und *sozialversicherungsfreiem* Einkommen zu differenzieren. Der Arbeitgeber trägt i. d. R. 50 % der SV-Beiträge, ggf. die Entrichtung einer pauschalen Lohnsteuer sowie zu 100 % die Beiträge zur Berufsgenossenschaft. Die Versteuerung geldwerter Vorteile (z. B. Pkw) ist zu beachten.

Vom Nettoverdienst sind *persönliche Abzüge* (z. B. Vorschüsse, Darlehen) einzubehalten und abzuführen bzw. persönliche Zulagen zu addieren. Man erhält so den *Auszahlungsbetrag*. Die dafür benötigten Daten sind:

- Steuerklasse,
- Familienstand,
- Steuerfreibetrag, Kinderfreibetrag, Hinzurechnungsbetrag,
- Konfession, Finanzamt,
- Lohnsteuergemeinde sowie
- Rentenversicherungsträger, Versicherungsnummer, Pflichtkrankenkasse/freiwillige Krankenkasse usw.

Bei der Nettorechnung sind eine Vielzahl gesetzlicher Regelungen zu berücksichtigen (Steuersätze, Abgabensätze usw.). Die Sätze und Regelungen ändern sich laufend, sodass heute eine Nettolohnabrechnung kaum noch fehlerfrei in manueller Form erstellt werden kann. Die gesetzlichen Eckdaten und Vorschriften finden sich u. a. im Einkommensteuergesetz, in den Lohnsteuerdurchführungsverordnungen, den Lohnsteuer-Hinweisen, den Erlassen der Länderfinanzministerien, dem Auslandstätigkeitserlass, dem Doppelbesteuerungsabkommen sowie der Rechtsprechung der Finanzgerichte.

c) Die Personalkosten setzen sich aus folgenden Rechengrößen zusammen:

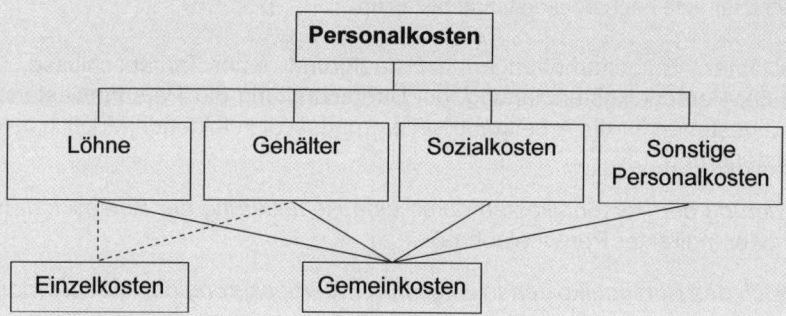

Zu den gezahlten Entgelten an die Arbeitnehmer muss der Betrieb die *Personalzusatzkosten* übernehmen.

- *Personalzusatzkosten aufgrund von Gesetzen*, z. B.:
  - Leistungen zur Sozialversicherung (KV, RV, PV, AV) und zu den Berufsgenossenschaften,
  - bezahlte Ausfallzeiten,
  - Vermögensbildung,
  - Kosten der Arbeitnehmervertretung.

- *Personalzusatzkosten aufgrund von Tarifverträgen*, z. B.:
  - Kosten der Kontoführung des Arbeitnehmers,

- Absicherung des 13. Monatsentgeltes,
- Verdienstsicherung für ältere Arbeitnehmer.

• *Personalzusatzkosten aufgrund betrieblicher Vereinbarungen:*
Dies sind Leistungen, die aufgrund von Betriebsvereinbarungen (freiwillig oder obligatorisch), betrieblichen Übungen oder in Einzelfällen gezahlt werden, z. B.: Aus- und Fortbildungszuschüsse, betriebliche Altersversorgung, Fahrtkosten, Umzugsbeihilfen, Kantine, Beihilfen.

Die Personalzusatzkosten betragen heute im Bundesdurchschnitt rd. 71,4 % gemessen an den Entgelten für geleistete Arbeit (Quelle: Deutschland in Zahlen 2010):

	Personalgrundkosten (Entgelt für geleistete Arbeit)	100,0 %
+	Personalzusatzkosten	71,4 %
=	Personalkosten	171,4 %

Die Höhe der Personalzusatzkosten wird für die BRD mittlerweile zum Standortproblem im internationalen Wettbewerb und führt zu der Entwicklung eines „Grauen Arbeitsmarktes" (= Schwarzarbeit).

Beispiel:
Einem mittelständischen Sanitärbetrieb, der seinem Facharbeiter einen Bruttostundenlohn von 16,00 € zahlt, entstehen Personalkosten in Höhe von rd. 27,42 €. Rechnet man eine Gewinnmarge von 10 % und die gesetzliche Mehrwertsteuer von 19 % hinzu, muss der Kunde 35,90 € für eine Facharbeiterstunde bezahlen.

d) Bei (ungeplanten) Entgelterhöhungen, z. B. aufgrund neuer Tarifabschlüsse, bei Fehlern in der Personalkostenplanung, bei Überschreitung der Personalbestandszahlen usw. bestehen für die Arbeitgeberseite grundsätzlich folgende Möglichkeiten der Gegensteuerung:

1. *Reduzierung der Personalkosten durch eine Reduzierung der Belegschaft* (direkter oder indirekter Personalabbau)

2. *Ausgleich des Personalkostenanstiegs durch Verbesserung der Arbeitsproduktivität*
Anmerkung: Nach der (volkswirtschaftlichen) Theorie der produktivitätsorientierten Lohnpolitik ist – unter bestimmten Bedingungen – ein Anstieg der Personalkosten dann neutral bezogen auf das Preisniveau, wenn die Arbeitsproduktivität um den gleichen Prozentsatz steigt.

3. *Überwälzung der gestiegenen Personalkosten auf die Angebotspreise*
Diese Strategie ist nur bei besonderer Marktmacht möglich.

4. *Rationalisierung*, zum Beispiel durch
   - Substitution des Faktors Arbeit durch den Faktor Kapital z. B. Ersetzen manueller Fertigungsprozesse durch automatisierte
   - Reduzierung der Durchlaufzeiten (Optimierung der Fertigungsprozesse)

5. Reduzierung der Personalkosten durch *Standortverlagerung*

09. Wertschöpfungsrechnung im Unternehmen

		2009	2010 (hochgerechnet)
(1)	**Erlöse**	**233.000 €**	**265.000 €**
	Umsatzerlöse	200.000 €	240.000 €
	Bestandsveränderungen	15.000 €	10.000 €
	Eigenleistungen	5.000 €	5.000 €
	sonstige Erträge	13.000 €	10.000 €
(2)	**Vorleistungen**	**195.000 €**	**250.000 €**
	Materialaufwand	90.000 €	130.000 €
	Personalaufwand	60.000 €	70.000 €
	Kapitalaufwand	20.000 €	20.000 €
	Raumkosten	10.000 €	12.000 €
	Kfz-Kosten	10.000 €	15.000 €
	sonstige Kosten	5.000 €	3.000 €
(3)	**Wertschöpfung = (1) ./. (2)**	**38.000 €**	**15.000 €**

Die Wertschöpfung der Niederlassung in Chemnitz hat sich um rd. 60 % verschlechtert. Ursachen: Die Erlöse sind um ca. 14 % gestiegen; dagegen verzeichneten die Vorleistungen einen Anstieg von rd. 28 %. Ursache war der leicht erhöhte Personalaufwand und vor allem der überproportionale Anstieg des Materialaufwandes (44 %). Vermutlich ist diese Entwicklung auf eine deutliche Erhöhung der Einkaufspreise zurückzuführen.

10. Pensumlohn

a) Der Pensumlohn ist ein Zeitlohn mit vereinbarter Leistung; Formen: Vertragslohn, Festlohn mit geplanter Tagesleistung, Programmlohn. Der Pensumlohn wird dann angewandt, wenn die Akkordfähigkeit nicht mehr gegeben ist, aber trotzdem eine Leistungskomponente erhalten bleiben soll.

b)

	Pensumlohn	
Aus der Sicht der	**Vorteile**	**Risiken**
Arbeitgeber	- einfache Berechnung (Pauschalierung) - Identifikation der Mitarbeiter - Ansätze zur Zielvereinbarung	- Qualifizierung der Vorgesetzten - Clearingstelle erforderlich
Arbeitnehmer	- berechenbares, festes Entgelt - relativ freie zeitliche Einteilung	- keine unmittelbare Beziehung zwischen Leistung und Entgelt - enge Kontrolle durch den Vorgesetzten

c) Prozess der Leistungsvereinbarung beim Pensumlohn:

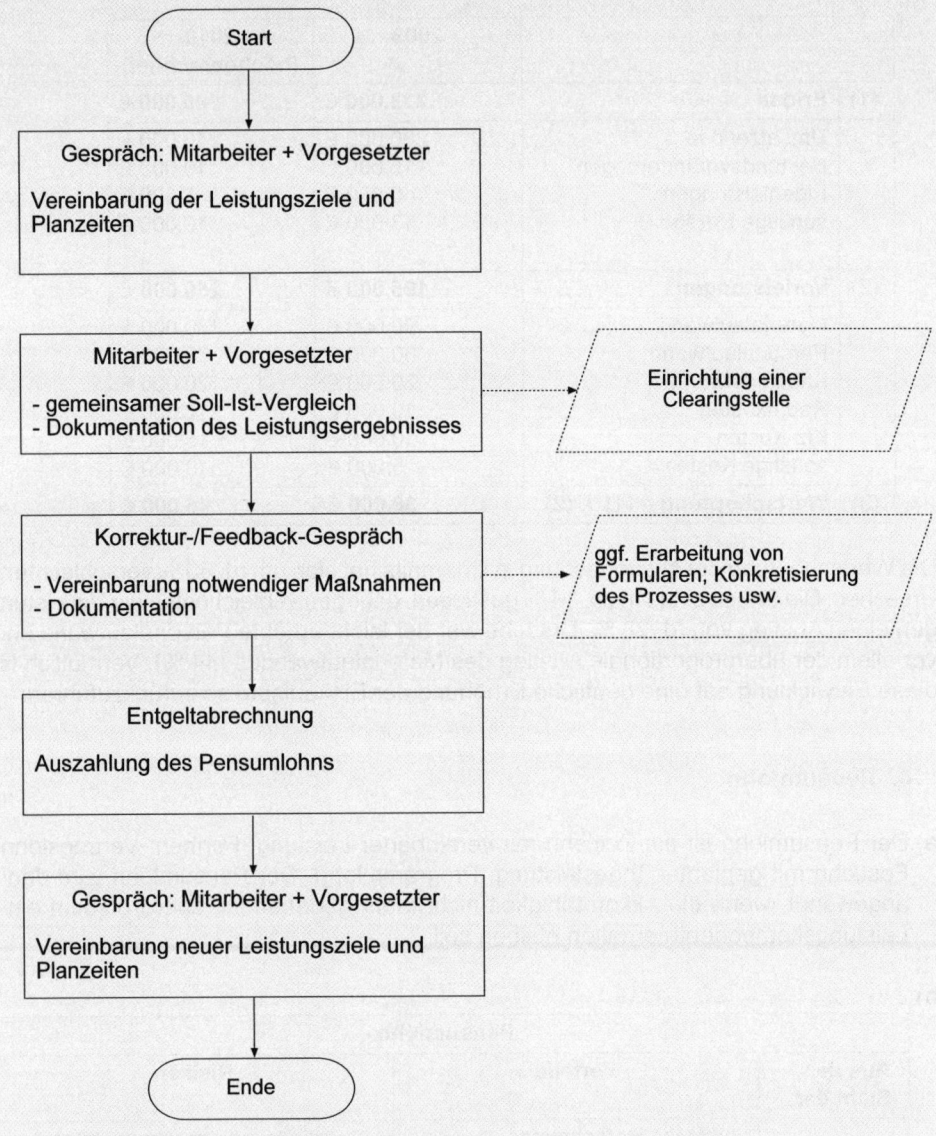

11. Lohnzuschläge

a) Beispiele:
- Nachtzuschläge,
- Feiertagszuschläge,
- Trennungsentschädigungen,
- Sonntagszuschläge,
- Gefahrenzuschläge,
- Auslösungen.

b) Voraussetzung für Mehrarbeitszuschläge sind:

- die Mehrarbeit wurde angeordnet oder
- vom Arbeitgeber geduldet,
- bei der Anordnung der Mehrarbeit hat der Arbeitgeber die Mitbestimmungsrechte des Betriebsrates sowie
- die einschlägigen Gesetze beachtet (z.B. ArbZG).

12. Prämienlohnberechnung

Prämie   = 2 Std. · 12,50 €/Std. · 50 % = 12,50 €

Gesamtlohn   = Grundlohn + Prämie
                = 5 · 12,50 €/Std. + 12,50 € = 75,00 €

Ist-Stundenlohn = 75,00 € : 5 Std.   = 15,00 €/ Std.

13. Zeitlohn, Leistungsgrad, Personalzusatzkosten, Vergleich von Zeit- und Stückakkord

a) [Grundlohn] + [Mehrarbeitsvergütung]   = 2.700 €

$(x € · 165 Std.) + (x € · 10 + x € · 10 · 0,5])$ = 2.700 €

$165 x + 10 x + 5 x$ = 2.700 €

$180 x$ = 2.700 €

x =   15,00 €

Der Bruttoverdienst pro Stunde auf Zeitlohnbasis beträgt 15,00 €.

b) *Zeitlohnbetrachtung:*

Bei der Zeitentlohnung beträgt die Zahl der Leistungseinheiten (LE) durchschnittlich 825 [= 5 LE · 165 Std.]. Daraus ergeben sich durchschnittliche Stückkosten von 3 € pro LE [= 2.475,– € : 825].

Akkordlohnbetrachtung:

Der Akkordrichtsatz beträgt: 15,00 € + Akkordzuschlag = 15,00 € + 12 %

Akkordrichtsatz = 16,80 €

Es soll gelten:
[Stückkosten beim Akkordlohn] ≤ [Stückkosten beim Zeitlohn]

$$\frac{16,80 \cdot 165}{x} \quad \leq \quad 3 \ €/Stk.$$

$x \geq 924$ Stk.

Leistungsgrad = Istleistung : Bezugsleistung · 100
Im vorliegenden Fall also:

$\geq 924 : 825 \cdot 100$

$\geq 112 \ \%$

Der Leistungsgrad muss mindestens bei 112 % liegen, damit sich die Lohnstückkosten bei der Akkordentlohnung nicht erhöhen.

Hinweis: Auch andere Berechnungswege sind möglich.

c) Stückakkord und Zeitakkord unterscheiden sich lediglich in der Art der Berechnung:

- *Stückakkord:* Pro Leistungseinheit wird ein bestimmter Geldbetrag vergütet.
- *Zeitakkord:* Pro Leistungseinheit wird eine bestimmte Anzahl von Zeiteinheiten „vergütet".

14. Vor- und Nachteile beim Zeitlohn, Akkordlohn, Prämienlohn und Gruppenlohn

a)

Zeitlohn	
Vorteile	**Nachteile**
- einfache Berechnung - Vermeidung von Überbeanspruchung - Schaffung hoher Qualitätsstandards - konstantes Einkommen auf der Arbeitnehmerseite - geringere Unfallgefahr	- fehlender oder geringer Anreiz zur Mehrleistung - Minderleistungen gehen zu Lasten des Arbeitgebers - die Relation Lohn/Leistungsergebnis ist schwierig zu kalkulieren

b)

Akkordlohn	
Vorteile	**Nachteile**
- Anreiz zur Mehrleistung - verbesserte Lohngerechtigkeit - Beeinflussung des Entgelts durch den Mitarbeiter - Arbeitgeber trägt nicht das Risiko bei Minderleistungen - konstante Lohnstückkosten (klare Kalkulation)	- Gefahr der Überlastung - ggf. höherer Material- und Energieverbrauch - ggf. Qualitätseinbußen

c)

Prämienlohn	
Vorteile	**Nachteile**
- Anreiz zu wirtschaftlicher Arbeit - Motivation und ggf. geringere Fluktuation - positive Beeinflussung der Qualität	- Probleme bei der Gestaltung des Verteilungsschlüssels - meist aufwändig in der Berechnung - schwieriger in der Kalkulation

d)

Gruppenlohn	
Vorteile	**Nachteile**
- gegenseitige Kontrolle der Gruppenmitglieder - Leistungsschwächere werden zur Mehrleistung angeregt - gruppeninterne Arbeitsteilung - Förderung der Kooperation und des Zusammenhalts	- Probleme bei der Wahl des Verteilungsschlüssels - ggf. Auftreten von Konflikten - Unzufriedenheit bei leistungsstarken Gruppenmitgliedern - ggf. sozialer Druck gegen Leistungsschwächere

7 Betriebliche Sozialpolitik

01. Betriebliche Sozialpolitik (vermischte Aufgaben 1)

a) Die betriebliche Sozialpolitik ist auf Dauer nur dann wirksam, wenn sie nach folgenden Grundsätzen gestaltet ist:

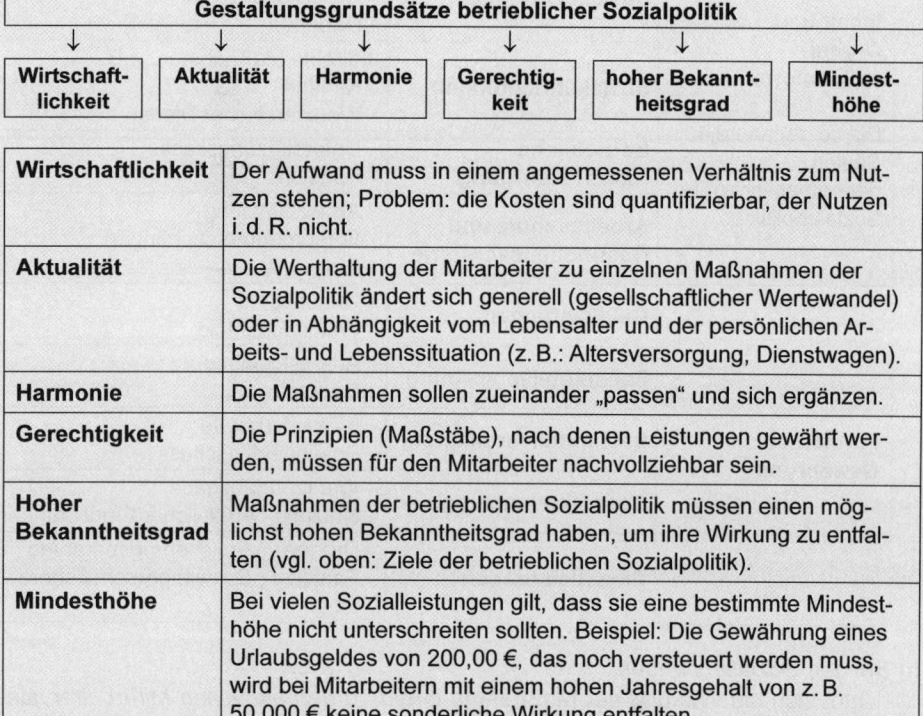

Gestaltungsgrundsätze betrieblicher Sozialpolitik					
↓	↓	↓	↓	↓	↓
Wirtschaftlichkeit	Aktualität	Harmonie	Gerechtigkeit	hoher Bekanntheitsgrad	Mindesthöhe

Wirtschaftlichkeit	Der Aufwand muss in einem angemessenen Verhältnis zum Nutzen stehen; Problem: die Kosten sind quantifizierbar, der Nutzen i. d. R. nicht.
Aktualität	Die Werthaltung der Mitarbeiter zu einzelnen Maßnahmen der Sozialpolitik ändert sich generell (gesellschaftlicher Wertewandel) oder in Abhängigkeit vom Lebensalter und der persönlichen Arbeits- und Lebenssituation (z. B.: Altersversorgung, Dienstwagen).
Harmonie	Die Maßnahmen sollen zueinander „passen" und sich ergänzen.
Gerechtigkeit	Die Prinzipien (Maßstäbe), nach denen Leistungen gewährt werden, müssen für den Mitarbeiter nachvollziehbar sein.
Hoher Bekanntheitsgrad	Maßnahmen der betrieblichen Sozialpolitik müssen einen möglichst hohen Bekanntheitsgrad haben, um ihre Wirkung zu entfalten (vgl. oben: Ziele der betrieblichen Sozialpolitik).
Mindesthöhe	Bei vielen Sozialleistungen gilt, dass sie eine bestimmte Mindesthöhe nicht unterschreiten sollten. Beispiel: Die Gewährung eines Urlaubsgeldes von 200,00 €, das noch versteuert werden muss, wird bei Mitarbeitern mit einem hohen Jahresgehalt von z. B. 50.000 € keine sonderliche Wirkung entfalten.

b) Maßnahmen der betrieblichen Sozialpolitik lassen sich nach verschiedenen Gesichtspunkten systematisieren:

Systematisierung (Aufbau) der betrieblichen Sozialpolitik		
Gliederungsmerkmal	*Gliederung*	*Beispiele*
Anspruchsgrundlage	**Gesetzliche** Leistungen	- Beiträge zur Sozialversicherung - Unfallversicherung - Entgeltfortzahlung - Fehlzeitenbezahlung
	Tarifliche Leistungen	- Zusätzliche Urlaubstage - Vermögenswirksame Leistungen - Weiterbildung - Arbeitszeitmodelle

Systematisierung (Aufbau) der betrieblichen Sozialpolitik		
Gliederungsmerkmal	*Gliederung*	*Beispiele*
Anspruchs-grundlage (Fortsetzung)	**Freiwillige** Leistungen	- Fahrtkostenzuschüsse - Beihilfen - Härtefonds - Soziale Betreuung
Inhalt und Organi-sationsform Die so genannte 4 Säulen der betrieblichen Sozialpoplitik	**Sozialleistungen**	Direkte Maßnahmen, z. B.: - Gratifikationen - Darlehen
	Sozialeinrichtungen	Indirekte Maßnahmen, z. B.: - Kantine - Werksärztlicher Dienst
	Betriebliche Altersversorgung	- Unterstützungskasse - Pensionskasse
	Arbeitsschutz und Gesundheitsvorsorge	- Arbeitskleidung - Vorsorgeuntersuchungen - Erste Hilfe
Formen der Gewährung	**Geldleistungen**	- Urlaubsgeld - Weihnachtsgeld
	Sachmittelversorgung	- Arbeitskleidung - Deputate
	Sachmittelverbilligung	- Einkaufsrabatte - Essengeldzuschuss
	Sachmittelnutzung	- Werkzeugausgabe - Nutzung betrieblicher Einrichtungen
	Dienstleistungen	- Drogen-, Versicherungsberatung - Familien-, Schwangerschaftsbera-tung

c) Bei den *Sozialleistungen*
richtet sich die Wirkung der Maßnahme *direkt an den einzelnen Mitarbeiter*, sie ist oft mit ihm namentlich verbunden, z. B.:

- Gratifikationen,
- Darlehen,
- Fonds für Härtefälle,
- Geldwerte Vorteile,
- Kredite,
- verlängerte Entgeltfortzahlung,
- Leistungen zu besonderen Anlässen (Tod, Geburt, Heirat) usw.

Bei den *Sozialeinrichtungen*
besteht *nur eine indirekte Wirkung für den einzelnen Mitarbeiter*. Weiterhin bezeichnet dieser Sammelbegriff i. d. R. *betriebliche Einrichtungen*, die – auf Dauer angelegt – bestimmten sozialen Zwecken dienen und für die bis zu einem gewissen Grade *eine eigene Organisation* für die Verwaltung der Mittel besteht, z. B.:

- Kantine (Betriebsverpflegung),
- Verkaufsstellen,
- Automaten zum Verkauf verbilligter Waren,
- Betriebliche Altersvorsorge,
- Kindertagesstätten,
- Werkswohnungen,
- Erholungseinrichtungen,
- Sportanlagen,
- Werksverkehr mit Bussen.

d) Gründe für freiwillige soziale Leistungen, z. B.:

- Die jeweilige Arbeitsmarktsituation, die den Arbeitgeber zu bestimmten Sozialleistungen, wie Fahrgeldzuschuss, Wohnungsbeschaffung zwingt,
- die Änderung der gesetzlichen oder tarifvertraglichen Sozialpolitik,
- die Ergänzung staatlicher Maßnahmen,
- die Sozialpolitik anderer Unternehmen, die zur Nachahmung zwingt,
- die Tradition des Unternehmens.

e) Die betriebliche Altersversorgung ist eine *Ergänzung* der gesetzlichen Alterssicherung und der privaten Altersversorgung und will dem Arbeitnehmer eine zusätzliche Hilfe zur Aufrechterhaltung seines Lebensstandards im Alter geben. Daneben gibt es steuerliche und finanzpolitische Aspekte bei der Einrichtung betrieblicher Versorgungswerke.

f) Man unterscheidet fünf grundsätzliche Gestaltungsformen der betrieblichen Altersversorgung:

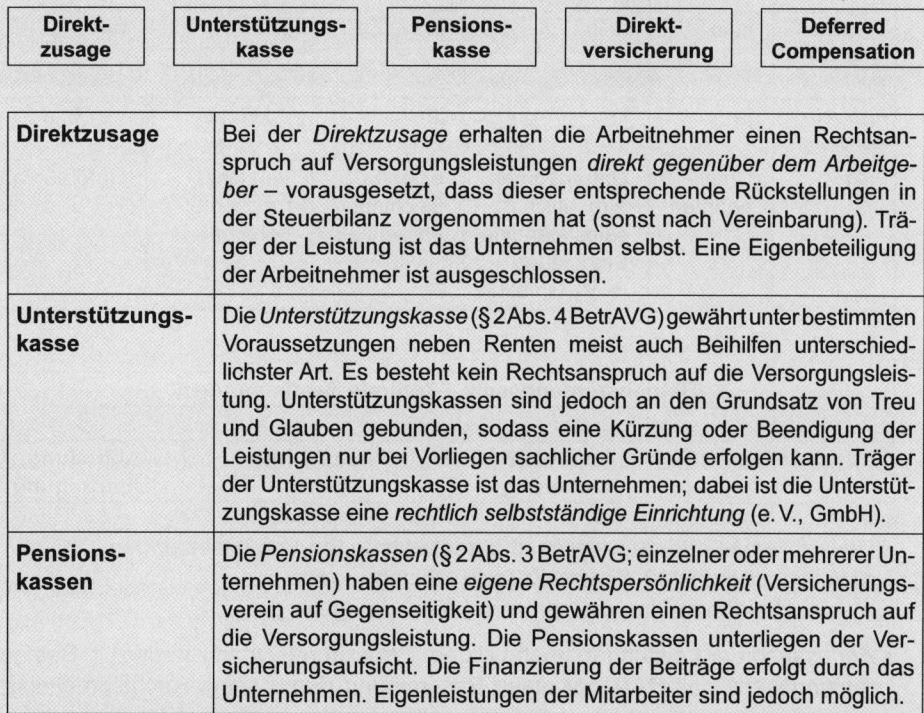

Gestaltungsformen der betrieblichen Altersversorgung				
↓	↓	↓	↓	↓
Direkt-zusage	Unterstützungs-kasse	Pensions-kasse	Direkt-versicherung	Deferred Compensation

Direktzusage	Bei der *Direktzusage* erhalten die Arbeitnehmer einen Rechtsanspruch auf Versorgungsleistungen *direkt gegenüber dem Arbeitgeber* – vorausgesetzt, dass dieser entsprechende Rückstellungen in der Steuerbilanz vorgenommen hat (sonst nach Vereinbarung). Träger der Leistung ist das Unternehmen selbst. Eine Eigenbeteiligung der Arbeitnehmer ist ausgeschlossen.
Unterstützungs-kasse	Die *Unterstützungskasse* (§ 2 Abs. 4 BetrAVG) gewährt unter bestimmten Voraussetzungen neben Renten meist auch Beihilfen unterschiedlichster Art. Es besteht kein Rechtsanspruch auf die Versorgungsleistung. Unterstützungskassen sind jedoch an den Grundsatz von Treu und Glauben gebunden, sodass eine Kürzung oder Beendigung der Leistungen nur bei Vorliegen sachlicher Gründe erfolgen kann. Träger der Unterstützungskasse ist das Unternehmen; dabei ist die Unterstützungskasse eine *rechtlich selbstständige Einrichtung* (e. V., GmbH).
Pensions-kassen	Die *Pensionskassen* (§ 2 Abs. 3 BetrAVG; einzelner oder mehrerer Unternehmen) haben eine *eigene Rechtspersönlichkeit* (Versicherungsverein auf Gegenseitigkeit) und gewähren einen Rechtsanspruch auf die Versorgungsleistung. Die Pensionskassen unterliegen der Versicherungsaufsicht. Die Finanzierung der Beiträge erfolgt durch das Unternehmen. Eigenleistungen der Mitarbeiter sind jedoch möglich.

Direkt-versicherung	Bei der *Direktversicherung* (§ 2 Abs. 2 BetrAVG) schließt der Arbeitgeber bei einer privaten Versicherungsgesellschaft einen Versicherungsvertrag (z. B. Lebensversicherung in Form einer Einzel- oder einer Gruppenversicherung) zu Gunsten des Arbeitnehmers ab. Die Leistungen werden ganz oder teilweise vom Arbeitgeber finanziert. Möglich ist jedoch auch eine Eigenbeteiligung der Mitarbeiter in Form einer Gehaltsumwandlung innerhalb der steuerlichen Höchstgrenzen. Die Gehaltsumwandlung bringt für den Arbeitnehmer den Vorteil der Pauschalversteuerung. Der Mitarbeiter erwirbt einen Rechtsanspruch.
Deferred Compensation	(aufgeschobene Vergütung) ist eine neuere Form der betrieblichen Altersversorgung: Der Mitarbeiter verzichtet einmalig oder laufend auf die Barauszahlung von Gehaltselementen (z. B. Tantiemen, Sonderzahlungen, Gehaltserhöhungen). Der Arbeitgeber gewährt ein wertgleiches Versprechen auf Versorgungsleistungen (Abschluss einer Lebens- oder Rentenversicherung) und bildet für diese Zusage entsprechende Bilanzrückstellungen. Die Besteuerung erfolgt für den Arbeitnehmer erst im Versorgungsfall. Außerdem partizipiert er am Zinses-Zins-Effekt.

Gestaltungsformen der betrieblichen Altersversorgung im Überblick:

Merkmale	Formen der betrieblichen Altersversorgung				
	Direkt-zusage	Unterstützungs-kasse	Pensions-kasse	Direkt-versicherung	Deferred Compensation
Rechts-anspruch	ja	nein	ja		nein
Versiche-rungsauf-sicht	nein	nein	ja	ja	nein
Insolvenz-sicherung	ja	ja	ja	i. d. R. ja	i. d. R. ja
Träger	Unter-nehmen	Unternehmen + rechtlich selbstständige Einrichtung (e. V., GmbH)	eigene Rechtsper-sönlichkeit	Versiche-rungsunter-nehmen	Unternehmen

g)

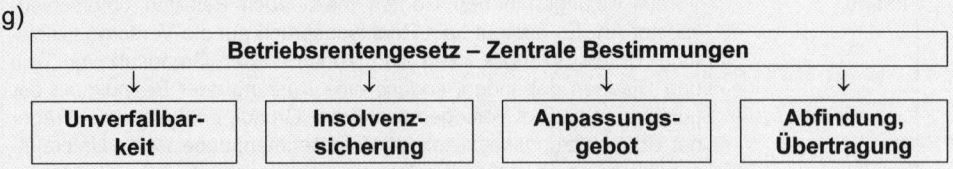

Betriebsrentengesetz – Zentrale Bestimmungen

↓ Unverfallbar-keit   ↓ Insolvenz-sicherung   ↓ Anpassungs-gebot   ↓ Abfindung, Übertragung

- *Unverfallbarkeit* der Anwartschaft unter bestimmten Voraussetzungen:
  a) Vollendung des 30. Lj. und Zusage ≥ 5 Jahre oder
  b) Ausscheiden aufgrund einer Vorruhestandsregelung

- *Anpassung* der Leistungen nach billigem Ermessen (Dynamisierung) lt. Betriebsrentengesetz; das BAG hat diese Bestimmung durch seine Rechtsprechung in eine Anpassungspflicht umgewandelt. Die Anpassung muss dem Ausmaß der Verteuerung der letzten drei Jahre entsprechen (Regelfall); in bestimmten Fällen kann davon abgewichen werden.

• *Insolvenzsicherung* über den Pensionssicherungsverein (PSVaG).

• *Abfindung/Übertragung:*
  - Unverfallbare Anwartschaften können vom Nachfolgebetrieb übernommen werden.
  - Unverfallbare Anwartschaften können nur in Ausnahmefällen abgefunden werden (z. B. Stilllegung).

h) Die Maßnahmen der Sozialpolitik, die in der Praxis mehr oder weniger anzutreffen sind, können nicht erschöpfend dargestellt werden. Die Systematisierungsansätze sind unterschiedlich. Die folgende Übersicht zeigt daher beispielhaft einen Überblick von Maßnahmen, die unter geeigneten Oberbegriffen zusammengefasst wurden; Überschneidungen sind dabei nicht vermeidbar.

Inhalte und Möglichkeiten des betrieblichen Sozialwesens			
1. Direkte finanzielle Zuwendungen	Weihnachtsgeld	**4. Soziale Einrichtungen**	Kindergärten
	Gratifikationen		Parkplätze
	Jahressonderzahlung		Hobbyräume
	Jubiläumsgeld		Betriebssportgruppen
	Urlaubsgeld		Erholungseinrichtungen
	Trennungsentschädigung		Kulturförderung
2. Beihilfen	Geburt		Bücherei
	Heirat	**5. Betriebliche Altersversorgung**	Direktzusage
	Zahnersatz		Direktversicherung
	Brillen		Unterstützungskasse
	Stipendien		Zusatzversicherungen
	Sterbegeld		Pensionskasse
	Notstandsbeihilfe	**6. Beratungsangebote**	Suchtberatung
	Arbeitgeberkredite		Versicherungen
3. Vorteile, Geldwerte Vorteile	Telefon-, Faxgerät		Schuldnerberatung
	Darlehen		Steuerfragen
	Kantine		Rentenberatung
	Einkaufsmöglichkeiten		Psychologischer Dienst
	Firmen-Pkw	**7. Sonstige Leistungen**	Parkplätze
	Fahrtkostenzuschuss		Betriebsfeste
	Versicherungen		Erfolgsbeteiligung
	Vermögensbildung		Versicherungsleistungen
	Dienstkleidung		Freizeitgewährung
	Personalrabatt		Handwerkliche Arbeiten

i) Die langjährige Gewährung von Sozialleistungen ohne Vorbehalt des Widerrufs begründen einen Rechtsanspruch (*Betriebliche Übung*). Der Gleichbehandlungs-grundsatz verbietet dabei eine willkürliche Schlechterstellung einzelner Arbeitneh-mer aus sachfremden Gründen. Auch freiwillig gewährte Ruhegeldzuwendungen dürfen nicht willkürlich widerrufen werden. Mit der Pensionszusage wird jedoch zu-nächst nur eine Anwartschaft begründet, aus der eine Verpflichtung erst erwächst, wenn die bei der Zusage gestellten Bedingungen, wie z. B. bestehendes Arbeitsver-hältnis, Ablauf einer Wartezeit, Ruhestandsvoraussetzung oder Arbeitsunfähigkeit, erfüllt sind. Grundsätzlich besteht der Ruhegeldanspruch nur persönlich für den Arbeitnehmer, für Angehörige nur kraft besonderer Vereinbarungen.

j) Zweck der Werksverpflegung, z. B.:
Sie trägt zu einer gesunden, den Arbeitsanforderungen angepassten Ernährung bei und erleichtert den Arbeitnehmern die Verpflegung. Außerdem ist sie geeignet, die Bildung sozialer Gruppen zu fördern (gemeinsame Mittagessen, Gespräche in der Pause).

Qualität und Umfang der betrieblichen Verpflegung ist ein zentraler Faktor für Ge-sundheit, Leistungsfähigkeit und Zufriedenheit der Mitarbeiter. Diese Bedeutung hat in der Vergangenheit zugenommen und wird mitunter von den Beteiligten leicht unterschätzt (Wertewandel; Gesundheit hat einen hohen Stellenwert u. Ä.). Neben der Beachtung steuerlicher Bestimmungen muss der Arbeitgeber Kosten- und Qua-litätsgesichtspunkte bei der Gestaltung berücksichtigen. Vorherrschend sind in der Praxis folgende Formen der Belegschaftsverpflegung:

02. Betriebliche Sozialpolitik (vermischte Aufgaben 2)

a) Die betriebliche Gesundheitsfürsorge wandelt sich mehr und mehr von der reinen Arbeitsmedizin (u. a. Erkennen und Verhindern von Berufskrankheiten) hin zu einem *Konzept der vorbeugenden Verbesserung der Arbeits- und Lebensbedingungen und der generellen Verbesserung der Gesundheit* (z. B. Ergonomie, Verhinderung von Suchterkrankungen, gesunde Ernährung und Bewegung).

So ist es z. B. das Ziel der *Arbeitshygiene*, die Gesundheit und Leistungsfähigkeit des Mitarbeiters zu erhalten, einem vorzeitigen Kräfteverschleiß vorzubeugen und Schäden durch die Arbeit zu verhüten.

Der *werksärztliche Dienst* hat folgende Aufgaben:
- Einstellungs- und Vorsorgeuntersuchungen,
- Erste Hilfe,
- Beratung in arbeitsmedizinischen Fragen,
- Kontrolle des Arbeitsschutzes und der Unfallverhütung,
- Überwachung der Werkshygiene,
- Unterstützung von Maßnahmen der Rehabilitation.

b) *Deputate*
sind Sachgaben an die Belegschaft, die in der Regel aus betrieblichen und typischen Roh- oder Fertigprodukten bestehen.

Mitarbeiterrabatte
sind Preisnachlässe für Belegschaftsangehörige für selbst erzeugte oder selbst gehandelte Produkte (Jahreswagen der Automobilindustrie, Mitarbeiterrabatte im Handel).

Deputate verfolgen den Zweck, die Identifikation mit dem Unternehmen zu stärken, Mitarbeiterrabatte dienen häufig der Personalwerbung oder sollen dazu verhelfen, für die gehandelten Produkte zu werben. Deputate und Mitarbeiterrabatte gelten steuerlich als geldwerter Vorteil und unterliegen der Lohnsteuer. Der geldwerte Vorteil ist in der Entgeltabrechnung auszuweisen und individuell zu versteuern.

c) *Arbeitgeberbürgschaften:*
Der Arbeitgeber kann Kreditanträge der Arbeitnehmer bei Banken/Sparkassen durch die Gewährung von Arbeitgeberbürgschaften unterstützen – beim Fehlen vorhandener Sicherheiten. Das Unternehmen wird die Bürgschaftsverpflichtung gegenüber der Bank begrenzen (Zweckbindung; Bürge haftet erst in zweiter Linie; Kündigungsmöglichkeit bei Firmenaustritt usw.). In der Praxis machen die Firmen davon nur ungern Gebrauch.

Arbeitgeberkredite: Hier sind Einzelaspekte zu beachten:
- Zweckbindung, z. B. als Anschaffungsdarlehen oder Wohnungsbaudarlehen
- Art, z. B. als längerfristiges Darlehen oder als Lohn-/Gehaltsvorschuss
- Funktion, z. B. Motivations- und Bindungsfunktion
- Beachtung der Lohnsteuerrichtlinien

d) 1. Der Mitarbeiter im Betrieb bedarf vielfach der sozialen Betreuung. Hierzu gehören nicht nur die für alle Mitarbeiter geschaffenen Einrichtungen wie die eines Mittagstisches, die betrieblichen Sozialleistungen, die ärztliche Versorgung oder die betriebliche Altersversorgung, sondern im besonderen Maße auch die Hilfen im Einzelfall.

2. In jedem Betrieb muss man damit rechnen, dass Mitarbeiter in besondere Notsituationen geraten können, sei es, dass Familienmitglieder krank sind, sei es, dass der Mitarbeiter durch irgendwelche Umstände in wirtschaftliche Not geraten ist. In diesen Fällen ist eine besondere Betreuung erforderlich.

3. Der Mitarbeiter muss das Gefühl haben, dass er sich an die Personalabteilung oder den Vorgesetzten wenden und dort individuell und unbürokratisch Rat und Hilfe einholen kann. Häufig bedarf es nur rechtlich fundierter Ratschläge, oder es geht um das Vermitteln von Adressen, das Anmelden bei Behörden oder das Aufsetzen von Schriftstücken, um in einer dem Betroffenen als ausweglos erscheinenden Situation Hilfestellung geben zu können. In anderen Fällen ist eine finanzielle Hilfe notwendig, die in Form eines Gehaltsvorschusses oder eines zinsgünstigen Darlehens gewährt werden kann und die langfristig mit dem Gehalt verrechnet wird.

4. Mitarbeiter, die sich in Not befinden, sind in ihrer Leistung gemindert. Wenn diese Mitarbeiter aber das Gefühl haben, dass ihnen in ihrer speziellen Situation geholfen wird, führt dies zu einer Bindung an den Betrieb und zu verstärktem Einsatz.

e) Der betriebspsychologische Dienst (in großen Unternehmen) verfolgt das Ziel, vorausschauend personale Konflikte im Betrieb zu mindern oder im Ansatz zu vermeiden. Er bedient sich dabei der diagnostischen Arbeit, Beratung und therapeutischer Hilfen sowie der Therapie-Vermittlung.

f)

Mitarbeiterbeteiligungsmodelle		
Formen	*Materielle Formen:* - Erfolgsbeteiligung - Kapitalbeteiligung	*Immaterielle Formen:* - gesetzliche Mitbestimmung - freiwillige Partizipationsmodelle
Wirkungen	*Für den Arbeitnehmer:* - Vermögensbildung - Identifikation - Motivation	*Für den Arbeitgeber:* - Stärkung der Eigenkapitalbasis - Bindung der Mitarbeiter

g) *Inhalte:*

Ein Cafeteria-System ist ein individuelles und flexibles System der Vergütung. Bezogen auf die Gewährung betrieblicher Sozialleistungen erhalten die Mitarbeiter die Möglichkeit, aus einer Palette von Maßnahmen diejenigen auszuwählen, die für sie einen entsprechenden Anreiz darstellen: So wird z. B. der ältere Mitarbeiter eher die betriebliche Altersversorgung wählen, während für jüngere mehr das Baudarlehen und/oder der Dienstwagen interessant ist. Auf diese Weise kann der Betrieb „ein Paket betrieblicher Sozialleistungen schnüren", dessen Kosten steuerbar bleiben; meist erfolgt in der Praxis eine Reduzierung der Gesamtleistung bei der Einführung von Cafeteria-Systemen. Die Attraktivität der Sozialleistungen wird dadurch erhöht, dass die Mitarbeiter entsprechend ihrer Motivlage auswählen können und dadurch die einzelne Leistung bewusster als Wert wahrnehmen.

Die Merkmale eines Cafeteria-Systems sind im Einzelnen:

- Wahlmöglichkeit,
- Quantifizierung der einzelnen Leistung,
- Wahlturnus (= Geltungsdauer der Wahl),

- Festlegung der Periode (pro Kalenderjahr oder ggf. Übertragbarkeit),
- Restsummenregelung (Regelung über „nicht verbrauchte Leistungen").

Möglichkeiten:

1.	*Auswahlplan:*	Auswahl *aus der gesamten Palette* im Rahmen eines individuellen Budgets (jede Leistung muss in Geldeinheiten quantifiziert sein).
2.	*Kernangebot + Zusatzangebot:*	*Alle Mitarbeiter erhalten ein Kernangebot* (z. B. betriebliche Altersversorgung); aus einer Zusatzpalette weiterer Leistungen kann im Rahmen eines Budgets gewählt werden.
3.	*Auswahlpläne für Zielgruppen:*	Die betrieblichen Leistungen werden in Einzelpakete strukturiert, die sich an der Motivstruktur und der Vergütung bestimmter Zielgruppen orientieren; der Mitarbeiter kann auswählen aus dem für seine Zielgruppe spezifischen Paket;

Beispiel:

Paket 1:   →   AT-Angestellte

Dienstwagen inkl. privater Nutzung:	12.000 Geldeinheiten
Altersversorgung:	6.000 Geldeinheiten
Baudarlehen:	6.000 Geldeinheiten
Parkplatz/Tiefgarage:	1.000 Geldeinheiten

- Herr Huber, Leiter Marketing, wählt „Dienstwagen + Parkplatz":
  $\sum$ = 13.000 GE.

- Herr Zahl, Leiter Rechnungswesen, wählt „Altersversorgung + Baudarlehen"
  $\sum$ = 12.000 GE; zuzüglich einer Restsumme von 1.000 GE.

h) Maßnahmen der Sozialpolitik können ihre Wirkung nur dann entfalten, wenn sie bekannt sind – sowohl bei den Mitarbeitern im Unternehmen als auch in der Öffentlichkeit.

Befragt man Mitarbeiter danach, welche sozialpolitischen Maßnahmen ihr Betrieb bietet, so begegnet einem häufig ein „Achselzucken" oder es werden ein oder zwei Beispiele genannt. Selten ist der gesamte Umfang des Pakets an Sozialleistungen und -einrichtungen bekannt. Das „Marketing der betrieblichen Sozialmaßnahmen" kann und muss noch deutlich verbessert werden. Neben der Präsentation der betrieblichen Sozialpolitik in Werkszeitschriften, im Intranet und im Internet gibt es eine Vielzahl von Informationsmöglichkeiten:

Möglichkeiten der Information über die betriebliche Sozialpolitik	
Nach innen:	**Nach außen:**
Mitarbeiterzeitschrift	- Kundenzeitschriften
Einzelberatung: - durch den Betriebsrat - durch die Führungskräfte	- Regionale Printmedien - Imageanzeigen - Personalanzeigen
Informationen: - Betriebsversammlung - Führungskräfte - Schwarzes Brett - Rundschreiben	- Sozialreport - Öffentlichkeitsarbeit - Artikel in Fachzeitschriften - Vorträge in: 　· Gremien 　· Verbänden
Spezielle Broschüren: - Handbuch für neue Mitarbeiter - Handbuch der Sozialleistungen - Organisationshandbuch - Merkblätter	· Erfa-Gruppen

i) Der Begriff „Sozialbilanz" ist, obwohl er sich durchzusetzen scheint, insofern irreführend, als es sich dabei nicht um eine Bilanz im betriebswirtschaftlichen Sinne handelt, sondern um eine gesellschaftliche Rechnungslegung. Es werden die von einer Unternehmung erbrachten *Aufwendungen* dem dadurch für die Gesellschaft gestifteten *Nutzen gegenübergestellt*. Wegen der im Sinne einer Bilanz erforderlichen Quantifizierung des Aufwands, der aber leider vielfach in Zahlen nicht erfassbar ist, wird deshalb sprachlich und sachlich richtiger von einigen Unternehmen anstelle des Begriffs Sozialbilanz der Begriff *Sozialbericht* oder *Sozialreport* verwandt.

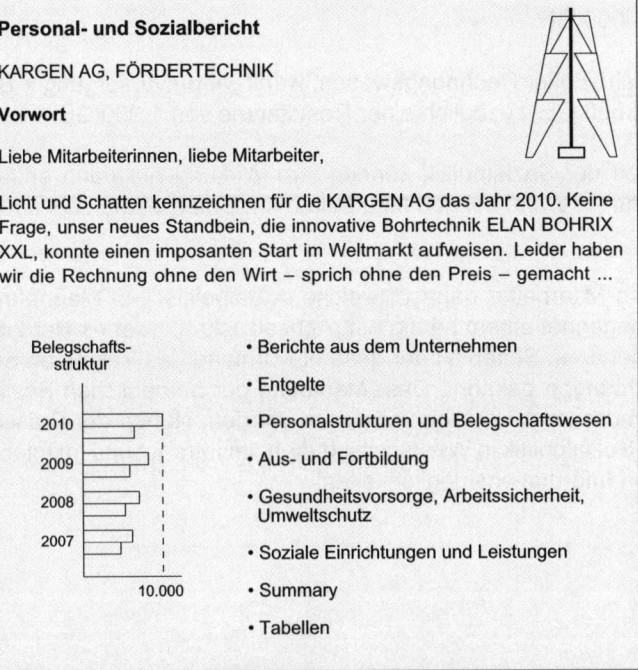

Personal- und Sozialbericht

KARGEN AG, FÖRDERTECHNIK

Vorwort

Liebe Mitarbeiterinnen, liebe Mitarbeiter,

Licht und Schatten kennzeichnen für die KARGEN AG das Jahr 2010. Keine Frage, unser neues Standbein, die innovative Bohrtechnik ELAN BOHRIX XXL, konnte einen imposanten Start im Weltmarkt aufweisen. Leider haben wir die Rechnung ohne den Wirt – sprich ohne den Preis – gemacht ...

Belegschafts-
struktur

2010
2009
2008
2007

10.000

- Berichte aus dem Unternehmen
- Entgelte
- Personalstrukturen und Belegschaftswesen
- Aus- und Fortbildung
- Gesundheitsvorsorge, Arbeitssicherheit, Umweltschutz
- Soziale Einrichtungen und Leistungen
- Summary
- Tabellen

Eine Sozialbilanz enthält:

- die sozialen *Leistungen für die Mitarbeiter* des Unternehmens,

- die *Leistungen gegenüber dem Staat* und den Gebietskörperschaften, wie z.B. Steuern, Sozialabgaben,

- *die Leistungen für die Öffentlichkeit,* wie z.B. für den Umweltschutz, die Verbraucheraufklärung, Ausgaben für Forschung und Entwicklung, die der Allgemeinheit zugute kommen sowie freiwillige soziale Leistungen für die Allgemeinheit (wie z.B. Bau eines allgemein nutzbaren Schwimmbades, eines Altersheimes, eines Krankenhauses usw.).

j) Die Ansätze zur Überprüfung der betrieblichen Sozialpolitik sind:

- Überprüfung
  · der *Bedeutung,*
  · des *Nutzens* und
  · der *Kosten* der Einzelmaßnahmen,

- *Abbau überflüssiger Maßnahmen,*

- *Setzen neuer Akzente* (Wertewandel, Lage des Unternehmens, Einflüsse von Außen).

Dabei sind folgende Fragestellungen zielführend:

- Welche Leistungen sind – gemessen am Nutzen – zu hoch?

- Welche Leistungen sind in Zeiten schlechter Ertragslage rückführbar? Z.B.:
  · Widerrufsvorbehalt,
  · Verringerung der monetären Leistung bei Sozialeinrichtungen.

- Welche Außen- und Innenwirkung entfalten bestimmte Maßnahmen der Sozialpolitik?

- Sind die gewährten Leistungen noch zeitgemäß?

- Werden die Leistungen und die Modalitäten der Verteilung als gerecht empfunden?

k) Fast immer erzeugen Kappungsversuche der betrieblichen Sozialpolitik großen Unmut auf der Arbeitnehmerseite. Zudem können solche Kürzungen unproblematisch nur dort vorgenommen werden, wo gesetzliche, tarif- und arbeitsvertragliche Ansprüche sowie Rechte aus Betriebsvereinbarungen und aufgrund von Betriebsübung nicht berührt werden, d.h. bei freiwilligen, unregelmäßigen Zuwendungen.

Konkrete Veränderungsmöglichkeiten sind im Einzelfall rechtlich sehr schwierig und können nur vom Fachmann beurteilt werden. Fast immer sind kollektivrechtliche *und* individualrechtliche Anspruchsgrundlagen zu prüfen. Im Einzelfall sind folgende Maßnahmen der Anpassung von Sozialleistungen denkbar:

1. Bei Maßnahmen der Sozialpolitik auf der Basis *obligatorischer Betriebsverein-barungen*:
   → Reduzierung der Mittel,
   → Kündigung der Betriebsvereinbarung (Nachwirkung beachten!),
   → Abschluss einer neuen, geänderten Betriebsvereinbarung (mit neu gestalteten und i.d.R. kostengünstigeren Leistungspaketen).

2. Bei Maßnahmen der Sozialpolitik auf der Basis *freiwilliger Betriebsvereinbarungen*:
   → Reduzierung der Mittel,
   → Kündigung der Betriebsvereinbarung (keine Nachwirkung!).

3. Bei Maßnahmen der Sozialpolitik auf der Basis *betrieblicher Übung*:
   → Reduzierung der Mittel und/oder
   → Abbau aufgrund von Änderungskündigungen,
   → Ausschluss „neuer Mitarbeiter".

4. Bei Maßnahmen der Sozialpolitik auf der Basis *einzelvertraglicher Zusage*:
   → Mittelreduzierung,
   → Änderungskündigung.

5. Bei Maßnahmen der Sozialpolitik auf der Basis *freiwilliger Zusagen* mit Widerrufsvorbehalt:
   → einseitige Kürzung möglich,
   → einseitige Aufhebung möglich.

I) Bei der Mitbestimmung des Betriebsrates in Fragen der betrieblichen Sozialpolitik ist zu unterscheiden zwischen

- obligatorischer und
- freiwilliger Mitbestimmung.

Nach § 87 Abs. 1 Nr. 8 BetrVG hat der Betriebsrat ein *obligatorisches Mitbestimmungsrecht* bei der Errichtung von Sozialeinrichtungen – und zwar bei der

- Form   z.B. Rechtsform,
- Ausgestaltung z.B. Satzung, Organisation, Richtlinien und
- Verwaltung   z.B. Leistungspläne, Durchführung von Einzelmaßnahmen.

Dazu gehören z.B. Unterstützungskassen und Pensionskassen; sie sind demnach regelmäßig mitbestimmungspflichtige Sozialeinrichtungen. Die Errichtung einer Sozialeinrichtung kann vom Betriebsrat nicht erzwungen werden. Ob der Arbeitgeber beispielsweise eine betriebliche Altersversorgung einführt, ist folglich nicht mitbestimmungspflichtig.

Das Mitbestimmungsrecht erstreckt sich weiterhin *nicht*

- auf die Höhe der finanziellen Zuwendungen an die Sozialeinrichtung und ebenso nicht

- auf freiwillig gewährte (z. B. widerrufliche) Zuwendungen.

Freiwillige Mitbestimmung bei sozialen Einrichtungen:
Der Betriebsrat kann, wie bereits erwähnt, den Arbeitgeber nicht dazu zwingen, Investitionsmittel für Sozialeinrichtungen im freiwilligen Bereich zur Verfügung zu stellen. *Schafft der Arbeitgeber jedoch solche Einrichtungen, erwächst dem Betriebsrat ein Mitbestimmungsrecht.* Ist darüber eine Betriebsvereinbarung nach § 88 Nr. 2 BetrVG geschlossen worden, kann der Betrieb diese Einrichtung nicht einseitig aufheben; vielmehr ist eine Kündigung der Betriebsvereinbarung erforderlich. Im Falle des § 88 Nr. 2 BetrVG besteht jedoch *keine Nachwirkung* der Betriebsvereinbarung.

8 Personalverwaltung unter Beachtung arbeitsrechtlicher Bestimmungen

01. Abmahnung

a)

An:	Frau Ortrud Spät Kopie: BR [1]
Abt.:	VKM
	PN: 34008

Von: PL3, Krause
am: 19.11. ..

Sehr geehrte Frau Spät,

leider sind Sie trotz der am 28.10. ..... erfolgten mündlichen Ermahnung in diesem Monat an folgenden Tagen erst zu den aufgeführten Uhrzeiten zur Arbeit erschienen – lt. elektronischem Zeitnachweis:

08:07 Uhr   am 02.11.
08:18 Uhr   am 09.11.
08:22 Uhr   am 11.11.
08:13 Uhr   am 13.11.
08:09 Uhr   am 16.11. [2]

In dem am 17.11. ..... mit Ihnen geführten Gespräch haben Sie erklärt, Sie hätten an den genannten Tagen verschlafen.

Es ist Ihnen bekannt, dass die Art Ihrer Tätigkeit absolute Pünktlichkeit erfordert. Durch Ihr Verhalten haben Sie gegen diese arbeitsvertragliche Verpflichtung verstoßen. [3] Wir fordern Sie daher nachdrücklich auf, zukünftig die für Sie geltenden Arbeitszeiten einzuhalten. [4] Sollten Sie erneut schuldhaft unpünktlich zur Arbeit erscheinen, sind wir zu unserem Bedauern gezwungen, das Arbeitsverhältnis zu kündigen. [5]

Wir hoffen, dass Sie aus diesem Schreiben die notwendigen Schlüsse ziehen und sich die Maßnahme der Kündigung ersparen.

b) zu [2]

Es ist exakt anzugeben, wann genau, in welcher Form gegen welche arbeitsrechtlichen Pflichten verstoßen wurde. Der Arbeitgeber hat die Soll-Ist-Abweichung zu belegen (Zeugen, Dokumente).

zu [3]

Erneute Nennung der arbeitsrechtlichen Pflicht, gegen die verstoßen wurde.

zu [4]

Aufforderung zur korrekten Erfüllung.

zu [5)]

Androhung der Kündigung; die pauschale Formulierung "... wird Ihr Verhalten arbeitsrechtliche Konsequenzen haben ..." ist nicht ausreichend.

c) zu [1)]

Der Betriebsrat muss bei einer Abmahnung nicht informiert werden; es existiert kein Mitbestimmungsrecht. In der Praxis erfolgt häufig eine Mitteilung an den Betriebsrat, um ein evtl. Kündigungsverfahren schon im Vorfeld vorzubereiten.

02. Arbeitsordnung, AU-Bescheinigung

a) Typische Inhalte einer Arbeitsordnung sind z. B.:

* Fragen der Ordnung im Betrieb (Torkontrolle, Rauchverbot, Alkoholverbot u. Ä.)
* Verhalten der Arbeitnehmer am Arbeitsplatz
* Rechte und Pflichten aus dem Arbeitsverhältnis
* Arbeitszeiten und Pausen
* Entgeltformen und Entlohnungsmethoden
* gesetzliche und tarifliche Bestimmungen
* Urlaubsregelungen
* Arbeitsschutz.

b) Die Forderung der Geschäftsleitung besteht zu Recht (§ 5 EFZG; bitte lesen).

03. Kündigung und Beteiligungsrechte des Betriebsrats

a) Der Betriebsrat kann nach § 99 BetrVG (bitte lesen) *innerhalb einer Woche* einer ordentlichen Kündigung (nur) widersprechen, wenn:

* der Arbeitgeber *soziale Gesichtspunkte* bei der Auswahl des zu kündigenden Mitarbeiters nicht ausreichend berücksichtigt hat,
* die Kündigung gegen besondere *Richtlinien* verstößt,
* der zu kündigende Arbeitnehmer an einem anderen Arbeitsplatz im selben Betrieb oder in einem anderen Betrieb des Unternehmens *weiterbeschäftigt werden kann*;
* die *Weiterbeschäftigung* des Arbeitnehmers nach zumutbaren Umschulungs- oder Fortbildungsmaßnahmen möglich ist oder
* eine *Weiterbeschäftigung* des Arbeitnehmers *unter geänderten Vertragsbedingungen* möglich ist und der Arbeitnehmer sein Einverständnis hiermit erklärt hat.

b) Kündigt der Arbeitgeber, obwohl der Betriebsrat der Kündigung widersprochen hat, so hat er dem Arbeitnehmer mit der Kündigung eine Abschrift der Stellungnahme des Betriebsrats auszuhändigen.

c)

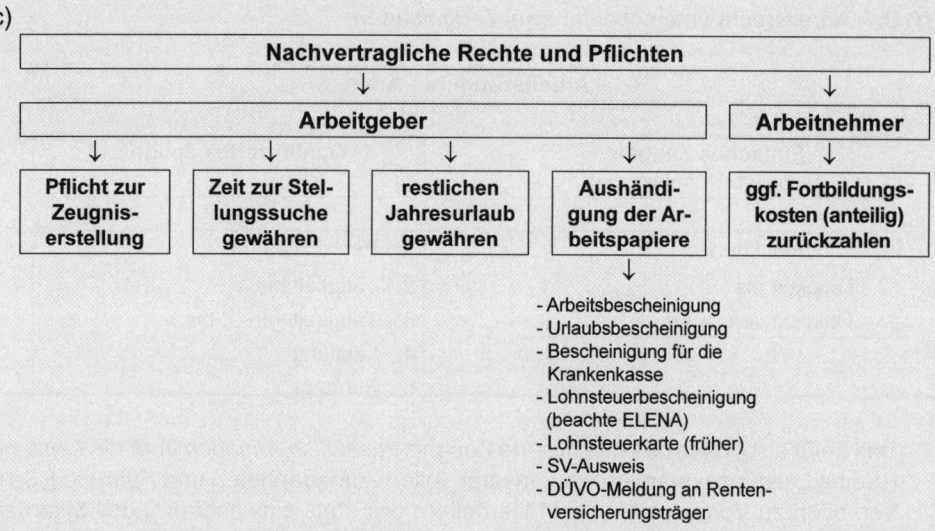

Nachvertragliche Rechte und Pflichten

↓   ↓

| **Arbeitgeber** | **Arbeitnehmer** |

↓   ↓   ↓   ↓   ↓

| Pflicht zur Zeugnis-erstellung | Zeit zur Stellungssuche gewähren | restlichen Jahresurlaub gewähren | Aushändigung der Arbeitspapiere | ggf. Fortbildungs-kosten (anteilig) zurückzahlen |

↓

- Arbeitsbescheinigung
- Urlaubsbescheinigung
- Bescheinigung für die Krankenkasse
- Lohnsteuerbescheinigung (beachte ELENA)
- Lohnsteuerkarte (früher)
- SV-Ausweis
- DÜVO-Meldung an Renten-versicherungsträger

d) Es muss sich gemäß § 629 BGB um ein dauerhaftes Arbeitsverhältnis handeln, und das Arbeitsverhältnis muss gekündigt sein.

e) Ist das Arbeitsverhältnis durch Kündigung beendet, so ist der restliche Jahresurlaub möglichst während der Kündigungsfrist zu gewähren; ansonsten ist er abzugelten (§ 7 BUrlG). Anspruch besteht auf ein Zwölftel für jeden vollen Monat. Bruchteile von Urlaubstagen, die mindestens einen halben Tag ergeben, sind aufzurunden.

f) Er muss im Zusammenhang mit einer Kündigung alle bei ihm vorhandenen Arbeitspapiere anfertigen bzw. aushändigen; ein Zurückbehaltungsrecht hat er in keinem Fall. Bei Pflichtverletzung macht er sich gegenüber dem Arbeitnehmer schadensersatzpflichtig.

g) Nein! Ausnahme: Es wurde ein nachvertragliches Wettbewerbsverbot nach Maßgabe der §§ 74 ff. HGB geschlossen (Schriftform, Karenzentschädigung, ≤ 2 Jahre).

04. Arbeitszeugnis

a) Ein Anspruch auf ein Zeugnis besteht bei Beendigung der Tätigkeit bzw. bei Beendigung der Berufsausbildung. In besonderen Fällen steht dem Arbeitnehmer jedoch noch während eines ungekündigten Arbeitsverhältnisses ein Zwischenzeugnis zu (z. B. Wechsel des Vorgesetzten, Elternzeit, Versetzung).

Bei fristgerechter Kündigung soll das Zeugnis dazu dienen, die Stellensuche zu erleichtern. *Daher muss das Zeugnis unmittelbar nach der Kündigung ausgefertigt werden.* Bei fristloser Kündigung entsteht in der Regel auch ein sofortiger Anspruch auf ein Zeugnis, es sei denn, der Arbeitnehmer wäre treuebrüchig geworden. In diesem Fall steht ihm das Zeugnis nicht vor dem Zeitpunkt zu, in dem sein Arbeitsverhältnis bei regulärer Kündigungsfrist hätte gekündigt werden können.

b) Das Arbeitsrecht unterscheidet zwei *Zeugnisarten*:

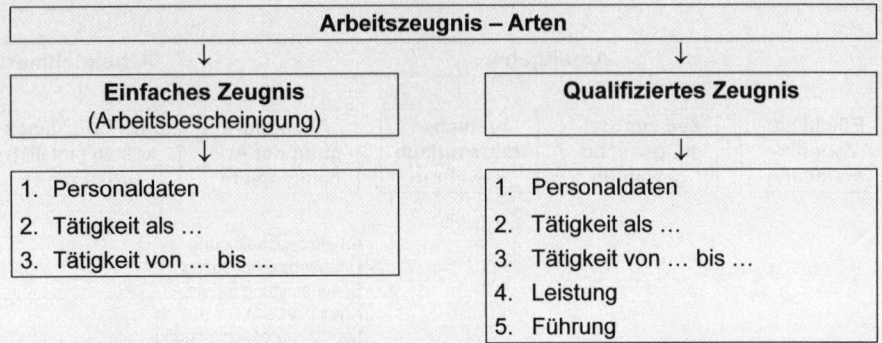

Arbeitszeugnis – Arten

↓   ↓

| **Einfaches Zeugnis**
(Arbeitsbescheinigung) | **Qualifiziertes Zeugnis** |

↓   ↓

| 1. Personaldaten
2. Tätigkeit als …
3. Tätigkeit von … bis … | 1. Personaldaten
2. Tätigkeit als …
3. Tätigkeit von … bis …
4. Leistung
5. Führung |

Das heißt also, dass das qualifizierte Zeugnis *zusätzlich Angaben* über die *Leistung* („Seine Leistung waren stets zu unserer vollen Zufriedenheit.") und *Führung* („Sein Verhalten zu Vorgesetzten und Mitarbeitern war stets einwandfrei.") des Mitarbeiters enthält. Merke: Die Art der *Mitarbeiterführung* eines Vorgesetzten stellt eine *Leistung* dar.

c) 1. *Formale Aspekte:*
DIN-A4-Firmenbogen, fehlerfreie Rechtschreibung, keine Streichungen, keine Beschmutzung

2. *Überschrift:*
Zeugnis, Zwischenzeugnis, Berufsausbildungszeugnis, Praktikumszeugnis

3. *Persönliche Angaben des Mitarbeiters; Stellenbezeichnung:*
Name, Vorname (ggf. Geburtsname), Geburtsdatum, akademischer Titel, Positionsbezeichnung

4. *Dauer der Tätigkeit:*
von … bis … (das Enddatum kann auch in der Schlussformulierung genannt werden)

5. *Tätigkeitsinhalte:*
Komplexität, Umfang der Aufgaben, Anteil von Sach- und Führungsaufgaben, Vollmachten wie Prokura, Handlungsvollmacht

6. *Führung und Leistung:*

Leistung:
Leistungsbereitschaft, Leistungsfähigkeit, Führungsfähigkeit (bei Vorgesetzten), besondere Leistungen, besondere Eigenschaften wie Belastbarkeit, hohe Motivation, Arbeitseinsatz, besondere Fähigkeiten

> Anwenden der Formulierungsskala („Zeugniscode"):
> - sehr gut: „... stets zur vollsten Zufriedenheit ..."
> - gut: „... stets zur vollen Zufriedenheit ..."
> - befriedigend: „... zur vollen Zufriedenheit ..."
> - ausreichend: „... zur Zufriedenheit ..."
> - mangelhaft: „... im Großen und Ganzen zur Zufriedenheit ..."
> - ungenügend: „... hat sich bemüht ..."

Der Gebrauch von Spezialformulierungen ist in der Rechtsprechung umstritten und sollte vermieden werden: „... war sehr tüchtig und wusste sich zu verkaufen ..." = war unangenehm, unbequem u. Ä.

Bei negativer Beurteilung ist es weit verbreitet,
- unwichtige Eigenschaften und Merkmale unangemessen hervorzuheben sowie
- wichtige Aspekte zu verschweigen (weil negativ) – insbesondere Eigenschaften und Verhaltensweisen, die bei einer bestimmten Tätigkeit von besonderem Interesse sind.

Führung:
Sozialverhalten des Mitarbeiters, Verhalten zu Vorgesetzten
sehr gut: „... war stets vorbildlich ..."
gut: „... war vorbildlich ..."; „... war ohne Beanstandungen ..."
ungenügend: „... wurde als umgänglicher Kollege geschätzt ..."

7. *Grund der Beendigung:*
Der Grund der Beendigung ist nur auf Verlangen des Mitarbeiters in das Zeugnis aufzunehmen:
- überwiegend positiv,
  ggf. aber mit „Macken": „... auf eigenen Wunsch ..."
- überwiegend negativ: „... in beiderseitigem Einvernehmen ..."
- vorgeschobener Grund
  oder echter Grund: „... aus organisatorischen Gründen ..."
  „... aus Gründen der Reorganisation ..."

8. *Schlussformulierung (so genannte Dankes-Bedauern-Zukunfts-Formel):*

Bei der Schlussformulierung sind folgende Gestaltungen üblich:
- Standard: „Wir wünschen Frau ... alles Gute für Ihre berufliche Entwicklung."
- Mögliche Steigerungen:
  „... wünschen wir Herrn ... Erfolg bei seinem weiteren beruflichen Werdegang und danken ihm für die geleistete Arbeit.";
  „... bedauern seinen Entschluss ... (außerordentlich) ...";
  „... würden ihn jederzeit wieder einstellen ...";
  „... wünschen ihm auch zukünftig den Erfolg in seiner Arbeit, den er in unserem Unternehmen realisieren konnte ...";
  „... verlässt unser Unternehmen, um sich einer neuen beruflichen Aufgabe zu widmen ...".

9. *Ausstellungsdatum:*
Muss mit dem Beendigungstermin übereinstimmen oder zwei bis drei Tage vorher.

10. *Unterschrift(en):*
Von ein oder zwei Zeichnungsberechtigten; rechts unterschreibt der unmittelbare Vorgesetzte oder dessen Fachvorgesetzter; links unterschreibt der nächst höhere Fachvorgesetzte oder ein Mitarbeiter der Personalabteilung.

d) *Arbeitsrechtliche Bestimmungen:*
Der bisherige Arbeitgeber muss das Zeugnis wahrheitsgemäß und wohlwollend abfassen. Im Zweifelsfall gilt „Wahrheit vor Wohlwollen".

Umfang des Zeugnisses:
Die Gesamtlänge des Zeugnisses muss der Position und der Dauer entsprechen (z. B. Facharbeiter/drei Jahre: → ca. 1/2 bis max. 1 Seite).

Zeugnissprache:
- konkrete Beschreibungen:
  nicht: „... hat sich immer engagiert ...", sondern:
  „Sein besonderes Engagement stellte er beim Projekt ... unter Beweis ..."
- Aktiv-Form statt Passiv-Form:
  nicht: „... wurde er ..."; sondern: „... er hat ...", „...ihm gelang es ..."
- offen und ehrlich; Verzicht auf „Geheimsprache"
- knapp, verständlich, vollständig

Das Erstellen von Zeugnissen bedarf einiger Übung. Hier sollte sich der Vorgesetzte Unterstützung von der Personalabteilung holen. Empfehlenswert sind auch neuere Formen der Zeugniserstellung: Mit dem Betriebsrat werden Textbausteine mit abgestuften Beurteilungsbeschreibungen vereinbart, die dann auf den konkreten Sachverhalt des zu beurteilenden Mitarbeiters bezogen werden. Dies bedeutet: Standardisierung + Rationalisierung + Einzelfallbeschreibung + Vollständigkeit + Fehlervermeidung.

e) Zwar soll das Zeugnis das Fortkommen des Arbeitnehmers nicht behindern, doch ist es keinesfalls gestattet, wahrheitswidrig wesentliche Tatsachen zu verschweigen, wie z. B. die Trunksucht des Fahrers, die Unehrlichkeit des Buchhalters (Grundsatz: Wahrheit geht vor Wohlwollen). Es müssen in einem Zeugnis alle Tatsachen aufgenommen werden, die für die Beurteilung des Arbeitnehmers von Bedeutung sind. Durch Weglassen sich wiederholender, bestimmter negativer Umstände würde das Zeugnis dem Wahrheitsgrundsatz widersprechen. In höchstrichterlichen Urteilen ist diese Auffassung bestätigt worden und hat zu Schadensersatzansprüchen gegen den Aussteller geführt.

f) Er kann ein verbessertes Zeugnis anfordern oder notfalls arbeitsgerichtlich die Berichtigung seines Zeugnisses verlangen. Der Arbeitnehmer kann jedoch keine bestimmten Formulierungen verlangen, sofern diese nicht allgemein- oder branchenüblich sind. Er wird jedoch Anspruch auf die Formulierung „... zur ... Zufriedenheit" (so genannte Zeugniscodierung) haben, wenn derartige Aussagen fehlen.

05. Aufgaben der Personalverwaltung

• *Administrative Aufgaben* sind vor allem verwaltungstechnische und abwicklungstechnische (Routine-)Aufgaben wie z. B.:

- Formalitäten bei der Einstellung, Versetzung, Entlassung
- Führen der Personalakten
- Pflege der Entgeltsysteme, Entgeltabrechnungen
- Entwicklung und Pflege des personalspezifischen Formularwesens.

• Bei den *informativen Aufgaben* geht es vor allem um die Gewinnung, Aufbereitung und zielgruppenspezifische Weitergabe (Behörden, Mitarbeiter, Entscheidungsgremien) von Daten, Kennzahlen und Entwicklungen wie z. B.:

- Entwicklung und Pflege eines Personalinformationssystems
- Erfassung und Pflege der Personaldaten
- Entwicklung und Pflege von Personalstatistiken und -reports
- Mitwirkung und Pflege von Mitarbeiterbroschüren, Personalhandbüchern u. Ä.

• Im Rahmen der *rechtlichen Aufgaben* hat die Personalverwaltung für die Einhaltung der Rechts- und Ordnungsvorschriften zu sorgen, wie z. B.:

- Berücksichtigung der Arbeitnehmerschutzgesetze
- Berücksichtigung der geltenden Tarifbestimmungen
- Erstellung der Arbeitsverträge, Zeugnisse u. Ä. nach den einschlägigen Rechtsvorschriften
- Entwicklung und Pflege von Arbeitsordnungen, betrieblichen Regelungen.

06. Personalakte

a) • Nach § 83 Abs. 1 BetrVG hat jeder Mitarbeiter das Recht,
  - in die über ihn geführten Personalakten Einsicht zu nehmen. Er kann hierzu ein Mitglied des Betriebsrats hinzuziehen.

    Das Einsichtsrecht erstreckt sich auch auf alle per EDV gespeicherten Daten sowie auf evtl. Nebenakten, die sich auf die Person des Arbeitnehmers beziehen (z. B. individuelle Nachfolgeplanung, Unterlagen zur Beurteilung, Aufzeichnungen des Fachvorgesetzten).

  - dass eigene Erklärungen zum Inhalt der Akte beigefügt werden (z. B. Gegendarstellung zu einer Abmahnung).

  • Nein! Ein eigenständiges Recht auf Akteneinsicht hat der Betriebsrat nicht.

b) • Der Arbeitgeber ist gesetzlich nicht zur Führung von Personalakten verpflichtet; jedoch kann praktisch kein Betrieb darauf verzichten.

  • Alle Informationen, die sich persönlich auf einen Mitarbeiter beziehen, sind Bestandteil der Personalakte.

• Die Personalakte hat Urkundencharakter. Neben- oder Schattenakten sind nicht zulässig. So genannte Sachakten, in denen Unterlagen über mehrere Mitarbeiter geführt werden, sind keine Personalakten.

• Der Inhalt ist meist sachlich gegliedert (Mitteilungen des Arbeitgebers, Gehaltsentwicklung, Veränderung der persönlichen Daten usw.) und dann wird innerhalb dieser Gliederung chronologisch abgeheftet.

• Personalakten müssen gewissenhaft angelegt und präzise aktualisiert werden.

• Der Arbeitgeber hat die Verpflichtung, von sich aus nachteilige Angaben über das Verhalten des Arbeitnehmers nach einer angemessenen Zeit zu überprüfen und bei Bewährung des Arbeitnehmers derartige Schriftstücke aus der Akte zu entfernen. Bei Abmahnungen nennt die Rechtsprechung einen Zeitraum von zwei Jahren und weniger.

c)

Innere Gliederung der Personalakte (Beispiel)		
1.	Informationen zur Person	- Daten - Lichtbild - Änderungen
2.	Informationen zur Personalauswahl	- Bewerbungsunterlagen - Auskünfte - Auswahlergebnisse
3.	Informationen zum Arbeitsvertrag	- Arbeitsvertrag - Änderungen
4.	Empfangsbestätigungen	- z. B. Betriebsordnung - Unfallschutz
5.	Informationen zur Personalentwicklung	- Beurteilungen - Fortbildungsmaßnahmen - Nachfolgeplanung etc.
6.	Entgeltinformationen	- Gehaltsmitteilungen - Prämien - Erfindervergütungen
7.	Informationen zu Abwesenheitszeiten	- Urlaub - Krankheit - Wehrdienst - Mutterschaftsurlaub - Kuren
8.	Informationen zur Beendigung	- Kündigung - Aufhebungsvertrag - Ausgleichsquittung - Zeugnis - Laufzettel

d) Der Mitarbeiter hat das Recht,

- dass objektiv falsche Unterlagen entfernt werden (z. B. ein Verdacht auf Diebstahl, der sich später als gegenstandslos erweist).

- sich Notizen und Abschriften handschriftlich anzufertigen.

- Das Recht auf Akteneinsicht bedeutet nicht Überlassen der Akte (quasi als „Heimlektüre"); das Recht auf Anfertigung von Kopien wird im Allgemeinen von der Rechtsprechung verneint; Ausnahme: Unterlagen, die dem Mitarbeiter ohnehin zustehen (z. B. formalisierter Beurteilungsbogen).

- In der Praxis erfolgt die Akteneinsicht auf Antrag und im Beisein eines Beauftragten der Personalabteilung. Ein vorheriges so genannte „Flöhen" der Akte (Entfernen bestimmter Teile) durch Arbeitgebervertreter ist unzulässig.

07. Datenschutz

a) • Datenzugriff durch unberechtigte Personen
   • Verlust von Daten
   • Manipulation von Daten
   • ungewollte Veränderung von Daten aufgrund fehlerhafter Bearbeitung

b) *Technische Maßnahmen:*
   • Zugangskontrollen (Räume, PC)
   • Zugriffsbeschränkung (Passwort)
   • Kopierschutz
   • automatische Nutzungsdokumentation

   Organisatorische Maßnahmen:
   • *Instruktion der User*
   • *Verpflichtung auf den Datenschutz*
   • *Kontrolle der User*
   • *Sicherungsroutinen*

9 Personalabbau

01. Beendigung des Arbeitsverhältnisses

- Tod des Arbeitnehmers
- Erreichen der Altersgrenze („Pensionierung")
- Kündigung (fristgerecht oder fristlos)
- Aufhebung des Vertrages
- Fristablauf (bei befristeten Verträgen)

02. Aufhebungsvertrag

a) **Aufhebungsvertrag**

zwischen ....
(im folgenden Firma genannt)

und

Herrn Franz Huber, geb. am ...., wohnhaft in ....

Die o. g. Parteien sind sich aufgrund der geführten Gespräche einig, dass das Arbeitsverhältnis zum .... endet.

Die Firma zahlt die Vergütung bis zum Ablauf dieser Frist.

Die Firma hat das Recht, den Mitarbeiter mit sofortiger Wirkung von der Verpflichtung zur Arbeitsleistung freizustellen. Macht sie davon Gebrauch, so ist der noch verbleibende Resturlaub mit dieser Freistellung abgegolten.

Der Mitarbeiter erhält ein qualifiziertes Zeugnis.

Für den Verlust des Arbeitsplatzes verpflichtet sich die Firma zur Zahlung einer Abfindung in Höhe von € ...

Der Mitarbeiter verzichtet unwiderruflich auf sein Recht, innerhalb von drei Wochen nach Beendigung des Arbeitsverhältnisses Kündigungsschutzklage zu erheben.

Der Mitarbeiter wurde über die steuerlichen und sozialversicherungsrechtlichen Bestimmungen bei Abfindungen informiert. Er wurde ferner darüber belehrt, dass ihm im Zusammenhang mit der Abfindungszahlung Nachteile bei der Gewährung von Arbeitslosengeld entstehen können.

gez. Firma   gez. Franz Huber

b) Vorteile des Aufhebungsvertrages:
- Keine Mitwirkung/Mitbestimmung des Betriebsrates oder staatlicher Einrichtungen (z. B. Integrationsamt),
- keine Gefahr einer Kündigungsschutzklage.

03. Maßnahmen des indirekten Personalabbaus

Gemeint sind vorbeugende Maßnahmen, die *nicht oder kurzfristig nicht zur Reduzierung der Belegschaft* führen, d. h. alle Maßnahmen, die sich als Alternative zum „harten Instrument" der Entlassung anbieten.

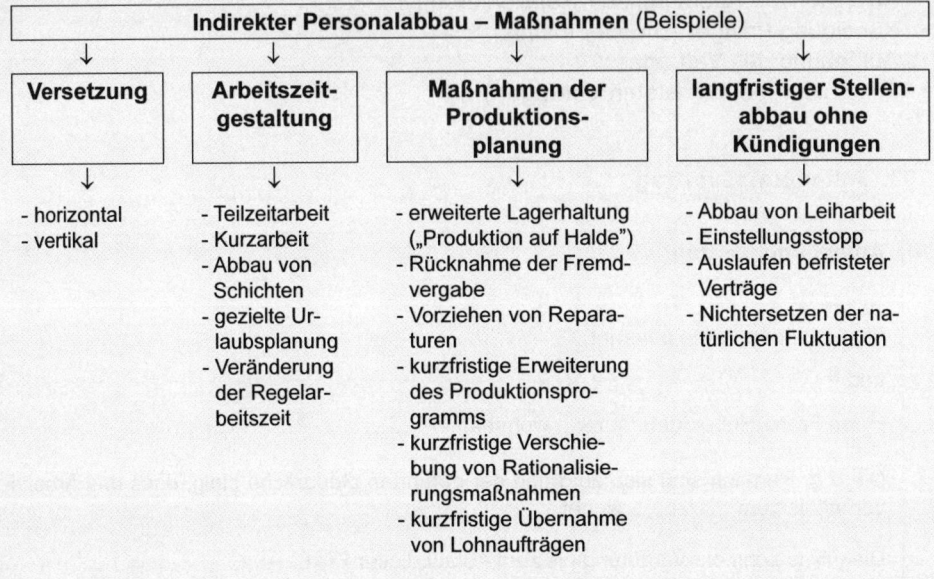

04. Maßnahmen des direkten Personalabbaus

Direkte Maßnahmen des Personalabbaus sind alle Maßnahmen, die zu einer *Reduzierung der Belegschaft* führen, d. h., die „Kopfzahlen" senken.

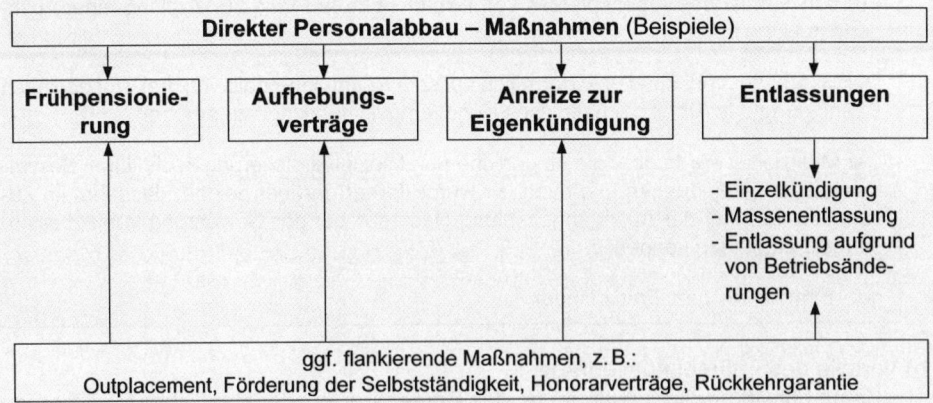

05. Personalabbaumaßnahmen in der Metallbau GmbH

a) *Situation/alt:*   Legende: MA: Mitarbeiter

E: Einheiten

• Verfügbares Arbeitszeitvolumen p. a.:

250 Arbeitstage – 20 % Reservebedarf

= 200 Arbeitstage, effektiv

200 Arbeitstage, effektiv · 7 Std. · 45 MA

= 63.000 Stunden p. a.

• Mengenmäßiger Output p. a.:

150 E/Tag · 200 Arbeitstage, effektiv

= 30.000 E p. a.

• Arbeitsproduktivität   = Output in E : Input in Std.

= 30.000 E : 63.000 Std.

= 0,47619 E/Std.

= 0,48 E/Std.

Situation/neu (gefordert):

• Arbeitsproduktivität   =   0,48 E/Std. · 1,1   =   0,53 E/Std.

• Erforderliches Arbeitszeitvolumen p. a.:

30.000 E : x = 0,53 $\Rightarrow$

x = 56.604 Std. p. a.

• Verfügbares Arbeitszeitvolumen pro MA p. a.:

200 Arb.tg. · 8 Std. = 1.600 Std./MA p. a.

• Erforderliche Anzahl der Mitarbeiter für das Planungsjahr:

56.604 Std. p. a. : 1.600 Std./MA p. a

= 36 MA (= 35,3775; Aufrundung bei Personalbedarfsrechnungen)

Es ergibt sich ein Personalabbaubedarf von 9 Mitarbeitern (Vollzeitbasis).

b) • *Individualrechtliche Seite:*

Die bisher gültige, tägliche Arbeitszeit beträgt sieben Stunden. Der Arbeitgeber ist nicht tarifgebunden. Er kann daher die Arbeitszeitverlängerung individualrechtlich nur umsetzen durch

- Abschluss neuer Arbeitsverträge bzw. Ergänzung der bestehenden Arbeitsverträge durch einvernehmliche Regelung oder durch

- Änderungskündigungen.

• *Kollektivrechtliche Seite:*

- Die Verlängerung der betriebsüblichen Arbeitszeit ist mitbestimmungspflichtig (§ 87 Abs. 1 Nr. 3 BetrVG).

- Änderungskündigungen unterliegen der Mitbestimmung des Betriebsrats (§ 102 BetrVG).

- Das mit der Änderungskündigung verbundene Angebot zum Abschluss eines neuen Arbeitsvertrages unterliegt ebenfalls der Mitbestimmung des Betriebsrats (§ 99 BetrVG).

c)

Abbau-maßnahme	Kosten	Risiken		Durchsetzbarkeit
		AN	AG	
Auslaufen befristeter Verträge	gering	mittel	gering	unproblematisch für den AG; für AN planbar, aber schwierig bei schlechten Chancen am Arbeitsmarkt
Einzel-kündigung	gering	hoch	mittel bis hoch	ist für den AN eine besondere Härte; enthält für den AG ein arbeitsrechtliches Risiko (KSchG, BetrVG)

Legende: AN: Arbeitnehmer
           AG: Arbeitgeber

Hinweis zur Lösung: Bitte beachten Sie, dass folgende Lösungen aufgrund des Sachverhalts nicht gewertet werden können:

- natürliche Fluktuation: Personalabbau soll bis März des Folgejahres abgeschlossen sein
- Abbau von Leiharbeit: ausgeschlossen lt. Sachverhalt
- Abbau von Mehrarbeit: ausgeschlossen lt. Sachverhalt
- vorzeitige Pensionierung: hohe Kosten
- Aufhebungsverträge: hohe Kosten
- Sozialplan: hohe Kosten und nicht erforderlich, da nur noch neun ./. vier Mitarbeiter zur Disposition stehen
- Massenentlassung: Voraussetzung sind nicht gegeben

06. Arbeitszeugnis (3)

a) Qualifiziertes Zeugnis:

Zeugnis

Herr Roland Kantig, geb. am 4. Januar 1967, wurde nach seiner Lehre als Maschinenschlosser in unserem Unternehmen ab dem 1. Juli 1988 als Monteur für den weltweiten Einsatz im Außendienst beschäftigt.

Er erhielt zunächst eine dreiwöchige Grundausbildung an unserer vollautomatischen Drahtbiegemaschine, Typ AUTOMIRA XXL09. Direkt im Anschluss daran führte er Modernisierungsarbeiten unter Anleitung erfahrener Kollegen an Kundenanlagen – zunächst in der Bundesrepublik Deutschland und danach überwiegend in Italien – durch. Nach einigen Monaten erwarb Herr Kantig auch die erforderlichen Fähigkeiten, eigenverantwortlich die Installation von Neumaschinen durchführen zu können. Neben der Montage und Inbetriebnahme der Maschinen gehörte die Unterweisung des Wartungs- und Bedienungspersonals unserer Kunden ebenfalls zu seinen Aufgaben.

Herr Kantig führte die ihm übertragenen Arbeiten umsichtig und zu unserer vollen Zufriedenheit aus.

Sein Verhalten gegenüber Kunden, Vorgesetzten und Kollegen war stets einwandfrei.

Herr Kantig verlässt uns aus privaten Gründen zum 28. Februar 2011 auf eigenen Wunsch. Für seine weitere berufliche Zukunft wünschen wir ihm alles Gute.

G.K. Wagner & CO.

ppa. (Krause) i. A. (Bracker)

b) Einfaches Zeugnis:

Zeugnis

Frau Lieselotte Herb, geb. am 9. September 1957, ist in der Zeit vom 1. Februar 2011 bis zum 28. Februar 2011 in unserem Unternehmen beschäftigt gewesen.

In unserem „Personalbereich 3" unterstützte Frau Herb die Mitarbeiter der Gehaltsabrechnung und übernahm folgende „Entlastungsarbeiten":

• Organisation der Ablage,
• Pflege der Personalakten,
• Bearbeitung der Zeitkonten mithilfe des Systems IZEV.

Frau Herb schied zum 28. Februar 2011 auf eigenen Wunsch aus unserem Unternehmen aus. Für die weitere berufliche Zukunft wünschen wir ihr alles Gute.

G.K. Wagner & CO.

ppa. (Krause) i. A. (Konkel)

07. Vorüberlegungen zum Personalabbau

Im Mittelpunkt der Überlegungen zur Planung und Durchführung von Personalabbaumaßnahmen stehen vor allem folgende Fragen:

• Wie kann der Personalabbau erfolgen (direkt, indirekt)?
• Wie kann er sozial verträglich und kostenmäßig vertretbar gestaltet werden?
• Zu welchem Zeitpunkt und in welchem Ausmaß ist der Abbau erforderlich?
• Sind flankierende Maßnahmen erforderlich und geeignet, wirtschaftliche, soziale und arbeitsmarktpolitische Härten zu mildern (Interessenausgleich, Sozialplan, Information der Arbeitsämter usw.)?
• Welche rechtlichen Rahmenbedingungen sind zu beachten (z. B. SGB III, KSchG, BetrVG usw.)?

08. Personalabbau und Mitbestimmung

- Nach § 102 BetrVG
  - ist der Betriebsrat vor jeder Kündigung *zu hören*. Eine ohne Anhörung des Betriebsrates erfolgte Kündigung ist unwirksam;
  - kann der Betriebsrat der ordentlichen Kündigung *widersprechen* aufgrund der im Gesetz genannten Tatbestände.

- Nach § 95 BetrVG
  bedürfen Auswahlrichtlinien (Einstellungen, Kündigungen usw.) der *Zustimmung* des Betriebsrates.

09. Planung des Personalabbaus

Das geforderte Planungspapier zur Durchführung des Personalabbaus könnte folgende Struktur aufweisen (Beispiel; auch ähnlich plausible Lösungen, die die Ausgangslage beachten, sind richtig):

Planung des Personalabbaus		Personalbestand per 21.12.2010	Bruttopersonalbedarf 2011	Personalabbaubedarf 2011	davon: IPA 1.1	IPA 1.2	IPA 1.3	DPA	Zeitraum/Quartale 2011 I	II	III	IV	Jahr: 2011
Leitender Angestellte													
davon:	Einkauf	5	4	1			1			1			
	Produktion	7	5	2		1	1		1	1			
	Vertrieb	4	4										
	Verwaltung	4	3	1				1	1				
Tarifangestellte													
davon:	Einkauf	25	21	4		2	2		2		2		
	Produktion	35	33	2	1		1		1	1			
	Vertrieb	20	18	2		1		1	1		1		
	Verwaltung	30	24	6		2	2	2	2		2		2
Arbeiter													
davon:	Einkauf	18	16	2	1		1		1	1			
	Produktion	240	230	10	4	2	2	2	3	4	3		
	Vertrieb	22	21	1		1			1				
	Verwaltung	5	3	2	1			1	2				
Σ		415	382	33	6	8	11	8	15	8	8	2	
ca. Anteil in %[1]				100 %	18 %	24 %	33 %	24 %	46 %	24 %	24 %	6 %	
Geschätzte Kosten des Personalabbaus:[2]					6 IPA 1.1						3.000	4 %	
						8 IPA 1.2					6.000	8 %	
							11 IPA 1.3				2.000	3 %	
								8 DPA			60.000	85 %	
										Σ	71.000	100 %	

[1] Hier können sich Rundungsdifferenzen ergeben.
[2] plausibles Zahlengerüst

10 Personalcontrolling

An Fortbildungskosten können folgende Kostenarten entstehen:

A.	Direkte Kosten	
	A. 1	Personalkosten, z. B. - Honorare und Entgelte für Dozenten
	A. 2	Sachmittel, z. B. - Lehrmittel - Lernmittel - Raumkosten - Hilfsmittel, Medien (z. B. Metaplanwände, Projektoren, Soft-/Hardware)
	A. 3	Sonstige Kosten, z. B. - Prüfungsgebühren - Reise- und Unterbringungskosten
B.	Indirekte Kosten	
	B. 1	Lohnausfallkosten, z. B. - Entgeltfortzahlung für Weiterbildungsteilnehmer - Mitarbeiter, die z. B. als Seminarleiter eingesetzt werden
	B. 2	Kosten für Hilfskräfte, z. B. - Personal- und Personalnebenkosten, soweit sie mit der Planung, Durchführung und Nachbereitung der Weiterbildung zusammenhängen - Verwaltungs- und Sachkosten, soweit sie ursächlich mit der Weiterbildung zusammenhängen (z. B. Telefon, Porto, Papier, Kopieren, Reinigung)

Im Mittelpunkt des Personalcontrolling steht die Überprüfung und Steuerung des ökonomischen Einsatzes des Faktors Arbeit. Den vorhandenen Personalkosten muss eine äquivalente Wertschöpfung gegenüber stehen. Der Vorgesetzte mit Personalverantwortung muss also in regelmäßigen Abständen die Ergebnisse der Personalbedarfsplanung überprüfen. Geeignet ist dafür die Beantwortung folgender Fragestellungen:

1. Wurde der quantitative Personalbedarf „richtig" geplant?
   → Kontrolle der Verfahren

2. Entspricht der Stellen-Istbestand dem Planbestand?
   → Kontrolle der Anzahl der Planstellen

3. Wurden die geplanten Maßnahmen zur Anpassung des Personalbestandes „richtig" geplant und umgesetzt?
   → Personalabbau bzw. Personalbeschaffung
   → Personalentwicklung aufgrund erkannter Qualifikationserfordernisse

4. Entspricht die Entwicklung der Personalkosten den Plangrößen?
 → Fluktuation und Absentismus (Fehlzeiten)
 → bezahlte Arbeitsstunden im Verhältnis zu geleisteten Arbeitsstunden
 → Leistungsfähigkeit und Leistungsbereitschaft der Mitarbeiter
 → Entwicklung der Arbeitsproduktivität

Jede negative Abweichung der Istgrößen von den geplanten Personaleckdaten führt in der Regel zu einer Verschlechterung der Äquivalenz von Kosten und Leistungen im Personalsektor.

03. Wirtschaftlichkeit der Personalentwicklung

Die *Kontrolle der Wirtschaftlichkeit* von Qualifizierungsmaßnahmen (auch: *ökonomische Erfolgskontrolle*) wird in der Theorie meist anhand der folgenden Kennziffer dargestellt:

$$\text{Rendite der Qualifizierung} = \frac{(\text{Wert der Qualifizierung} - \text{Kosten der Qualifizierung (in €))} \cdot 100}{\text{Kosten der Qualifizierung}}$$

Beispiel (verkürzte Darstellung):
Die Anzahl der Kundenreklamationen bei der Montage von Rasenmähern lag in der Berichtsperiode bei 12 pro 1.000 Stück Absatz. In einer Periode werden rd. 35.000 Stück gefertigt. Die Nachbearbeitungskosten pro Reklamation wurden vom Rechnungswesen mit 180,00 € beziffert (inkl. entgangener Gewinne aufgrund eines Negativimages).

Mit einem externen Trainer wurde eine Schulungsmaßnahme zur Qualitätsverbesserung in der Montage durchgeführt. Nach Abschluss der Maßnahme konnte im Laufe von zwei Monaten die Anzahl der Reklamationen auf 3 pro 1.000 Stück Absatz gesenkt werden.

Es entstanden folgende Qualifizierungskosten für die Schulung der 30 Montagemitarbeiter:

- *Feldarbeit* des Trainers im Unternehmen:	=	3.300 €
Diagnose der Probleme und Abläufe		
3 Tage à 1.100 €		
- *Reisekosten* des Trainers:		1.080 €
- *Honorar* des Trainers:		
2 · 2 Tage à 1.200 €	=	4.800 €
Ausgefallene *Arbeitszeit*:		
- 30 Mitarbeiter · 16 Std. · 24 €/Std.	=	11.520 €
(Std.satz: inkl. Sozialkosten)		
Anteilige *Verwaltungskosten*:	=	5.000 €
Kosten, gesamt	=	25.700 €

Der ökonomische Wert (= Nutzen; Leistung) der Qualifizierung ist die Differenz zwischen den Reklamationskosten vor und nach der Maßnahme:

Reklamationskosten vor der Maßnahme:	=	75.600 €
(12 · 35.000 : 1.000) · 180,–		
Reklamationskosten nach der Maßnahme:	=	18.900 €
(3 · 35.000 : 1.000) · 180,–		
Ökonomischer Wert der Qualifizierungsmaßnahme	=	56.700 €

Daraus ergibt sich:

$$\text{Wirtschaftlichkeit der Qualifizierung} = \frac{(\text{Wert der Qualifizierung} - \text{Kosten der Qualifizierung (in €)}) \cdot 100}{\text{Kosten der Qualifizierung}}$$

$$= \frac{(56.700 - 25.700) \cdot 100}{25.700} = 120{,}6$$

Die Investition in die Qualifizierung hat sich „gelohnt", da die Wirtschaftlichkeit positiv ist. Die Kosten der Qualifizierung betragen ca. die Hälfte des Wertes der Qualifizierung bezogen auf ein Jahr. Daraus lässt sich ableiten: Die Kosten der Qualifizierung fließen bereits nach rd. einem halben Jahr über die eingesparten Reklamationskosten wieder zurück.

Obwohl das oben dargestellte Beispiel plausibel ist, lassen sich in der Praxis die ökonomischen Effekte einer Qualifizierungsmaßnahme oft schwer in Zahlen darstellen.

> *Der Vorgesetzte ist also bei der Evaluierung von Personalentwicklungsmaßnahmen überwiegend darauf angewiesen, sich auf die Kontrolle der PE-Kosten sowie die Erfolgskontrolle im Lernfeld und im Funktionsfeld zu stützen* (Lerntransfer und Anwendungstransfer).

04. Personalcontrolling

a) *Begriff*:
   Der Terminus „Controlling" stammt aus dem Rechnungswesen: Unter „to controll" versteht man im Englischen neben „kontrollieren" auch „steuern, lenken, regeln von Prozessen".

   Zielsetzung:
   Mithilfe des Personalcontrolling sollen personalpolitische Ziele anhand von Plandaten, Kennziffern und Maßnahmen umgesetzt werden. Die Soll-Ist-Analyse liefert Maßstäbe für die Zielerreichung bzw. zeigt Notwendigkeiten der Zielkorrektur auf.

   Bedeutung:
   In der betrieblichen Personalarbeit hat dieser Begriff bisher noch keinen festen Inhalt. Personalcontrolling als Steuerungsinstrument für den ökonomischen Einsatz

des Faktors Personal wird jedoch eine der kommenden Schwerpunktaufgaben aller Führungskräfte werden. Gemeint ist nicht einfach nur die simple Betrachtung von Personalkosten und deren budgetmäßige Einhaltung, sondern die Frage: *„Welche Personalkosten entstehen und welche Wertschöpfung steht diesen Kosten gegenüber?"*

b) Die Aufgaben des Personalcontrolling gehen über den Vorgang der reinen Kontrolle hinaus: Aus dem Vergleich von Soll- und Ist-Werten sind notwendige Korrekturmaßnahmen abzuleiten; dabei können die Korrekturmaßnahmen darin bestehen, dass die formulierten Ziele ggf. korrigiert werden (Zielcontrolling) oder dass die Maßnahmen der Realisierung nachgebessert werden (Aktivitätscontrolling); denkbar sind aber auch Korrekturmaßnahmen bezüglich der Phasen „Planung" und „Organisation" (Planungscontrolling).

Von daher entsprechen die Aufgaben des Personalcontrolling in ihrer logischen Struktur dem *Management-Regelkreis*:

1. *Zielcontrolling*:
   Personalpolitische *Ziele* werden eigenständig *formuliert* oder aus den Zielen der anderen Funktionsbereiche abgeleitet und kontrolliert (Personalbestände, Qualifikation, Personalkosten, Leistungen des Faktors Arbeit usw.).

2. *Planungscontrolling*:
   Personalarbeit ist zu *planen* und zu *organisieren* (Arbeitsstrukturen, Organisation des Personalwesens usw.); die Planungsinstrumente selbst sind wiederum einer Kontrolle zu unterziehen.

3. *Aktivitätscontrolling*:
   Der Prozess der Leistungserstellung ist zu *realisieren in Abhängigkeit von den gesetzten Zielen*. Die Führung der Mitarbeiter gewinnt dabei ihren besonderen Stellenwert (Konzentration der Ressourcen auf gesetzte oder vereinbarte Ziele).

4. *Erfolgscontrolling*:
   Ziele und Maßnahmen sind zu *kontrollieren*; ebenso die Wirksamkeit der eingesetzten Kontrollinstrumente. Das Ergebnis des Gesamtprozesses führt in Verbindung mit *Lernprozessen* wiederum zu einer Formulierung *neuer Sollwerte* im Personalsektor.

Diese Aufgaben werden als abgeleitete (derivative) Aufgaben bezeichnet. Oberster Maßstab (*Hauptaufgabe*) aller Controllingaktivitäten ist jedoch die *Steuerung und Sicherung der Wertschöpfung* in einem Unternehmen:

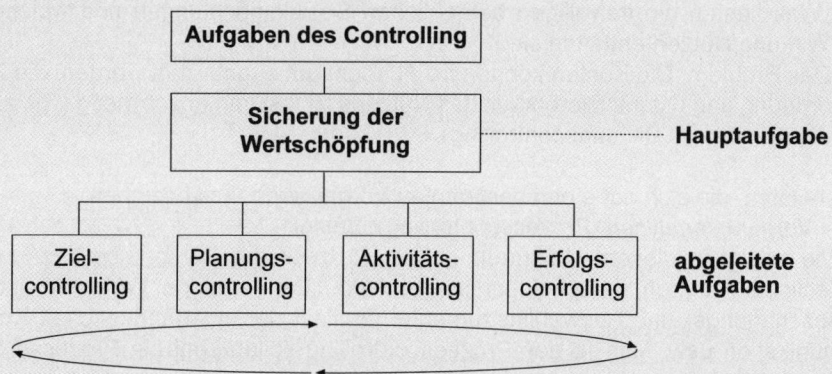

c) Der Controller hat für die Steuerung des Personalsektors u. a. relevante Ist-Daten zu erheben und die Abweichung „Soll-Ist" zu analysieren. Die Schlüsselfragen des Controllers lauten dabei immer:

1. *Wo* war die Abweichung?
2. *Wann* war die Abweichung?
3. In welchem *Ausmaß*?

d) Personalinformationssysteme verknüpfen *unterschiedliche* Datenbestände miteinander und erlauben eine benutzerfreundliche flexible *Auswertung nach unterschiedlichen Kriterien*, die auch miteinander kombiniert werden können (z. B. Personalplanung: „Welche Mitarbeiter der Führungsebene ... mit einem Gehalt ≤ 4.000 € werden in ... Jahren die Altersgrenze 63 erreichen?" usw.).

Ein modernes PIS unterstützt die Tagesfragen der Personalarbeit (z. B. Berichtswesen; intern und extern) und liefert die relevanten Daten für ein effektives Personalcontrolling als Grundlage für personalpolitische Entscheidungen. Die Implementierung eines PIS *ist mitbestimmungspflichtig* (§ 87 (1) 6 BetrVG). In der Regel wird man eine *Betriebsvereinbarung* schließen.

Zu beachten ist, dass

- jede Auswertung nur so gut ist, wie die Qualität der Datenbasis, von der man ausgeht,
- Pfegeaufwand und Nutzung in wirtschaftlichem Verhältnis stehen,
- derartige Systeme die Personalarbeit quantitativ unterstützen, aber die Fach- und Führungskompetenz der Personalverantwortlichen nicht ersetzen können.

e) 1. Ist-Daten, die sich auf bestimmte Zustände im Personalsektor beziehen.
     → *Zustandsanalysen*; Beispiel: Höhe der Personalkosten zum Zeitpunkt t_x.

2. Ist-Daten, die sich auf die Relation „Kosten/Nutzen" beziehen:
     → *Nutzenanalysen*; Beispiele:
     - „Welche Kosten hat die Personalanzeige X verursacht und welche/n Wirkung/ Nutzen hat sie erbracht?"

- „Was kosten die freiwilligen betrieblichen Sozialeinrichtungen und welche/n Wirkung/Nutzen entfalten sie?"
Das Problem: Die Kosten können i. d. R. recht gut quantifiziert werden; die Zuordnung und Quantifizierbarkeit des Nutzens ist fast immer schwierig (vgl. z. B. die Ansätze im Bildungscontrolling).

3. Ist-Daten, die sich auf einen bestimmten Vorgang/Prozess beziehen:
→ *Vorgangsanalysen* (Prozesscontrolling); Beispiel:
Wie erfolgt in diesem Unternehmen der Prozess der Personalbeschaffung? Zeitlicher Rahmen, Entscheidungträger, Ablauf der Vorgänge, Wirksamkeit der Beschaffungs- und Auswahlinstrumente, Qualität der innerbetrieblichen Kommunikation usw. Mithilfe des Prozesscontrolling sollen zentrale Prozesse der Wertschöpfung im Personalsektor optimiert werden.

05. Personalstatistik

Überwiegend werden im Personalsektor Verhältniszahlen zur Steuerung der Wirtschaftlichkeit und der Produktivität des Faktors Arbeit eingesetzt. Man analysiert

- *Mengendaten* (Kopfzahlen, Beschäftigte, Pensionäre, Abgänge usw.)
- *Strukturdaten* (Angestellte, Arbeiter, männlich, weiblich, Nationalität, Alter usw.)
- *Kostendaten* (fixe Personalkosten, variable, tarifliche, übertarifliche usw.)
- *qualitative Daten* (Qualifikation, Bildungsabschlüsse, Betriebszugehörigkeit usw.)
- *Verhaltens-/Ereignisdaten* (Krankenstand, Fluktuation, Versetzungen, Urlaub usw.)

Bei dieser Systematisierung gibt es zahlreiche *Überschneidungen*. Letztlich muss jeder Betrieb das personalstatistische Instrumentarium und Berichtswesen für sich selbst entwickeln. Beobachtet werden müssen besonders diejenigen *Eckdaten*, die *für die betriebliche Wertschöpfung* relevant sind. Im Handel sind beispielsweise die betrieblichen Funktionen „Einkauf", „Verkauf" und „Warenmanipulation" sowie die dortige Personalleistung von Interesse.

Daneben ist zu beachten, dass personalstatistische Kennzahlen nicht „stur auswendig gelernt werden können": Sie sind in ihrer Definition in Literatur und Praxis nicht einheitlich (vgl. z. B. die Definition „Fluktuation"; vgl. weiter unten). Letztlich ist jede Zahlenrelation sinnvoll, die zur Beantwortung einer bestimmten interessierenden Fragestellung führt.

Aus der Fülle der personalstatistischen Kennzahlen werden im Folgenden einige zentrale Berechnungen exemplarisch behandelt; dabei wird der Versuch einer Systematik unternommen; zum Teil werden die Kennzahlen mit 100 multipliziert oder nicht, je nachdem, ob die Basis gleich 100 gesetzt wird oder nicht:

1.1   Struktur der gesamten Personalkosten, z. B.:

$$\frac{\textit{Entgelt (Löhne und Gehälter)}}{\textit{Personalkosten gesamt}}$$

$$\frac{Personalzusatzkosten}{Personalkosten\ gesamt}$$

1.2   Struktur der Personalkosten nach Mitarbeitergruppen, z. B.:

$$\frac{Personalkosten\ Lohnempf\ddot{a}nger}{Personalkosten\ gesamt}$$

$$\frac{Personalkosten\ Angestellte}{Personalkosten\ gesamt}$$

1.3   Beziehung der Personalkosten verschiedener Mitarbeitergruppen, z. B.:

$$\frac{Personalkosten\ Gehaltsempf\ddot{a}nger}{Personalkosten\ Lohnempf\ddot{a}nger}$$

1.4   Personalkosten in Relation zu Daten der Bilanz und der GuV, z. B.:

$$\frac{Personalkosten}{Umsatz}$$

$$\frac{Personalkosten}{Wert\ der\ Produktion}$$

$$\frac{Personalkosten}{geleistete\ Arbeitsstunden}$$

1.5 Personalkosten „pro Kopf", z. B.:

- *Personalkosten gesamt/Kopf*
- *Personalzusatzkosten/Kopf*
- *Personalzusatzkosten, tariflich/Kopf*
- *Durchschnittslohn pro Lohnempfänger*
- *Durchschnittsgehalt pro Gehaltsempfänger*
- *Durchschnittsgehalt pro AT-Angestellter*
- *Mehrarbeitskosten pro Mitarbeiter*
- *Fortbildungskosten pro Mitarbeiter*
- *Fehlzeitenkosten pro Mitarbeiter*

Weitere Kennzahlen der Personalstatistik vgl. im Anhang (Formeln und Begriffe) S. 254 f.

06. Maßnahmen zur Kostensenkung durch den Einsatz von IT-Systemen

Personalwirtschaftlicher Kernprozess	Maßnahmen zur Kostensenkung durch den Einsatz von IT-Systemen
Personalplanung und -beschaffung	- Implementierung eines Personalinformationssystems (PIS) - Einrichten selektiver Suchabfragen - Einrichten eines Portals für externe Bewerbungen - Auf- und Ausbau von Textbausteinen zur Abwicklung und Betreuung interner und externer Bewerber - Aufbau einer Bewerberdatenbank (Eignungsprofile) - Errichten einer Stellen-Datenbank (Anforderungsprofile); Möglichkeit zum Abgleich mit den Eignungsprofilen interner und externer Daten
Personaleinsatz	- DV-gestützte Bearbeitung von Einsatzplänen, Schicht- und Urlaubsplänen; Verknüpfung mit der Produktionsplanung - elektronische Zeiterfassung (Fehlzeitenmanagement) - Employee Selfservice
Personalentwicklung	- Datenbank für interne/externe Kurse und Lehrgänge (Teilnehmer, Maßnahmen) - Verknüpfung mit Personalstammdatenbank - Entwicklung von E-Learning per Intranet - Zugang zu externen E-Learning-Programmen und Abschluss von Lizenzverträgen
Personalverwaltung und -betreuung	- Personalabrechnung - Bescheinigungswesen (Urlaubsbescheinigung, Zeugniserstellung u. Ä.) - Informationspolitik, Mitteilungen per Intranet - elektronische Personalakte - DV-gestützte Kontrolle des Kostenbudgets

07. Kostenarten im Rahmen der Personalkostenplanung

Die Personalkostenplanung kann z.B. nach folgenden Haupt- und Unterkostenarten gegliedert werden:

1. *Löhne, z.B.*
   - Akkordlöhne
   - Zeitlöhne
   - sonstige

2. *Gehälter, z.B.*
   - Tarifgehälter
   - AT-Gehälter
   - sonstige

3. Sonstige Lohnkosten, z. B.
  - Ausbildungsvergütungen
  - Praktikantenvergütungen
  - Prämien
  - Zuschläge für Mehrarbeit, Nachtarbeit u. Ä.
  - Provisionen

4. Gesetzliche, tarifliche und betriebliche Lohnzusatzkosten, z. B.
  - Arbeitgeberanteile zur SV
  - Berufsgenossenschaft
  - Ausgleichsabgabe nach dem SGB IX
  - bezahlte Ausfallzeiten (Urlaub, Feiertage, Entgeltfortzahlung)
  - betriebliche Altersversorgung
  - Kantine
  - sonstige Sozialleistungen

5. Kosten der Personalbeschaffung, z. B.
  - Personalanzeigen
  - Personalauswahlkosten
  - Fremdleistungen, Honorare

6. Kosten der Personalentwicklung, z. B.
  - Honorare, externe
  - Honorare, interne
  - Reise- und Übernachtungskosten
  - Lehr- und Lernmittel
  - Ausfallkosten.

08. Personalkostenplanung und EDV

Es gibt heute eine Vielzahl ausgereifter Softwareprogramme mit unterschiedlichen Ausbaustufen zur Durchführung der Personalkostenplanung. Es gibt isolierte Programme zur Planung der Personalkosten oder solche, die in ein Personalinformationssystem integriert sind. Generell ist auf eine funktionsfähige Schnittstelle zum Host zu achten.

In der Regel wird zur Personalkostenplanung das *Lohnkonto* aus dem Host herangezogen und in einer gesonderten Datei bearbeitet:

• Zuschläge je Lohnart
• Veränderung der gesetzlichen Zuschläge

usw.

Daneben gibt es recht komfortable Softwareprogramme, die es gestatten, aus den im Host gespeicherten Eckdaten ein *Zukunftslohnkonto* aufzubauen, in dem alle zu erwartenden Veränderungen berücksichtigt werden:

• Berücksichtigung von Zeitfaktoren (Voll-/Teilzeitkräfte; Eintritte/Austritte in der Planungsperiode)

- erwartete Tarifabschlüsse
- Lohnumgruppierungen
- neue Krankenkassensätze

usw.

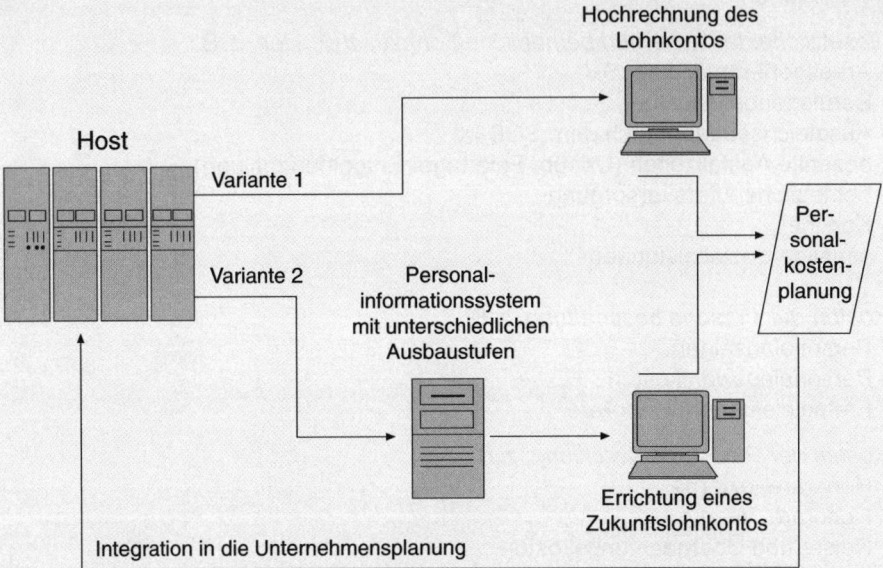

Beim Thema „EDV und Personalarbeit" ist ein genereller Trend zum Einsatz intelligenter Client-Server-Technologien zu beobachten. Der Hauptcomputer (Host; Server) übernimmt die klassischen EDV-Arbeiten wie Entgeltabrechnung, DÜVO-Meldungen und Fortschreibung der Lohnkonten. Der Arbeitsplatzcomputer (Client) übernimmt die interessanteren, fachspezifischen Teilaufgaben wie Bewerberverwaltung, Teilpläne der Personalplanung, Überwachung der Krankheitstage für die Lohnfortzahlung usw. Es gibt hier – ebenso wie bei den existierenden Personalinformationssystemen – unterschiedlich hohe Ausbaustufen.

Für die Personalplanung kann die EDV – je nach Hardware/Software-Konfiguration, mit oder ohne Personalinformationssystem und je nach Ausbaustufe – im Wesentlichen folgende Leistungen erbringen:

- Bereitstellung von Instrumenten und Eckdaten der Personalplanung
  (z. B. Kennziffern)
- Bereitstellung der Personalstammdaten
- Bereitstellung der Lohnkonten
- Bereitstellung von Ergebnissen der Betriebsdatenerfassung
- Bereitstellung von internen und externen Planungseckdaten, ggf. über Internet und
  Intranet.

Personalplanung und EDV – Beispiele –

Host

+

ggf.

Personal-
informationssystem

mit
unterschiedlichen
Ausbaustufen

1 Lohnkonto

2 Personalstammdaten; ggf. i.V.m.
digitalisierter Personalakte

3 Betriebsdatenerfassung

4 Interne Kennzahlen

5 Interne/externe Eckdaten der
Personalplanung ggf. über
Internet und Intranet

Client-Server-Technologie

Z.B.:
• Personalkostenplanung
• Nachfolgeplanung
• Personalentwicklungsplanung
• Personalbestandsplanung
• Einzelstatistiken zur Personal-
planung, z.B.:
- Altersstruktur
- Fehlzeiten
- Fluktuation
- Produktivität
- Personalkostenarten
- Personalkostenstellen
- direkte/indirekte Per-
sonalkosten
- Eintritte/Austritte

Workstation

09. Personalbudget

Personalbudget						Monat: ...	
	Monat, laufender			**Monat, aufgelaufen**			
	Soll	Ist	Abweichung Ist-Soll		Soll	Ist	Abweichung Ist-Soll	
Kostenarten	in €	in €	in €	in %	in €	in €	in €	in %
Gehälter, AT	7.000	7.500	500	7,14	21.000	22.500	1.500	7,14
Gehälter, Tarif	11.600	10.000	-1.600	- 13,79	34.800	32.800	-2.000	- 5,75
Löhne	0	0	0	0,0	0	0	0	0,0
Tarifliche Zulagen								
Mehrarbeitsvergü-tung								
Gesetzliche Sozi-alabgaben								
Betriebliche Altersversorgung								
Sonst. gesetzl. Sozialaufwand								
Werksärztlicher Dienst								
Arbeitssicherheit								
Betriebsratsarbeit								
Personalbeschaf-fung								
Ausbildung								
Fortbildung								
Sozialeinrich-tungen								
Summen	18.600	17.500	-1.100	-6,65	55.800	55.300	-500	1,39

10. Bildungsbudget

Die Höhe des Bildungsbudgets kann planerisch von unterschiedlichen Ansätzen aus-gehen:

- die Budgethöhe orientiert sich *an Kenngrößen* (z. B. ein bestimmter Prozentsatz vom Gewinn)

- die Budgethöhe ergibt sich aufgrund der Summe der exakt geplanten, *anstehenden Bildungsmaßnahmen,*

- die Weiterbildungskosten *der Vorperiode* werden fortgeschrieben.

Neben diesen systematischen Ansätzen ist die Höhe des Bildungsbudgets untrennbar mit den „Weiterbildungserfolgen" aus der Sicht der „internen Kunden" verbunden. Insofern ist die Höhe des Bildungsbudgets immer auch eine „Verhandlungssache".

11. Kennzahlen (1)

a) *Anteil der Arbeiter in Prozent:*

$$= \frac{360 \cdot 100}{520} = 69,2\,\%$$

b) *Änderung der Gesamtbelegschaft in Prozent:*

$$= \frac{(470 - 520) \cdot 100}{520} = -9,6\,\%$$

c) *Ausbildungsquote in Prozent:*

$$= \frac{20 \cdot 100}{520} = 3,8\,\%$$

d) *Arbeitsproduktivität:*
   Die Produktivität ist eine Mengengröße; sie ist das Verhältnis von Faktoreinsatzmenge zu Ergebnis der Faktoreinsatzkombination. Als geeignete Größen können im vorliegenden Fall die Werte „Absatz " (in Leistungseinheiten = LE) und „Gesamtbelegschaft" genommen werden. Die Kennzahl Arbeitsproduktivität ist nur im Zeitvergleich aussagefähig.

$$= \frac{35.000}{520} = 67,3 \text{ LE pro Mitarbeiter}$$

e) *ø Fehlzeitenquote:*

$$= \frac{80.730 \cdot 100}{825.000} = 9,79\,\%$$

f) *ø Unfallquote:*

$$= \frac{45 \cdot 100}{520} = 8,65\,\%$$

Insgesamt ergeben sich folgende Kennzahlen:

Kennzahlen	Angaben in	Jahr 1	Jahr 2	Jahr 3 (hochgerechnet)
Anteil der Arbeiter	%	69,2	70,2	76,2
Änderung der Gesamt-belegschaft	%	0,0	- 9,6	- 10,6
Ausbildungsquote	%	3,8	2,1	1,0

Kennzahlen	Angaben in	Jahr 1	Jahr 2	Jahr 3 (hochgerechnet)
Produktivität	LE/Mitarb.	67,3	68,1	81,0
Fehlzeitenquote	%	9,8	7,9	5,9
Unfallquote	%	8,7	10,8	13,1

Interpretation, z. B.:

1) Die *Produktivität* konnte – trotz z. T. rückläufiger Absatzwerte – durch den Personalabbau gesteigert werden.
2) Beim *Personalabbau* wurde beachtet, dass der Anteil der Arbeiter unterproportional reduziert wurde.
3) Die *Ausbildungsquote* wurde von einem noch vertretbaren Wert von 3,8 % auf 1,0 % zurückgenommen; für die Imagewirkung ist dies negativ; ebenso für die langfristige Personalentwicklungsarbeit.
4) Die hohe *Fehlzeitenquote* konnte deutlich abgebaut werden.
5) Signifikant zugenommen hat die *Unfallquote*; hier ist nach den Ursachen zu forschen.

12. Kennzahlen (2)

a) Produktivität $= \dfrac{\text{Umsatz}}{\text{Ø Personalstand}} = \dfrac{50 \text{ Mio. €}}{200 \text{ Mitarbeiter}}$

$= 250$ T€ pro Mitarbeiter

Hinweis: In Ermanglung einer Mengengröße, wird hier die Wertgröße Umsatz für die Berechnung der Produktivität genommen.

Rentabilität $= \dfrac{\text{Gewinn}}{\text{Ø Personalstand}} = \dfrac{6 \text{ Mio. €}}{200 \text{ Mitarbeiter}}$

$= 30$ T€ pro Mitarbeiter

Ø Personalaufwand $= \dfrac{\text{Personalaufwand}}{\text{Ø Personalstand}} = \dfrac{8,2 \text{ Mio. €}}{200 \text{ Mitarbeiter}}$

$= 41$ T€ pro Mitarbeiter

Fluktuationsquote $= \dfrac{\text{Anzahl der Personalabgänge}}{\text{Ø Personalstand}}$

$= \dfrac{30 \cdot 100}{200}$

$= 15$ %

b) Interessante Hinweise zu den möglichen Ursachen der Fluktuation können u. a. aus der Analyse folgender „Felder der Personalpolitik" gewonnen werden (die Aspekte sind zu erläutern):

- Führungsverhalten der Vorgesetzten (Führungskultur)
- Vergütungssystem
- Informationspolitik
- Aufstiegs- und Weiterbildungsmöglichkeiten
- Arbeitsbedingungen
- Sozialleistungen
- Sicherheit des Arbeitsplatzes (Beschaffungspolitik des Unternehmens)

usw.

13. Verbesserung der Wertschöpfung

- *Mengenbezogen* kann eine Verbesserung durch eine Anhebung der *Produktivität* (= Leistung pro Zeiteinheit : Anzahl der Std.) erreicht werden, z. B.:

  - Senkung der Arbeitsstunden bei gleicher Ausbringung
  - Erhöhung der Leistung pro Zeiteinheit

- *Wertbezogen* kann eine Verbesserung durch Anhebung der Wirtschaftlichkeit (= Leistung : Kosten) erreicht werden, z. B.:

  - Senkung der Personalkosten bei gleichem ø Personalbestand (Änderung der Tarife, Wegfall von Zusatzkosten u. Ä.)

  - Senkung der Personalkosten durch Reduzierung des ø Personalbestandes unter Konstanz der Gesamtleistung

Anhang

Formeln und Begriffe

1.	Überblick: Personalplanung und -steuerung

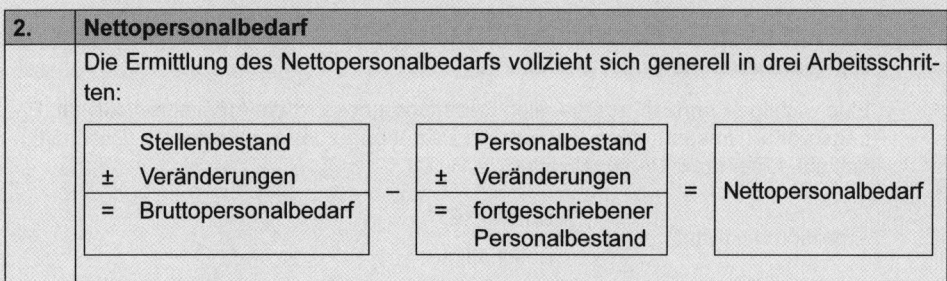

Personaleinsatz

mittel-/kurzfristiger Abgleich von Personalbedarf und Personalbestand; Zuordnung der Mitarbeiter in den Leistungsprozess ⑧

Bestimmen des Personalbedarfs, quantitativ und qualitativ ①

Bestimmen des Personalbestandes, quantitativ und qualitativ ②

Personalentwicklung
- Ausbildung
- Fortbildung
- Weiterbildung
- sonstige PE-Maßnahmen ⑦

Personalplanung und -steuerung

Abstimmung der Personalkapazität

Feststellen der Über-/Unterdeckung und Einleiten von Maßnahmen ③

Personalerhaltung ⑥

Personalbeschaffung ⑤

Personalfreisetzung ④

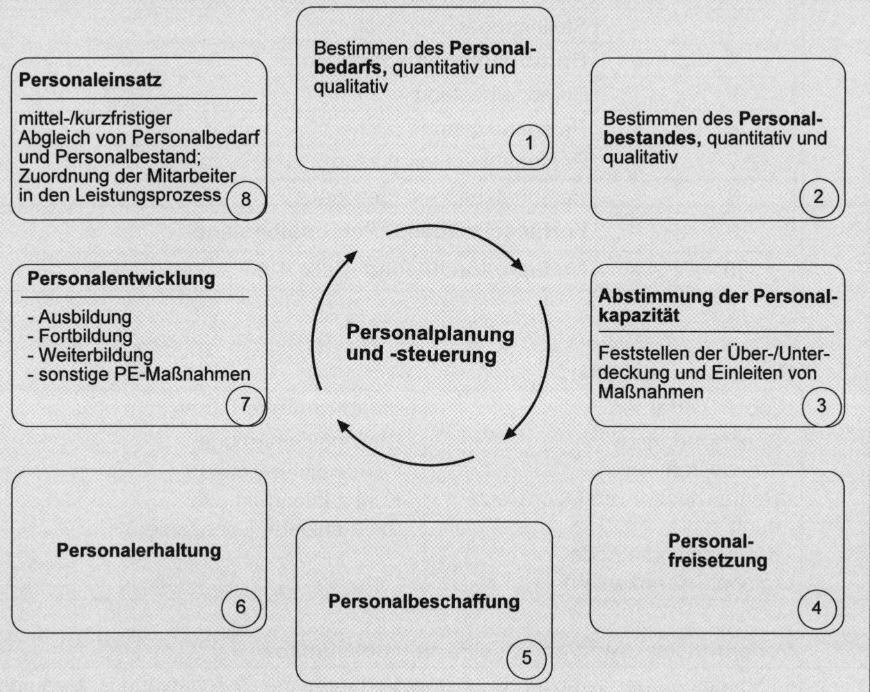

- Personalplanung: Ermittlung der Soll-Daten
- Personalsteuerung: Veranlassen, Überwachen und Sichern der Soll-Daten

2.	Nettopersonalbedarf

Die Ermittlung des Nettopersonalbedarfs vollzieht sich generell in drei Arbeitsschritten:

Stellenbestand		Personalbestand		
± Veränderungen	–	± Veränderungen	=	Nettopersonalbedarf
= Bruttopersonalbedarf		= fortgeschriebener Personalbestand		

Berechnungsschema:

Ermittlung des Nettopersonalbedarfs

Lfd. Nr.		Berechnungsgrößen	Beispiel
1		Stellenbestand	28
2	+	Stellenzugänge (geplant)	2
3	–	Stellenabgänge (geplant)	-5
4	=	**Bruttopersonalbedarf**	25
5		Personalbestand	27
6	+	Personalzugänge (sicher)	4
7	–	Personalabgänge (sicher)	–2
8	–	Personalabgänge (geschätzt)	–1
9	=	**Fortgeschriebener Personalbestand**	28
10	=	**Nettopersonalbedarf** (Zeile 4–9)	–3

3.	**Bruttopersonalbedarf**

Globale Verfahren	Differenzierte Verfahren
- Schätzverfahren - Trendverfahren - Regressions-/Korrelationsrech- nung - Kennzahlenmethode (globale Kennzahlen)	- Stellenplanmethode - Personalbemessung - Kennzahlenmethode (differenzierte Kennzahlen)

4.	**Verfahren zur Ermittlung des Personalbestandes**

- Abgangs-/Zugangsrechnung - Statistiken und Analysen der Be- legschaftsentwicklung	- Verfahren der Beschäftigungszeiträume

5.	**Personaleinsatzbedarf, Verfahren der Ermittlung**

5.1 Kennzahlenmethode, global, z. B.:

Eine wichtige Kennzahl zur globalen Bedarfsprognose ist die Arbeitsproduktivität, Ertragsgröße (Umsatz, Mengenabsatz) in Beziehung zum Arbeitseinsatz (Beschäftigtenzahl, Arbeitszeit; Personalkosten), z. B.:

$$\text{Arbeitsproduktivität} \quad = \quad \frac{X \text{ Umsatz } (€)}{Y \text{ Beschäftigte}}$$

Der Personalbedarf wird dann wie folgt ermittelt:

$$\text{Bruttopersonalbedarf} = \frac{\text{Künftiger Umsatz}}{\text{geschätzte künftige Arbeitsproduktivität}}$$

5.2 Kennzahlenmethode, differenziert, z. B.:

1. Arbeitszeit pro Tag pro Arbeiter	=	8 h = 8 h · 60 min
	=	480 min
2. Arbeitskräftebedarf pro Zeiteinheit	=	10 min pro Stück
	=	1 : 10
	=	0,1 (Kennzahl)
3. Erzeugnismenge lt. Produktionsplanung	=	480 Stück pro Tag
4. Notwendige Arbeitskapazität	=	480 Stück/Tag : 0,1
	=	4.800 min

4. Einsatzbedarf $\quad = \dfrac{\text{Arbeitszeitkapazität}}{\text{verfügbare Arbeitszeit}}$

$$= 4.800 \text{ min} : 480 \text{ min}$$

5. Bruttopersonalbedarf $\quad = $ Einsatzbedarf + Reservebedarf[1]

[1] Der Reservebedarf wird im Nachgang in Form eines Zuschlags (in %) berücksichtigt.

5.3 Personalbemessung

$$\text{Einsatzbedarf} = \frac{\text{Arbeitsmenge} \cdot \text{Zeitbedarf pro Arbeitsgang}}{\text{übliche Arbeitszeit pro Arbeitskraft}}$$

Nach REFA ergibt sich:

$$\text{Personalbedarf} = \frac{t_r + (m \cdot t_e)}{Z \cdot L_t}$$

t_r	Rüstzeit
m	Menge pro Auftrag
t_e	Ausführungszeit pro Mengeneinheit
Z	Arbeitszeit pro Mitarbeiter
L_t	Leistungsgrad

6. Personalbedarf, Kapazitätsbedarf, Kapazitätsbestand, Planungsfaktor

Bei der Planung des Kapazitätsbestandes werden folgende Kapazitätsgrößen unterschieden:

Technische Kapazität: z. B. 1.000 E → die Anlagen laufen mit der höchsten Geschwindigkeit – ohne Pausen,

Maximalkapazität z. B. 800 E → die Anlagen laufen mit der höchsten Geschwindigkeit – inkl. Pausen,

Theoretische Kapazität:
auch:
Realkapazität: z. B. 500 E → tatsächlich mögliche Mengenproduktion bei „normaler" Geschwindigkeit und durchschnittlichem Krankenstand der Mitarbeiter.

$$\textbf{Planungsfaktor} = \frac{\text{reale Kapazität}}{\text{theoretische Kapazität}} \cdot 100$$

Beispiel:

$$\text{Planungsfaktor} = \frac{500\,\text{E}}{800\,\text{E}} = 0{,}625$$

Ist-Einsatzzeit   =   theoretische Einsatzzeit · Planungsfaktor
z.B.:   =   167 h · 0,625 = 104,4 h

$$\textbf{Personalbedarf} = \frac{\text{Kapazitätsbedarf}}{\text{Kapazitätsbestand je Mitarbeiter}}$$

Dabei ist:

Kapazitätsbedarf   =   Summe der Zeiten aller Arbeitsvorgänge

Kapazitätsbestand[1]   =   Arbeitszeit je Schicht · Mitarbeiteranzahl · Anzahl der Schichten/Zeitraum
                       =   Arbeitszeit pro Tag · Mitarbeiteranzahl · Anzahl der Tage

[1] Zeitgrad und Ausfallzeiten sind zu beachten.

7.	Soll-Taktzeit

Die Arbeitszeit einer Schicht beträgt 480 Minuten, die Soll-Ausbringung 80 Stück und der Bandwirkungsfaktor 0,9.

$$\text{Soll-Taktzeit} = \frac{\text{Arbeitszeit je Schicht} \cdot \text{Bandwirkungsfaktor}}{\text{Sollmenge je Schicht}}$$

$$= 480\,\text{min} \cdot 0{,}9 : 80\,\text{Stk.} = 5{,}4\,\text{min/Stk.}$$

Der Bandwirkungsfaktor berücksichtigt Störungen der Anlage, die das gesamte Fließsystem beeinträchtigen. Er ist deshalb immer kleiner als 1,0. Die ideale Taktabstimmung wird in der Praxis nur selten erreicht. Entscheidend ist eine optimale Abstimmung der einzelnen Bearbeitungs- und Wartezeiten.

8.	Grundschema von Personalanzeigen
Wir sind:	Werbende Information über das inserierende Unternehmen
Wir haben:	Aussagen über die freie Stelle
Wir suchen:	Aussagen über erforderliche Voraussetzungen
Wir bieten:	Aussagen über Leistungen des inserierenden Unternehmens
Wir bitten:	Angaben über Bewerbungsart und -technik

9.	Skalierung beim so genannten Zeugniscode
- sehr gut	= „stets zur vollsten Zufriedenheit"
- gut	= „stets zur vollen Zufriedenheit"
- befriedigend	= „zur vollen Zufriedenheit"
- ausreichend	= „zur Zufriedenheit"
- mangelhaft	= „im Großen und Ganzen zur Zufriedenheit"
- ungenügend	= „hat sich bemüht"

10.	Phasenverlauf beim Personalauswahlgespräch
I	Begrüßung
II	Persönliche Situation des Bewerbers
III	Bildungsgang des Bewerbers
IV	Berufliche Entwicklung des Bewerbers
V	Informationen über das Unternehmen
VI	Informationen über die Stelle
VII	Vertragsverhandlungen
VIII	Zusammenfassung, Verabschiedung

11.	Stellenbeschreibung und Anforderungsprofil	
	I.	**Beschreibung der Aufgaben:**
		1. Stellenbezeichnung
		2. Unterstellung An wen berichtet der Stelleninhaber?
		3. Überstellung Welche Personalverantwortung hat der Stelleninhaber?
		4. Stellvertretung - Wer vertritt den Stelleninhaber? (passive Stellvertretung) - Wen muss der Stelleninhaber vertreten? (aktive Stellvertretung)
		5. Ziel der Stelle
		6. Hauptaufgaben und Kompetenzen
		7. Einzelaufträge
		8. Besondere Befugnisse
	II.	**Anforderungsprofil:**
		Fachliche Anforderungen: - Ausbildung - Berufspraxis - Weiterbildung - Besondere Kenntnisse …
		Persönliche Anforderungen: - Kommunikationsfähigkeit - Führungsfähigkeit - Analysefähigkeit …

12.	Funktionsbeschreibung

Name: Vorgesetzter:

Abteilung: Technischer Service   Vertreter:

Aufgabengebiet: Montage-Arbeitsvorbereitung
                  - Auftragsabwicklung
                  - Materialbeschaffung, Rechnungsprüfung
                  - Vor- und Nachkalkulation

Vollmachten: Zeichnungsberechtigung „i.A."

Hauptziele: - Wirtschaftliche Durchführung der Aufträge
                  - Auftragsannahme; Vertragsprüfung und termingerechte
                    Abwicklung
                  - Qualitätssicherung
                  - Vergleich der Soll-/Ist-Werte

Hauptaufgaben: - Koordination der Aufträge/Projekte für interne/externe
                    Kunden
                  - WE-Kontrolle
                  - termingerechte Materialbestellung
                  - Führen des Kommissions-Lagers
                  - Dokumentation und Archivierung der Aufträge/Projekte

Sonderaufgaben: - Unterstützung der Versuchs-/Testeinrichtungen

Befugnisse: - Kalkulationserstellung
                  - Kostenkontrolle
                  - Erstellung von Prüfzeugnissen
                  - Material- und Lieferantenauswahl

Mitarbeiter-   - einweisen, unterweisen
führung: - Festlegen der Termine

Verteiler: übergeben am/Unterschrift

Mitarbeiter: Vorgesetzter:

13. Elemente und Phasen einer Personalentwicklungs-Konzeption

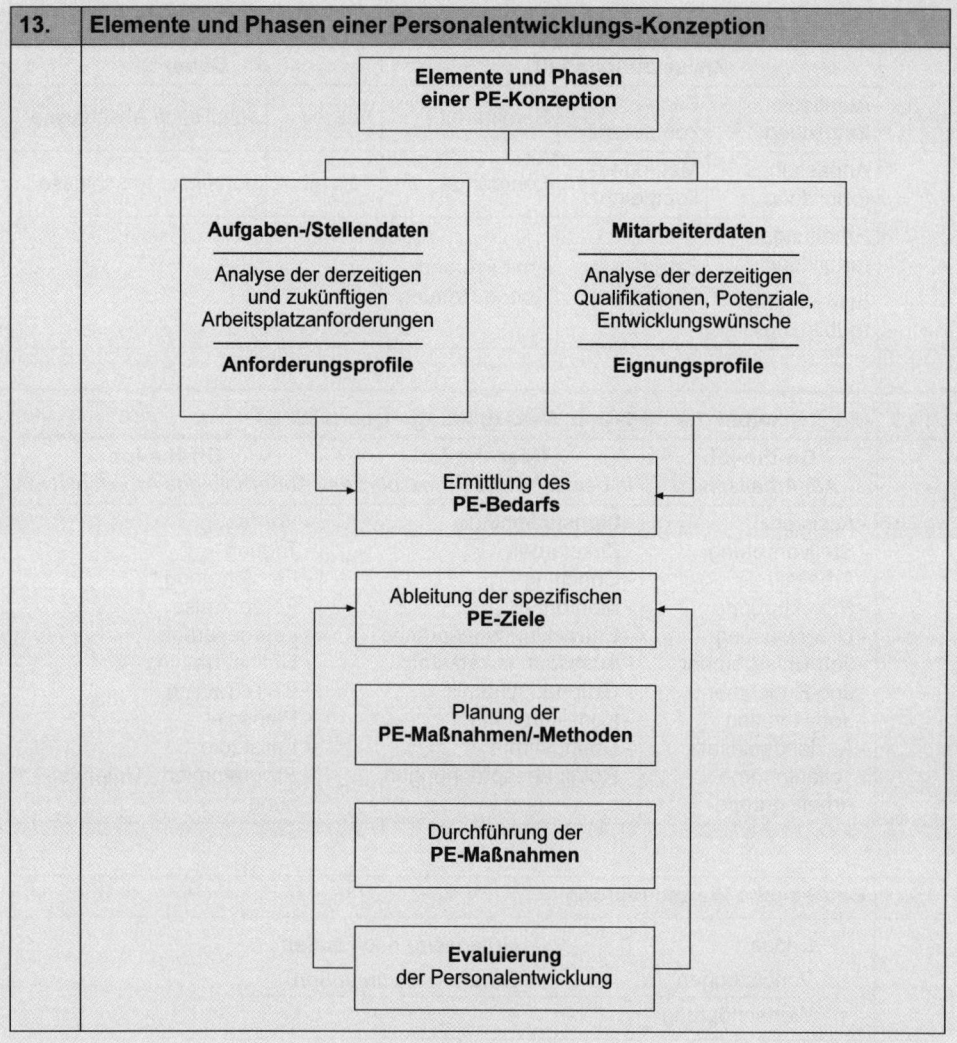

Elemente und Phasen
einer PE-Konzeption

Aufgaben-/Stellendaten

Analyse der derzeitigen
und zukünftigen
Arbeitsplatzanforderungen

Anforderungsprofile

Mitarbeiterdaten

Analyse der derzeitigen
Qualifikationen, Potenziale,
Entwicklungswünsche

Eignungsprofile

Ermittlung des
PE-Bedarfs

Ableitung der spezifischen
PE-Ziele

Planung der
PE-Maßnahmen/-Methoden

Durchführung der
PE-Maßnahmen

Evaluierung
der Personalentwicklung

14.1 Möglichkeiten der Fort- und Weiterbildung - Überblick 1 -

Maßnahmen des Betriebes, z. B.:		Selbstständige Maßnahmen der Mitarbeiter, z. B.:
Intern:	**Extern:**	

- Fachliteratur
- Fachzeitschriften
- Lehrgänge
- Kurse
- Unterweisungen
- Betriebsführungen
- Workshops
- Zirkel
- Lernstatt
	- Messen
	- Ausstellungen
	- Seminare
	- Erfahrungsaustausch-
	  gruppen
		- Studium (berufsbegleitend)
		- Akademiebesuch
		- Seminare
		- Fernlehrgänge
		- Aufstiegsfortbildung
		  der IHKn
		- Fachbücher

14.2	Möglichkeiten der Fort- und Weiterbildung - Überblick 2 -				
	Zielsetzung/Inhalt			**Dauer**	
	Aufstiegs-fortbildung	Fach-kompetenz	Seminare	Vollzeit	schulische Abschlüsse
	Anpassungs-fortbildung	Methoden-kompetenz	Lehrgänge	Teilzeit	berufliche Abschlüsse
	Erhaltungs-fortbildung	Sozial-kompetenz	- mit Prüfung		
	Erweiterungs-fortbildung		- ohne Prüfung		

14.3	Möglichkeiten der Fort- und Weiterbildung - Überblick 3 -		
	On-the-job *Am Arbeitsplatz*	**Near-the-job** *In der Nähe des Arbeitsplatzes*	**Off-the-job** *Außerhalb des Arbeitsplatzes*
	- Assistenz - Stellvertretung - Arbeitskreis - Projektgruppe - Unterweisung - Job-Enlargement - Job-Enrichment - Job-Rotation - Auslandseinsatz - Teilautonome Arbeitsgruppe	- Lernstattmodelle - Zirkelarbeit - Coaching - Mentoring - Entwicklungsgespräche - Ausbildungswerkstatt - Gruppendynamik - Konflikttraining - Übungsfirma - Routinebesprechungen	- Vortrag - Tagung - Fernlehrgang - Förderkreise - Lehrgespräch - Online-Training - CBT-Training - Planspiel - Fallstudie - Programmierte Unterwei-sung

15.	Betriebliche Wertschöpfung
	Erlöse ← *Güterwerte nach außen*
	– Vorleistungen ← *Güterwerte von außen*
	= Wertschöpfung

16.	Variablen der Entgeltgestaltung	
	Variablen	*Beispiele*
	Entgeltformen	- Zeitlohn - Akkordlohn - Prämienlohn - Pensumlohn
	Entgeltmethoden	- Zeitakkord/Geldakkord - Einzelentgelt/Gruppenentgelt
	Entgeltstruktur	- Fixe und variable Bestandteile - Geldleistungen und geldwerte Leistungen - Zulagen - Erfolgsbeteiligungen

Politik der Entgeltüberprüfung	- 1-Jahres-Rhythmus - 2-Jahres-Rhythmus - Zeitpunkt der Überprüfung: · in Verbindung mit bzw. · unabhängig von Tarifabschlüssen
Differenzierung nach Mitarbeitergruppen/Ebenen	- Gewerbliche Mitarbeiter - Angestellte - Führungskräfte - Auszubildende - Innen-/Außendienst

17.1 Lohnformen – Überblick 1

nach der Form der Entgeltgewährung	**nach Mitarbeitergruppen**	**nach der Art der Berechnung**	**Lohn ohne Arbeit**
↓	↓	↓	↓
- Geldlohn - Naturallohn	- Arbeiter → Lohn - Angestellte → Gehalt - Auszubildende → Ausbildungsvergütung - Rentner → Betriebsrente	- Zeitlohn - Leistungslohn - Sonderformen	- bei Krankheit - bei Kuren - bei persönlicher Verhinderung - bei Verzug des Arbeitgebers

17.2 Lohnformen – Überblick 2

Zeitlohn	**Leistungslohn**	**Sonderformen**
↓	↓	↓
- reiner Zeitlohn - Zeitlohn mit Zulagen	- Akkordlohn · Geld-/Zeitakkord · Einzel-/Gruppenakkord - Prämienlohn - Pensumlohn	- Zuschläge - Sozialzulagen - Erfolgsbeteiligung

17.3 Löhne, Gehälter

Lohnarten	**Löhne** werden an gewerbliche Mitarbeiter (Arbeiter) gezahlt; die Entlohnung erfolgt i. d. R. auf Stundenbasis.	Bei einem Arbeiter mit einem Stundenlohn von 10,00 € und einer Arbeitszeit von 167 Stunden im Monat ergibt sich ein Bruttomonatsentgelt von 167 Std. · 10,00 € = 1.670 €.
	Gehälter werden an technische/ kaufmännische Angestellte gezahlt. Pro Zeiteinheit (z. B. pro Monat) ist vertraglich ein fester Euro-Wert vereinbart.	Ein technischer Angestellter erhält lt. Arbeitsvertrag ein monatliches Bruttoentgelt von 1.800 €.
	Auszubildende erhalten eine **Ausbildungsvergütung**.	

Tarifbindung	**Tarifgehälter:** Das vereinbarte Gehalt liegt innerhalb der Tarifgruppen.
	AT-Gehälter (außertarifliche Gehälter): Das vereinbarte Gehalt liegt oberhalb der höchsten Tarifgruppe.
	Übertarifliches Gehalt: Der Arbeitgeber zahlt neben dem Tarifgehalt eine übertarifliche Zulage.

17.4 Zeitlohn

| **Zeitlohn** (pro Monat) | = Lohnsatz je Zeiteinheit (€/h) · Anzahl der Zeiteinheiten (h)

= 18,00 €/h · 167 h = 3.006 € |
| **Zeitlohn** (pro Monat) mit Leistungszulage | = (Lohnsatz je Zeiteinheit (€/h) + Leistungszulage) · Anzahl der Zeiteinheiten (h)
= 19,80 €/h · 167 h = 3.306,60 € |

17.5 Akkordlohn

| Der Akkordlohn besteht aus zwei Bestandteilen:
- dem tariflich garantierten Mindestlohn
- dem Akkordzuschlag | Mindestlohn lt. Tarif 15,00 €/h
+ Akkordzuschlag, z. B. 25 % 3,75 €/h
= Akkordrichtsatz 18,75 €/h |

Stückakkord	Beim **Stückakkord** wird ein Geldbetrag pro Leistungseinheit festgelegt:	
	Stückakkordsatz (€/Stück)	$= \dfrac{\text{Akkordrichtsatz (€/h)}}{\text{Normalleistung (Stück/h)}}$
	Stückakkordlohn (€)	= Stückzahl · Stückakkordsatz (€/Stück)

Zeitakkord	Der **Zeitakkord** setzt sich aus zwei Berechnungskomponenten zusammen:	
	Minutenfaktor (€/min)	$= \dfrac{\text{Akkordrichtsatz (€/h)}}{60 \text{ (min/h)}}$
	Zeitakkordsatz	$= \dfrac{60 \text{ (min/h)}}{\text{Normalleistung pro Stunde}}$
	Zeitakkordlohn (€)	= Stückzahl · Zeitakkordsatz · Minutenfaktor

17.6	Prämienlohn

<table>
<tr><td rowspan="3">Prämienlohn</td><td colspan="2">

Prämienlohn = Grundlohn + Prämie

Beispiel: - Stundenlohn = 20,00 €/h
        - Prämie   = 50 % auf die Zeitersparnis

	vorgegebene Auftragszeit	=	10 h
−	verbrauchte Zeit	=	8 h
=	Zeitersparnis	=	2 h
	Grundlohn: 8 h · 20,00 €/h	=	160,00 €
+	Prämie: 2 h · 20,00 €/h · 0,5	=	20,00 €
=	Prämienlohn	=	180,00 €

Der Prämienlohn kann immer dann eingesetzt werden, wenn
- die Leistung vom Mitarbeiter (noch) beeinflussbar ist, aber
- die Ermittlung genauer Akkordsätze nicht möglich oder unwirtschaftlich ist,
- die Arbeitsbedingungen einigermaßen konstant und für die betreffenden Mitarbeiter gleich sind,
- Vorgabeleistungen ermittelt worden sind.

Weiterhin gehört zu den Voraussetzungen, dass die Prämie so gestaltet ist, dass
- sie für den Arbeitnehmer einen Anreiz darstellt,
- das System transparent und nachvollziehbar ist,
- sie für den Arbeitgeber wirtschaftlich ist.

</td></tr>
</table>

Prämienarten	- Mengenleistungsprämie - Qualitätsprämie (Güteprämie) - Ersparnisprämie (Rohstoffausnutzung, Abfallvermeidung)	- Nutzungsprämie bezogen auf den Maschineneinsatz, - Termineinhaltungsprämie, - Umsatzprämie usw.

Prämienverlauf	

Beim **progressiven Verlauf** soll der Arbeitnehmer zu maximaler Leistung angespornt werden. Mehrleistungen im unteren Bereich werden wenig honoriert.

Beim **proportionalen Verlauf** besteht ein festes (lineares) Verhältnis zwischen Mehrleistung und Prämie. Der Graph dieser Prämie ist eine Gerade mit konstanter Steigung. Maßnahmen zur Steuerung der Mehrleistung sind hier nicht vorgesehen

Beim **degressiven Prämienverlauf** wird angestrebt, dass möglichst viele Arbeitnehmer eine Mehrleistung (im unteren Bereich) erzielen. Mehrleistungen im oberen Bereich werden zunehmend geringer honoriert – die Kurve flacht sich ab.

Prämie [in EUR]

degressiv
s-förmig
proportional
progressiv

Leistung

Der **s-förmige Prämienverlauf** ist eine Kombination von progressivem, proportionalem und degressivem Verlauf. Der Arbeitgeber will erreichen, dass möglichst viele Arbeitskräfte eine Mehrleistung im Bereich des Wendepunktes der Kurve erzielen.

17.7	Lohnzulagen	
Lohnzu-schläge	- Nachtzuschläge - Sonntagszuschläge - Feiertagszuschläge - Gefahrenzuschläge	- Trennungsentschädigungen - Auslösungen - Kinderzuschläge - Mehrarbeitszuschläge usw.
anlass-bedingt	- Weihnachten - Urlaub - Geschäftsjubiläen - Dienstjubiläen	- Heirat - Gratifikation - Geburt eines Kindes
Regel-werk	- Erfindervergütungen - Tantiemen - Boni	- Zahlungen aus dem betrieblichen Vor-schlagswesen (BVW)
Erfolgsbe-teiligung	- Barauszahlungen - Belegschaftsaktien	- Schuldscheine - Sparkonten

17.8 Arbeitsbewertung

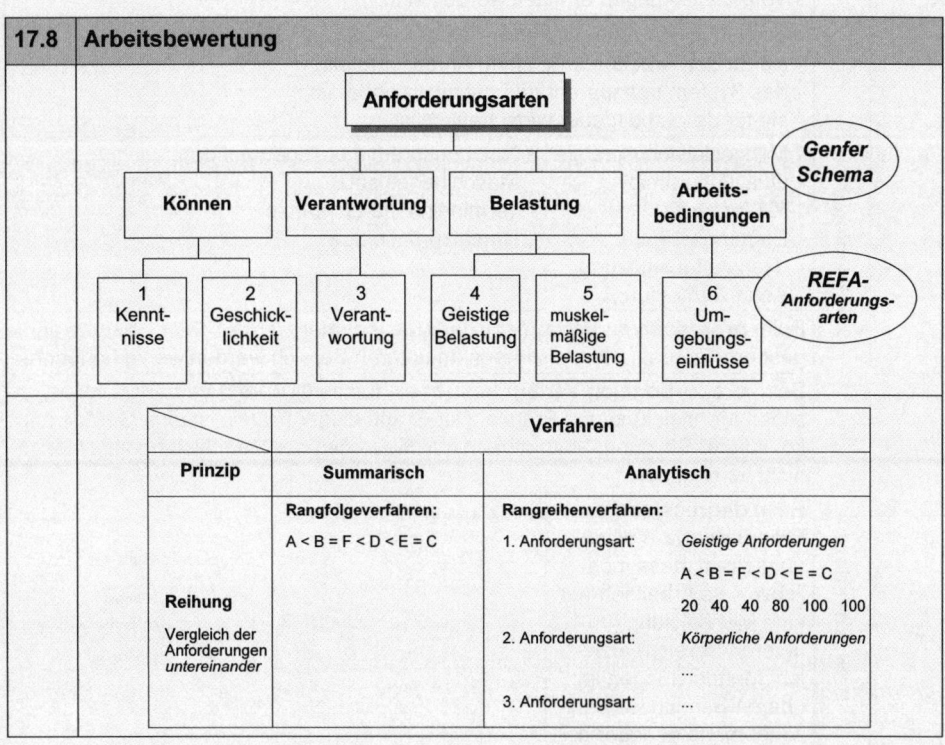

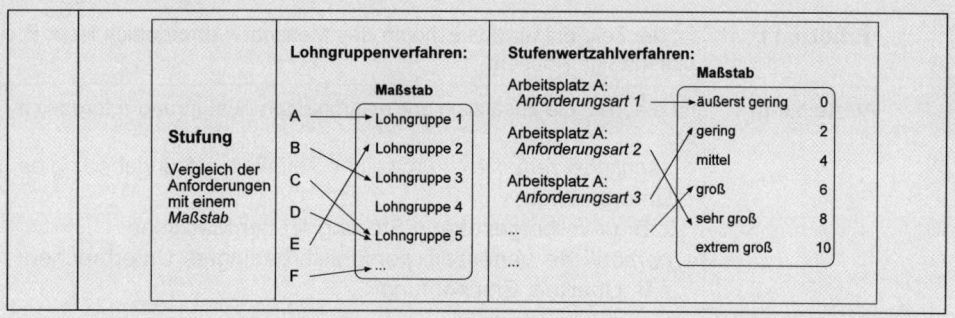

18.	Auftragszeit

Die Auftragszeit ist die Vorgabezeit für die Ausführung eines Auftrags (einer Losgröße).

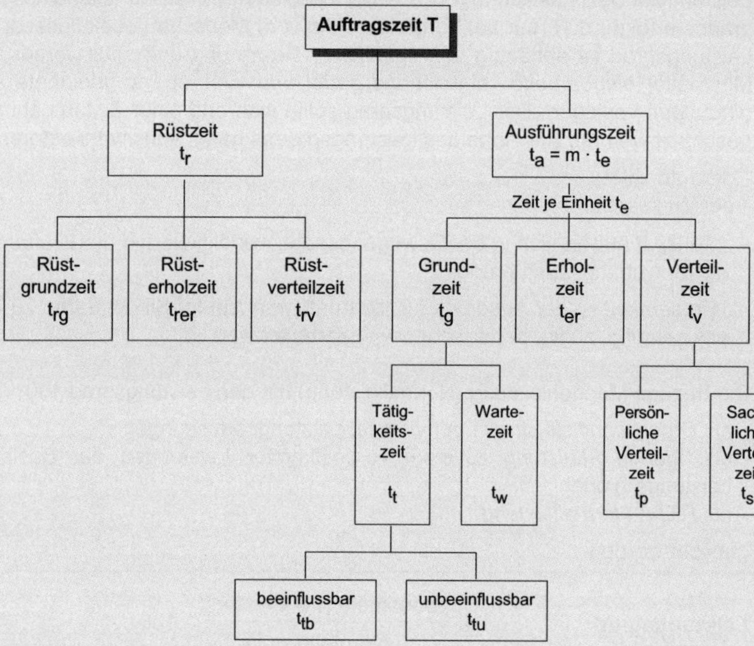

Auftragszeit T

Rüstzeit t_r

Ausführungszeit $t_a = m \cdot t_e$

Zeit je Einheit t_e

Rüstgrundzeit t_{rg}

Rüsterholzeit t_{rer}

Rüstverteilzeit t_{rv}

Grundzeit t_g

Erholzeit t_{er}

Verteilzeit t_v

Tätigkeitszeit t_t

Wartezeit t_w

Persönliche Verteilzeit t_p

Sachliche Verteilzeit t_s

beeinflussbar t_{tb}

unbeeinflussbar t_{tu}

Menge m	Anzahl der zu fertigenden Einheiten (Losgröße des Auftrags)
Zeit je Einheit t_e	Stückzeit (wird meist gebildet aus der Grundzeit t_g und prozentualen Zuschlägen für t_{er} und t_v bezogen auf t_g)
Rüstzeit t_r	Ist die Zeit, während das Betriebsmittel gerüstet (vorbereitet) wird, z. B. Arbeitsplatz einrichten, Maschine einstellen, Werkzeuge bereit stellen und Herstellen des ursprünglichen Zustandes nach Auftragsausführung; i. d. R. einmalig je Auftrag.
Grundzeit t_g	Ist die Zeit, die zum Ausführen einer Mengeneinheit durch den Menschen erforderlich ist, z. B. Rohling einlegen, Maschine einschalten, Rohling bearbeiten usw.

| **Erholzeit t$_{er}$** | Ist die Zeit, die für das Erholen des Menschen erforderlich ist, z.B. planmäßige Pausen. |
| **Verteilzeit t$_v$** | Ist die Zeit, die zusätzlich zur planmäßigen Ausführung erforderlich ist:
- *sachliche Verteilzeit*: zusätzliche Tätigkeit, störungsbedingtes Unterbrechen;
  z.B. unvorhergesehene Störung an der Maschine.
- *persönliche Verteilzeit*: persönlich bedingtes Unterbrechen;
  z.B. Übelkeit, Erschöpfung |

| 19. | **Leistungsgrad, Normalzeit, Zeitgrad** |

Der Leistungsgrad eines Arbeitenden ist die Beurteilung des Verhältnisses der Ist-Leistung zur Bezugsleistung (i.d.R. = Normalleistung). Die Beurteilung des Leistungs-grades erfolgt i.d.R. nur bei Vorgängen, die vom Menschen beeinflussbar sind. Der Leistungsgrad ist abhängig von *subjektiver* Bewertung und setzt voraus, dass der Mitarbeiter *eingearbeitet*, hinreichend *geübt*, *motiviert* ist und geeignete *Arbeitsbe-dingungen* vorliegen. Der Leistungsgrad sollte während einer Zeitaufnahme laufend geschätzt werden. Die Höhe des Leistungsgrades hängt von zwei Faktoren ab:

- der Intensität,
- der Wirksamkeit.

• *Intensität* äußert sich in der Bewegungsgeschwindigkeit und der Kraftanspannung der Bewegungsausführung.

• *Wirksamkeit* ist der Ausdruck für die Ausführungsgüte. Sie ist daran zu erkennen, wie geläufig, zügig, beherrscht usw. gearbeitet wird.

Die Bezugs-Mengenleistung (Normalleistung) hat den Leistungsgrad 100%. Sie kann

- als *Durchschnittsleistung* über viele Ist-Leistungserfassungen,
- als *Standard-Leistung* (System vorbestimmter Leistungen auf Basis von Ist-Leistungen) oder
- als *REFA-Normalleistung*

gebildet werden.

Leistungsgrad	$= \dfrac{\text{beobachtete (Ist-)Leistung}}{\text{Normalleistung}} \cdot 100$
Normalzeit (Vorgabezeit)	$= \dfrac{\text{Leistungsgrad} \cdot \text{gemessene Istzeit}}{100}$
Ist-Zeit	$= \dfrac{\text{Vorgabezeit}}{\text{Leistungsgrad}}$

Zeitgrad	=	$\dfrac{\text{Summe Vorgabezeiten (Normalzeiten)}}{\text{Summe Ist-Zeiten}} \cdot 100$
Merke:		- Der Leistungsgrad wird beurteilt/geschätzt! - Der Zeitgrad wird berechnet!

20.1 Zeitermittlung

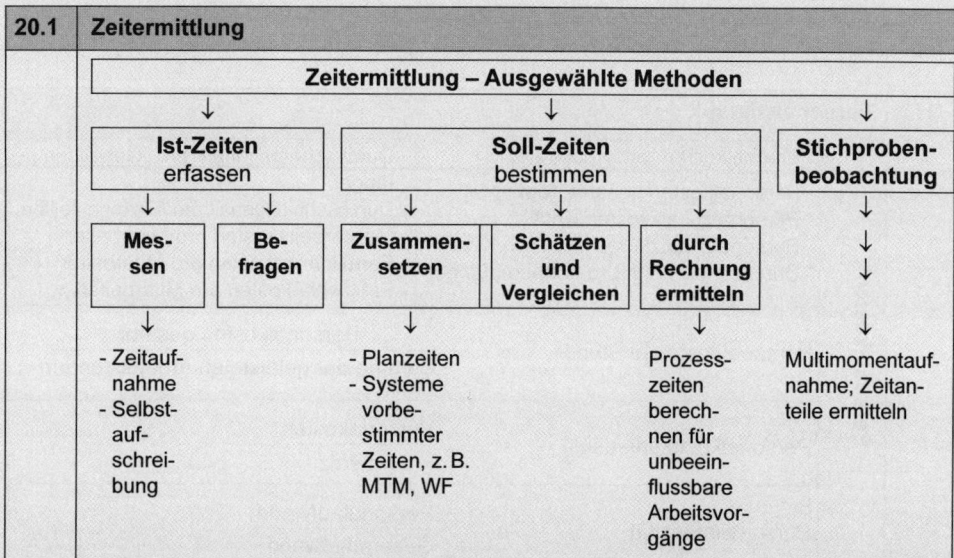

Zeitermittlung – Ausgewählte Methoden

Ist-Zeiten erfassen		Soll-Zeiten bestimmen			Stichproben-beobachtung
Mes-sen	**Be-fragen**	**Zusammen-setzen**	**Schätzen und Vergleichen**	**durch Rechnung ermitteln**	
- Zeitauf-nahme - Selbst-auf-schrei-bung		- Planzeiten - Systeme vorbe-stimmter Zeiten, z. B. MTM, WF		Prozess-zeiten berech-nen für unbeein-flussbare Arbeitsvor-gänge	Multimomentauf-nahme; Zeitan-teile ermitteln

20.2 Belegungszeit, Hauptnutzungszeit

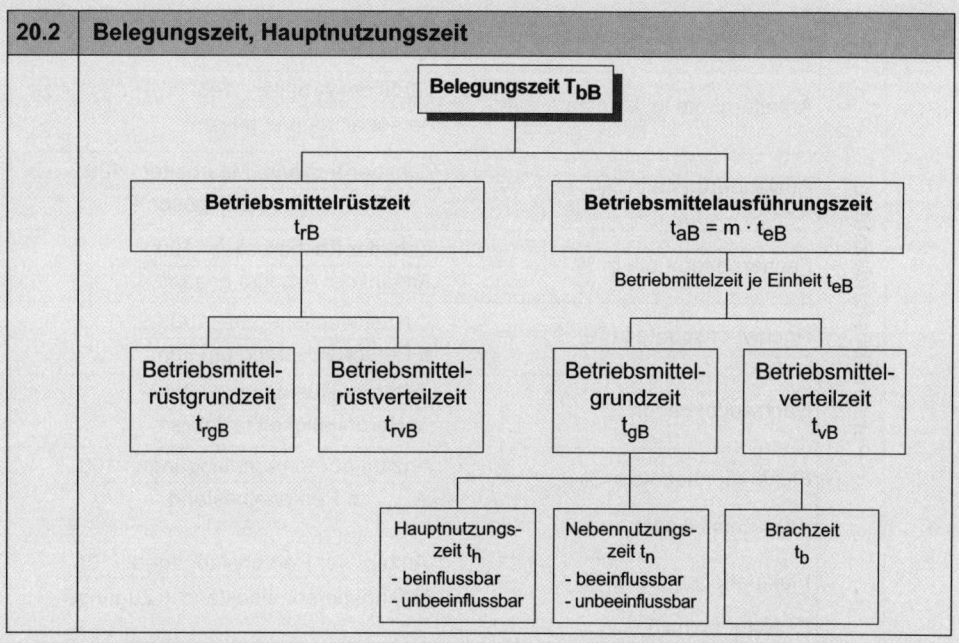

Belegungszeit T_{bB}

Betriebsmittelrüstzeit t_{rB}

Betriebsmittelausführungszeit $t_{aB} = m \cdot t_{eB}$

Betriebmittelzeit je Einheit t_{eB}

Betriebsmittel-rüstgrundzeit t_{rgB}

Betriebsmittel-rüstverteilzeit t_{rvB}

Betriebsmittel-grundzeit t_{gB}

Betriebsmittel-verteilzeit t_{vB}

Hauptnutzungs-zeit t_h
- beinflussbar
- unbeeinflussbar

Nebennutzungs-zeit t_n
- beeinflussbar
- unbeeinflussbar

Brachzeit t_b

Die Grundformel der Hauptnutzungszeit t_{hu} ist:

$$t_{hu} = \frac{\text{Arbeitsweg (Maße des Arbeitsgegenstandes)}}{\text{Arbeitsgeschwindigkeit des Werkzeugs}}$$

Die *Berechnung* erfolgt mithilfe spezieller *Formeln* (Hauptnutzungszeit beim Drehen, beim Bohren, beim Fräsen usw.), die den einschlägigen Tabellenwerken entnommen werden können, vgl. z.B.: *Friedrich Tabellenbuch, Bildungsverlag EINS*, oder *Tabellenbuch Metall, Europa Lehrmittel Verlag.*

21.	Personalstatistik	
Personalkosten	Personalkosten „pro Kopf", z. B.: - Personalkosten gesamt/Kopf - Personalzusatzkosten/Kopf - Personalzusatzkosten, tariflich/Kopf - Durchschnittslohn pro Lohnempfänger	- Durchschnittsgehalt pro Gehaltsempfänger - Durchschnittsgehalt pro AT-Angestellter - Mehrarbeitskosten pro Mitarbeiter - Fortbildungskosten pro Mitarbeiter - Fehlzeitenkosten pro Mitarbeiter
	Personalkosten je Stunde =	$\dfrac{\text{Personalkosten gesamt}}{\text{Summe der geleisteten Arbeitsstunden}}$
	Personalkostenintensität =	$\dfrac{\text{Personakosten}}{\text{Umsatz}}$
	Personalintensität =	$\dfrac{\text{Personalaufwand}}{\text{Gesamtaufwand}}$
Personalbestandszahlen	ø Personalbestand pro Jahr =	$\dfrac{\sum \text{der Monatsendbestände Jan. bis Dez.}}{12}$
	Arbeiterquote in % =	$\dfrac{\text{Zahl der Arbeiter} \cdot 100}{\text{Personalbestand gesamt}}$
	Ausländerquote in % =	$\dfrac{\text{Zahl der ausländ. Mitarbeiter} \cdot 100}{\text{Personalbestand gesamt}}$
	Facharbeiterquote in % =	$\dfrac{\text{Zahl der Facharbeiter} \cdot 100}{\text{Anzahl der Arbeiter gesamt}}$
	Nachwuchsquote in % =	$\dfrac{\text{Nachwuchsbedarf} \cdot 100}{\text{ø Personalbestand pro Jahr}}$
	Nachwuchsbedarf =	$\dfrac{\text{ø Personalbestand pro Jahr}}{\text{ø Berufstätigkeit in Jahren}}$
	Fluktuationsquote in % = (BDA-Formel) oder:	$\dfrac{\text{Anzahl der Personalabgänge} \cdot 100}{\text{ø Personalbestand}}$
	Fluktuationsquote in % = (Schlüter-Formel)	$\dfrac{\text{Anzahl der Personalabgänge} \cdot 100}{\text{Anfangspersonalbestand} + \text{Zugänge}}$

		Versetzungsrate pro Abt. in % = $\dfrac{\text{Zahl der Abgänge/Abt. X} \cdot 100}{\text{ø Personalbestand der Abt. X}}$
Kennzahlen zur Arbeitszeit	effektive Arbeitszeit in % =	$\dfrac{\text{Ist-Arbeitszeit (Std. oder Tage)} \cdot 100}{\text{Sollarbeitszeit (Std. oder Tage)}}$
	Fehlzeitenquote in % =	$\dfrac{\text{Summe der Fehlzeiten (Std. oder Tage)} \cdot 100}{\text{Sollarbeitszeit (Std. oder Tage)}}$
	Krankenquote in % (pro Periode: Monat/Jahr) =	$\dfrac{\text{Anzahl der erkrankten Mitarbeiter} \cdot 100}{\text{ø Personalbestand (pro Periode)}}$
	Krankheitsausfallquote in % =	$\dfrac{\text{Krankheitsausfallzeit (Std. oder Tage)} \cdot 100}{\text{Sollarbeitszeit (Std. oder Tage)}}$
	Überstundenquote in % (Mehrarbeitsquote) =	$\dfrac{\text{Summe der Überstunden gesamt} \cdot 100}{\text{Sollarbeitszeit in Stunden}}$
Kennzahlen der Personalbeschaffung	Quote der Personalbedarfsdeckung in % (pro Periode: Monat, Quartal, Jahr) =	$\dfrac{\text{Gedeckter Bedarf (Stellenanzahl)} \cdot 100}{\text{Geplanter Bedarf (Stellenanzahl)}}$
	Vorstellungsquote in % (pro Vorgang) =	$\dfrac{\text{Anzahl der Vorstellungen} \cdot 100}{\text{Anzahl der Bewerbungen}}$
	Einstellungsquote in % (pro Vorgang) =	$\dfrac{\text{Anzahl der Einstellungen} \cdot 100}{\text{Anzahl der Bewerbungen}}$
	Quote der internen Stellenbesetzung in % (i. d. R. pro Jahr) =	$\dfrac{\text{Anzahl der Stellenbesetzungen aufgrund interner Besetzungen} \cdot 100}{\text{Anzahl der Stellenbesetzungen gesamt}}$
	Verbleibquote in % (i. d. R. pro Jahr) =	$\dfrac{\text{Anzahl der 20.. eingestellten und heute noch vorhandenen Mitarbeiter} \cdot 100}{\text{Anzahl der 20.. eingestellten Mitarbeiter gesamt}}$
Kennzahlen der Personalentwicklung	ø Anzahl der Weiterbildung pro Jahr pro Mitarbeiter =	$\dfrac{\text{Anzahl der Weiterbildungstage gesamt}}{\text{ø Anzahl der Mitarbeiter pro Jahr}}$
	Rendite eines Bildungsprojekts in % =	$\dfrac{\text{[Wert/Einnahmen des Projekts - Kosten] in € } \cdot 100}{\text{Kosten des Projekts in €}}$
	Ausbildungsquote =	$\dfrac{\text{Anzahl der Auszubildenden}}{\text{ø Anzahl der Mitarbeiter}} \cdot 100$

Stichwortverzeichnis